高等职业学校“十四五”规划土建类专业立体化新形态教材

安装工程计量与计价

主　编　孙　巍　谭　勇　杨意志

副主编　李　想　刘运生　刘　铃

曾奕伟　张佳顺

主　审　邓雪峰

华中科技大学出版社

中国·武汉

内容提要

本书为高等职业学校"十四五"规划土建类专业立体化新形态教材。本书首先介绍了安装工程计量与计价基本知识，然后分安装工程计量、安装工程计价两方面进行讲解，涵盖了建筑安装工程中主要安装项目的计量计价知识。本书选用常用的安装项目进行阐述，如电气设备安装工程，建筑智能化系统设备安装工程，给排水、采暖、燃气工程，消防设备安装工程，通风空调安装工程，刷油、防腐蚀、绝热工程等，并根据企业需求，加入钢结构及构件安装工程的计量知识。由于安装工程涉及的专业技术要求强、细、精，故本书力求在通用性、适用性、可读性上有所创新，并符合国家《建设工程工程量清单计价规范》(GB 50500—2013)、《通用安装工程工程量计算规范》(GB 50856—2013)的规定，又符合地方相关标准。为方便学生学习及教师教学，本书编写组组织开发了相应的线上学习平台，提供教学课件、教学视频、习题及其他教学资源。

本书可作为高职、高专院校建筑工程、工程造价、工程管理、工程经济等专业的教材，同时可作为现场施工管理人员、房地产管理人员进行工程造价及结算对审时的参考书。

图书在版编目(CIP)数据

安装工程计量与计价/孙巍，谭勇，杨意志主编．—武汉：华中科技大学出版社，2021.12(2023.7 重印)
ISBN 978-7-5680-7349-3

Ⅰ．①安…　Ⅱ．①孙…　②谭…　③杨…　Ⅲ．①建筑安装-工程造价　Ⅳ．①TU723.32

中国版本图书馆 CIP 数据核字(2021)第 252963 号

安装工程计量与计价
Anzhuang Gongcheng Jiliang yu Jijia

孙　巍　谭　勇　杨意志　主编

策划编辑：胡天金
责任编辑：叶向荣
封面设计：金　刚
责任校对：张会军
责任监印：朱　玢
出版发行：华中科技大学出版社(中国·武汉)　　电话：(027)81321913
　　　　　武汉市东湖新技术开发区华工科技园　　邮编：430223
录　　排：华中科技大学惠友文印中心
印　　刷：武汉市籍缘印刷厂
开　　本：787mm×1092mm　1/16
印　　张：14.75
字　　数：353 千字
版　　次：2023 年 7 月第 1 版第 2 次印刷
定　　价：48.00 元

前　　言

本书为满足教学改革和课程改革需要，在内容选取和编写形式方面做了较大的调整，主要表现在以下方面。

(1) 在内容选取方面体现了职业教育的特点，强调理论的实用性，以必需、够用、通俗易懂为度，尽量避免过广过深，充分体现以能力为本位的职业教育观念。

(2) 在编写形式上采用项目教学法，将理论教学与实践教学融为一体。每单元教学内容中，课堂教学和能力训练密切结合，形成每项职业能力培养的整体方案，技能训练完全结合工程实际。

(3) 配有视频录像、电子教案等立体化多媒体教学资源。

本书体现了职业教育课程改革的精神，各章节既可自成体系，又相互联系。本书框架结构合理，工程实例丰富，内容深入浅出，既注重工程技术上的时效性，又突出工程施工过程的实用性。

本书由湖南城建职业技术学院孙巍、湖南理工职业技术学院谭勇、贵州建设职业技术学院杨意志主编，湖南育才-布朗交通咨询监理有限公司李想(总工程师)，湖南城建职业技术学院刘运生、刘铃、张佳顺，湖南建筑高级技工学校曾奕伟为副主编，湖南城建职业技术学院熊平也参加了部分编写工作。全书由孙巍负责统稿、编辑和制作课件，由湖南城建职业技术学院邓雪峰教授担任主审，在此表示谢意。

本书在编写过程中得到了湖南城建职业技术学院、贵州建设职业技术学院、湖南建筑高级技工学校、华中科技大学出版社以及湖南育才-布朗交通咨询监理有限公司各级领导的大力支持和帮助，在此一并表示感谢。

本书参考了大量资料，并引用了部分材料，在此谨向这些资料的作者表示衷心的感谢!

由于编者水平有限且编写时间仓促，书中难免有疏漏之处，敬请广大读者批评指正。

编　者

2021 年 5 月

目　　录

项目一　安装工程计量与计价基本知识

【知识目标】

了解安装工程造价的概念、性质、分类和作用；了解安装工程定额的组成；熟悉安装工程造价的组成；掌握安装工程造价文件的编制步骤与方法；掌握清单计价文件的组成和安装工程造价调整的办法。

【能力目标】

能正确进行安装工程计量与计价项目划分；能熟练进行安装工程计价文件的整理。

任务一　安装工程造价的含义及组成

一、安装工程的概念

安装工程是指按照工程建设施工图纸和施工规范的规定，把各种设备放置并固定在一定的地方，或将工程原材料经过加工并安置、装配而形成具有功能价值产品的工作过程。

在建筑行业常见的安装工程有：给排水、采暖、燃气工程；消防设备、通风空调、工业管道工程；刷油、防腐蚀及绝热工程；通信、音响、安防、楼宇智能化及电气设备安装工程等。这些安装工程按建设项目的划分原则，均属单位工程，它们具有单独的施工设计文件，并有独立的施工条件，是工程造价计算的完整对象。

二、安装工程造价的概念

安装工程造价，现在一般称为安装工程计量与计价，是反映拟建工程经济效果的一种技术经济文件。它一般从两个方面计算工程经济效果。

(1) 计量：主要是依据施工图纸、规范图集等编制工程量清单，简单地讲，就是计算在工程中消耗的人工、材料、机械台班数量。

(2) 计价：主要是依据施工图纸、相关的计价定额和计价办法及造价信息形成各阶段工程造价，就是用货币形式反映工程成本。目前，我国现行的计价方法有定额计价方法和清单计价方法。

三、安装工程造价活动的主要内容

(1) 工程招投标阶段:编制工程量清单,确定招标控制价、最高限价;编制投标报价,确定合同价。

(2) 施工阶段:工程进度款支付、合同价款的调整等。

(3) 工程竣工:主要是竣工决算。

四、安装工程造价的依据

(一) 工程计量

工程计量是指以某工程项目的工程设计文件、工程签证等为依据,按照一定的计算规范对分项工程的数量做出正确的计算、对分项工程的特征进行描述,并以一定的计量单位表述进行工程量的计算,再以此作为确定工程造价的基础。工程计量主要包括依据相关计量文件编制工程量清单和计算工程量两项内容。

工程计量主要依据的文件如下:

(1)《建设工程工程量清单计价规范》(GB 50500—2013)(以下简称《清单计价规范》)、《通用安装工程工程量计算规范》(GB 50856—2013)(以下简称《2013 安装规范》);

(2) 建设工程设计文件;

(3) 与建设工程项目有关的标准、规范、技术资料;

(4) 招标文件及其补充通知、答疑纪要;

(5) 施工现场情况、工程特点及常规施工方案;

(6) 竣工资料(如竣工图、工程变更指令、索赔、工程签证等);

(7) 其他相关资料。

(二) 工程计价

工程计价是指根据《清单计价规范》的工程量计算规则编制的工程量清单,套用相关省、市定额并依据相关的市场价格对定额中的费用组成进行调整,组合综合单价,进而完成工程量清单计价要求的相关费用内容。工程量清单计价适用于施工图预算编制阶段(招投标阶段)。

工程量清单计价是指投标人完成由招标人提供的工程量清单所需的全部费用,包括分部分项工程费、措施项目费、其他项目费以及规费和税金。

工程计价方式主要是指工程量清单计价,另外还有少量工程采用定额计价。

(三) 安装工程计价依据

安装工程计价依据主要包括以下内容:

(1) 国家或省级、行业建设主管部门及建设行政主管部门颁发的消耗量标准、建设工程计价办法和相关工程的国家计量规范;

(2) 省级、行业建设主管部门颁发的工程量清单计量、计价规定;

(3) 建设行政主管部门发布的工程造价信息;

(4) 建设工程设计文件、工程变更、工程签证及相关资料；

(5) 与建设工程有关的标准、规范、技术资料；

(6) 拟定的招标文件及补充通知；

(7) 施工现场情况、地勘水文资料、工程特点及施工方案；

(8) 其他相关资料。

任务二　安装工程造价文件的编制步骤与方法

一、安装工程施工图预算文件的编制步骤

(一) 收集资料，熟悉图纸

(1) 全面、系统地阅读图纸。

全面、系统地阅读图纸是计算工程造价的第一步，需注意以下几点。

①认真整理编排图纸，了解施工顺序，全局性图纸在前，局部图纸在后；先施工的图纸在前，后施工的图纸在后；重要的图纸在前，次要图纸在后。

②认真阅读设计说明，掌握安装构件的部位和尺寸，安装施工要求及特点。

③根据设计说明要求，了解设计所采用的设计及质量规范；收集图纸选用的标准图、大样图。

④了解图纸的施工范围、各系统的工作原理、平面图与系统图的对应关系。

⑤了解各专业施工工序之间的关系。

⑥了解施工难点、施工重点。

⑦对图纸中的错漏以及表达不清楚的地方进行记录，及时向建设单位和设计单位咨询解决。

(2) 阅读工程招标或合同条件。

了解工程招标或合同条件，首先，要仔细地阅读招标文件的技术要求，熟悉主要材料、设备性能要求、图纸要求；其次，招标文件中的很多内容在图纸上是反映不出来的，如材料设备的供货形式、工程包干方式、结算方式、工期及相应奖罚措施等内容，而这些恰恰是影响工程造价的关键因素之一。

(3) 熟悉清单工程量计算规则。

依据《2013 安装规范》《关于贯彻〈通用安装工程工程量计算规范〉(GB 50856—2013)的实施意见》(粤建造发〔2014〕4 号)等相关规范规则要求，计算图纸工程量。

(4) 了解施工组织设计。

施工组织设计的内容影响工程造价的合理性，特别是施工难点、施工重点及对应的专项施工方案是编制措施项目费不可或缺的依据。了解各分部分项工程的施工方法，土方

工程中余土外运方式、运距，总平面图上对建筑材料、构件等堆放点到施工操作地点的距离要求等，以便正确计算工程量和正确套用或确定某些分项工程的基价。这些有利于提高施工图审读质量，提高工程造价的合理性。

(5) 明确主材和设备的来源情况。

材料及工程设备的价格占整个安装工程造价的60%左右，材料设备价格的合理性严重影响工程造价。首先要明确材料设备品牌、档次、规格；然后根据要求查询相应季度相关造价站发布的价格信息，参考厂商指导价、市场价等确定材料设备价格，尽量做到材料设备价格合理、性价比高。

(二) 编制工程量清单，计算工程量

(1) 编制工程量清单。

(2) 计算工程量是工程造价最基础的工作，在计算中要做到依据充分，数据合理。在计算时要遵循以下原则：

①图纸工程量计算与相应计算规范的项目在项目名称、计量单位、项目特征、计算规则上要一致；

②工程量计算精度要统一；要避免漏算、错算、重复计算；

③要将相同分项工程的工程数量整理、合并、汇总列表。

(三) 计算综合单价、分部分项工程费

(四) 计算措施项目费

措施项目是指为完成工程项目施工，发生于该工程施工准备和施工过程中的技术、生活、安全、环境保护等方面的项目。

(五) 计算其他项目费、规费、税金

(六) 各专业单位工程造价汇总成单项工程造价

(七) 编制说明，完成封面的填写

(八) 审核、校对、打印、装订造价成果文件

二、安装工程施工图预算文件的编制方法

《建筑工程施工发包与承包计价管理办法》(中华人民共和国住房和城乡建设部令第16号)第六条规定：全部使用国有资金投资或者以国有资金投资为主的建筑工程(以下简称“国有资金投资的建筑工程”)，应当采用工程量清单计价；非国有资金投资的建筑工程，鼓励采用工程量清单计价。

依据上述规定，安装工程施工图预算应采用工程量清单计价办法。本书只介绍综合单价法。

综合单价法也称工程量清单计价方法，是编制招标控制价、投标报价、新增项目综合单价，完成相应工程造价活动的重要方法，包括编制工程量清单、计算综合单价、计算分部

分项工程费、计算总价措施项目费、计算其他项目费、计算绿色施工安全防护措施项目费等内容。

1. 工程量清单设置方法

工程量清单是指载明建设工程分部分项项目、措施项目、其他项目的名称和相应数量以及规费、税金项目等内容的明细清单。

依据《2013 安装规范》等相关规范要求，按图纸单位工程的专业分类，按施工工艺、结构部位或材料类型编制工程量清单。

工程量清单应根据规定的项目编码、项目名称、项目特征、计量单位和计算规则进行编制。

1）项目编码

项目编码采用十二位阿拉伯数字表示。一至九位应按规范规定设置；十至十二位应根据拟建工程的工程量清单项目名称和项目特征设置，通用安装工程工程量清单编码前两位为 03。同一招标工程的项目编码不得有重码。

2）项目名称

《清单计价规范》附录表中的“项目名称”为分项工程项目名称，是形成分部分项工程量清单项目名称的基础，项目名称以工程实体命名。项目名称如有缺项，招标人可按原则进行补充，并报当地工程造价管理部门备案。

3）项目特征

项目特征是对项目的准确描述，项目特征是指项目实体名称、型号、规格、材质、品种、质量、连接方式等。《清单计价规范》“分部分项工程量清单项目”中未包括的项目、编制人可做相应补充并报造价管理机构备案。补充的分部分项清单项目，由其项目特征确定的项目名称应具有唯一性。

4）计量单位

计量单位应按《清单计价规范》“分部分项工程量清单项目”中规定的计量单位确定，采用基本单位编制。

5）计量规则

工程量应按《2013 安装规范》规定的工程量计算规则计算。

【案例 1-1】 某九层高防雷工程，设计天面避雷网采用镀锌热轧圆盘条 Φ10 沿女儿墙支架敷设，按设计图为 480 m。试按《2013 安装规范》编制工程量清单。

查阅《2013 安装规范》，得出：

天面避雷网九位的项目编码为“030409005”；项目名称为“避雷网”；计量单位为“m”；计算规则为“按设计图示尺寸以长度计算（含附加长度）”；天面避雷网的附加长度＝接地母线、引下线、避雷网全长×3.9％。计算天面避雷网的清单工程量为 480×（1＋3.9％）＝498.72 m。

故：工程量清单如表 1-1 所示。

表 1-1　分部分项工程和措施项目清单与计价表

工程名称:天面避雷　　标段:

序号	项目编码	项目名称	项目特征描述	计量单位	工程量	金额/元		
						综合单价	合价	其中 暂估价
		分部工程						
1	030409005001	避雷网	名称:天面避雷网 材质:镀锌热轧圆盘条 规格:Φ10 安装:沿女儿墙支架敷设	m	498.72			
2	……							
小计								

2. 综合单价编制方法

综合单价是指一个规定计量单位的分部分项工程和单价措施清单项目所需的人工费、材料和工程设备费、施工机具使用费、企业管理费、利润以及一定范围内的风险费用。综合单价的计算步骤如下。

(1) 依据工程量计算规则,计算定额工程量。

(2) 根据定额工程量与清单工程量的比例关系调整定额工程量,并根据对应时期价格信息调整人、材、机价格,计算综合单价。

(3) 分部分项工程费=∑(清单工程量×综合单价)。

3. 措施项目费的编制方法

措施项目费主要包括总价措施项目费、单价措施项目费、绿色施工安全防护措施项目费。《2013 安装规范》规定:"措施项目中列出了项目编码、项目名称、项目特征、计量单位、工程量计算规则的项目,编制工程量清单时,应按分部分项工程的规定执行。"单价措施项目费须计算工程量,清单明细列入分部分项工程工程量清单计价表,按实际发生的工程量进行计算,费用计入分部分项工程费用中;总价措施项目费须根据工程特点和项目,按规定的费率×计算基础计算或根据合同、相关文件计取。

4. 其他项目费的编制方法

其他项目费包括暂列金额、暂估价、计日工、总承包服务费等,依据计价办法的规定计取。

5. 绿色施工安全防护措施项目费的编制方法

绿色施工安全防护措施项目费主要包括安全文明施工费和绿色施工措施费。

(1) 安全文明施工费。

①安全生产费:施工现场安全施工所需要的各项费用。

②文明施工费:施工现场文明施工所需要的各项费用。

③环境保护费:施工现场为达到环保部门要求所需要的,除绿色施工措施项目费以外

的各项费用。

④临时设施费:施工企业为进行建设工程施工所应搭设的生活和生产用的临时建筑物、构筑物和其他临时设施费用,包括临时设施的搭设、维修、拆除、清理费或摊销费等。

(2) 绿色施工措施费。

绿色施工措施费是指施工现场为达到环保部门绿色施工要求所需要的费用,包括扬尘控制措施费(场地硬化、扬尘喷淋、雾炮机、扬尘监控和场地绿化)、施工人员实名制管理及施工场地视频监控系统、场内道路、排水沟及临时管网、施工围挡等费用。

绿色施工安全防护措施项目费按规定的费率×计算基础计算。

6. 增值税的计算

增值税按规定的费率×计算基础计算。

7. 造价总价的计算

单位工程造价=分部分项工程费+总价措施项目费+其他项目费+绿色施工安全防护措施项目费+税金

单项工程造价=∑单位工程造价

建设项目造价=∑单项工程造价

任务三 安装工程产品分类及定额概述

一、安装工程产品分类

(一) 建筑工程相关知识

建筑工程一般按性质分为土木工程、市政工程、建筑安装工程、工业安装工程等,按工程产生的过程可分为勘察、设计、建造、安装、建筑制品等。一般将建筑工程项目划分成单项工程、单位工程、分部工程、分项工程。

建设项目是指按照一个总体设计或初步设计进行施工的一个或几个单项工程的总体。如一所学校、一所医院、一座工厂等均为一个建设项目。

建设工程项目划分为建设项目、单项工程、单位工程、分部工程、分项工程五个层次。

(1) 建设项目。一个具体的基本建设工程通常就是一个建设项目。它是由一个或几个单项工程组成。

(2) 单项工程(又称工程项目)。单项工程是指在一个建设项目中,具有独立的设计文件,竣工后可以独立发挥生产能力或效益的工程。民用建筑中,如一所学校里的教学楼、图书馆、食堂均为一个单项工程。

(3) 单位工程。单位工程是指在竣工后一般不能独立发挥生产能力或效益,但具有独立设计文件,可以独立组织施工的工程。一个生产车间(单项工程)的建造可分为厂房建造、电气照明、给水排水、机械设备安装、电气设备安装等若干单位工程。

(4) 分部工程。分部工程是单位工程的组成部分，是单位工程的进一步细化。如房屋的土建工程，按其不同的工种、不同的结构和部位可分为基础工程、砖石工程、混凝土及钢筋混凝土工程、电缆敷设工程、防雷接地工程、管道安装工程等。

(5) 分项工程。分项工程是分部工程的组成部分。按照不同的施工方法、不同的材料、不同的规格，可将一个分部工程分解为若干个分项工程。如管道安装工程(分部工程)，其中室内管道又可按材料不同分为镀锌钢管、塑料给水管等分项工程。

分项工程是建设工程项目划分的最小单位，分项工程是计算单位价格和实物工程量的基本构成要素。

(二) 安装工程产品分类

安装工程产品可分为机械设备安装工程；电气设备安装工程；热力设备安装工程；通信设备及线路工程；静置设备与工艺金属结构制作安装工程；工业管道工程；消防工程；给排水、采暖、燃气工程；通风空调工程；自动化控制仪表安装工程；刷油、防腐蚀、绝热工程；建筑智能化工程。

二、定额的产生和发展

(一) 定额的定义

定额，简单地讲，"定"即规定，"额"即额度、数量。建设工程定额是指在正常的施工条件下，完成一定计量单位的合格产品所必须消耗的人工、材料和施工机械台班的数量标准。

定额具有科学性、系统性、统一性、权威性、稳定性和时效性等特点。

(二) 定额的分类

(1) 按照定额编制程序和用途可分为施工定额、预算定额、概算定额、概算指标、投资估算指标五种。

(2) 按照定额反映的生产要素消耗内容可分为劳动消耗定额、机械消耗定额和材料消耗定额三种。

(3) 按照专业性质可分为通用定额、行业通用定额和专业定额三种。

(4) 按主编单位和管理权限可分为全国统一定额、行业统一定额、企业定额、补充定额等。

综合定额是确定一定计量单位的扩大分项工程或扩大结构构件的人工、材料、机械消耗量的标准，同时以计价为主，取代预算定额。综合定额是作为编制施工图预算(招标控制价)、调整合同价款、办理竣工结算、调解工程造价纠纷和鉴定工程造价的依据；是合理确定和有效控制工程造价、衡量投标报价合理性的基础；也是编制概算定额和概算指标的基础。

三、地方定额标准介绍——以湖南为例

(一) 定额简介

《湖南省安装工程消耗量标准(基价表)》(2020 版)(以下称《湖南 2020 安装工程定

额》)是在《全国统一安装工程预算定额》和《湖南省安装工程消耗量标准(2014)》的基础上,结合本省设计、施工、招投标的实际情况重新编制而成的。

《湖南 2020 安装工程定额》适用于全省行政区域内新建、扩建和改建的工业与民用安装工程,共 12 册。该定额组成如表 1-2 所示。

表 1-2　《湖南 2020 安装工程定额》组成

册号	册名称	册号	册名称
第一册	机械设备安装工程	第七册	通风空调工程
第二册	热力设备安装工程	第八册	工业管道工程
第三册	静置设备与工艺金属结构制作安装工程	第九册	消防工程
第四册	电气设备安装工程	第十册	给排水、采暖、燃气工程
第五册	建筑智能化工程	第十一册	通信设备及线路工程
第六册	自动化控制仪表安装工程	第十二册	刷油、防腐蚀、绝热工程

(二) 定额内容

定额由定额总说明、册说明、目录、各章(节)说明,定额表和附录或附注组成,其中,定额表是核心内容。它包括分部分项工程的工作内容、计量单位、项目名称及项目各类消耗的名称、规格、数量等。定额内容及形式示例如表 1-3 所示。

表 1-3　定额内容及形式示例(电气配线)

一、水喷淋管道安装

1. 镀锌钢管(螺纹连接)

工作内容:切管、套丝、调直、上零件、管道安装。　　　　计量单位:10 m

编号				C9-72	C9-73	C9-74
项目				公称直径(mm 以内)		
				25	32	40
基价(元)				225.09	235.44	273.23
其中	人工费			218.75	226.25	261.25
	材料费			1.86	2.27	3.71
	机械费			4.48	6.92	8.27
名称		单位	单价	数量		
材料	镀锌钢管	m	—	(10.200)	(10.200)	(10.200)
	镀锌钢管接头零件	个	—	(7.230)	(8.070)	(12.230)
	尼龙砂轮片 ϕ400	片	8.69	0.110	0.140	0.240
	机油	kg	9.92	0.050	0.060	0.100
	水	t	4.39	0.080	0.090	0.120
	其他材料费	元	1.00	0.054	0.066	0.108
机械	砂轮切割机 400 mm	台班	43.12	0.040	0.040	0.050
	螺栓套丝机 39 mm	台班	30.58	0.090	0.170	0.200

分部分项项目编制了各种安装工程的分项工程(或结构构件)的消耗量标准,以定额子目的形式表现,包括子目名称、工作内容、计量单位、计价明细表、附注等。

工作内容列于定额子目表左上角,是该定额子目所含的工作内容、施工方法和质量要求等。该内容简明扼要地说明了主要施工工序,对次要工序虽然没有具体说明,但已综合考虑在定额子目费用中,如"水灭火系统管道安装的镀锌管道(螺纹连接)公称直径(×××以内)"定额子目列出了"切管、套丝、调直、煨弯、上零件、管道安装、水压实验"等工作内容。根据该定额子目的材料消耗量明细可以看出"密封带、机油"等次要工序已包含在"水灭火系统管道安装"的工作内容中。

计量单位列于定额子目表右上角,由于某些分项工程基本单位的人、材、机消耗量很少,因此根据实际情况,定额子目中除以基本单位作为计量单位外,部分还使用扩大单位来计量,如"10 m、10 m^2、100 m、100 kg"等。

定额子目明细表由定额编号、子目名称、基价三部分组成。《湖南 2020 安装工程定额》子目名称是按不同分项工程子目的规格、步距列表分类的;基价包括定额人工费、定额材料费、定额机械费、管理费。

消耗量明细是对定额基价的各项费用展开,人、材、机消耗内容以"编码"的形式统一,以方便统一管理、识别及调整信息价。附注是指对某些定额子目的使用加以必要补充说明。

(三)用定额系数计算的消耗量或费用的计算方法

《湖南 2020 安装工程定额》在编制时,将不便列入定额中作为编码的"公共子目",采用一个系数或者按定额人工费的比率来进行消耗量或费用的计算,这种系数一般称为"子目系数"或"综合系数",这些系数列在定额的"册说明"或"章说明"中,容易遗漏,下面进行叙述。

(1) 子目系数是单项的,针对的是单项定额,具有定额子目的性质。用它计算的结果构成分部分项工程费,它是综合系数和工程费用的计算基础之一。用子目系数计算的有高层建筑增加费、单层房屋超高增加费、施工作业操作超高增加费等。

(2) 综合系数是指以单位工程全部人工费(包括以子目系数所计算费用中的人工费部分)作为计算基础来计算费用的一种系数。用这类系数计算的有脚手架搭拆费、安装工程系统调整费等,其计算结果也构成直接费。

(3) 子目系数和综合系数的运用方法如下。

①用子目系数计算的费用及方法。

高层建筑增加费=∑分部分项全部人工费×高层建筑增加费率

施工作业操作超高增加费=施工作业操作超高部分全部人工费或定额规定的基数×施工作业操作超高增加系数

②用综合系数计算的费用及方法。

脚手架搭拆费=∑(分部分项全部人工费+以子目系数所计算费用中的人工费)×脚手架搭拆费系数

任务四　安装工程清单计价文件组成

一、工程量清单计价方式

工程量清单计价方式是在建设工程招投标中，招标人按照《清单计价规范》和《2013安装规范》工程量计算规则计算工程量，由投标人依据工程量清单自主报价，并经评审合理低价中标的计价方式。

二、工程量清单的组成

工程量清单是工程量清单计价的基础，是确定招标控制价和投标价、计算工程量、支付工程款、调整合同价款、办理竣工结算及工程索赔的依据。工程量清单编制主要由招标单位来完成，作为招标文件组成部分，是招标工程信息的载体。为了使投标人能对工程有全面充分的了解，工程量清单的内容应全面、准确。

据《清单计价规范》和《2013安装规范》的规定，工程量清单主要包括以下几个部分：总说明、分部分项工程量清单、措施项目清单、其他项目清单、绿色施工安全防护措施项目清单等。

三、工程量清单的编制及表格内容

工程量清单是招标文件不可分割的一部分，清单计价离不开工程量清单的编制，它体现了招标人要求投标人完成的工程项目及相应工程数量，全面反映了投标报价要求，是编制标底和投标报价的依据，也是签订合同、调整工程量和办理工程结算的基础。

工程量清单应由具有编制招标文件能力的招标人，或受其委托具有相应资质的中介机构进行编制。

采用工程量清单计价，工程造价由分部分项工程费、措施项目费、其他项目费、绿色施工安全防护措施项目费、税金等组成。造价人员在编制投标报价或预算书时应提交以下内容。

(1) 封面：按规定的内容填写、签字、盖章，造价员编制的工程量清单应由负责审核的造价工程师签字、盖章。

(2) 总说明：包括工程概况；工程招标与分包范围；工程量清单编制依据；工程材料、质量、施工等的特殊要求；其他需要说明的问题。

(3) 单位工程投标报价汇总表。

(4) 分部分项工程量清单与计价表。

(5) 总价措施项目清单计费表。

(6) 其他项目清单与计价汇总表。

(7) 绿色施工安全防护措施项目费计价表。

任务五　安装工程造价的调整、校核与审定

一、安装工程造价的价差及其调整

1. 编制施工图预算时考虑的价差

(1) 编制时间和执行时间差异。

施工图预算一般先编制,后执行。因编制时间和执行时间差异导致的价差,编制者在编制施工图预算时可预测一个价格浮动系数,或者在编制总投资时计算一项“调价预备费”来解决。

(2) 难以预料的子目出现。

在编制施工图预算时,难以预料的子目出现导致的价差,一般在总投资编制时计算一项“基本预备费”来解决。

(3) 地区差价。

工程预算应用工程所在地的单价,或用该地区中心城市的单价进行编制,避免出现地区价差。

(4) 工程结算时考虑的价差。

承包商在报价时,应充分考虑价差带来的风险。从市场调查预测开始,在投标活动、中标签约、生产准备、施工生产和竣工结算中均应考虑价差。在中标签约时,双方应协商一种调差方式来调整价差。调差的方式很多,可根据工程项目、市场涨幅、工程所在地环境等情况选择。无论用哪种方式调差,均要记录在合同中,供双方守信。

2. 价差调整方法

如果在施工中,因单价或者数量变动而引起价差,其调差方法如下。

(1) 人工费的调差。

人工工日量差=实际耗用工日数－合同工日数

人工费价差=实际耗用工日数×(实际人工单价－合同工日单价)

(2) 材料费的调差。

按材料不同逐一调整价差,称单项调差法。

主材料采用单项调差法,而辅助材料和次要材料采用一个经双方协商的占主要材料费的比例系数来进行调整,这种方法叫系数调差法。这种方式存在一定误差。

某项材料量差=实际材料用量－合同材料用量

某种材料价差=实际材料用量×(主材实际单价－合同单价)×(1＋辅助材料调整比例或调整系数)

(3) 机械台班费的调差。

施工机械价差调整方法与材料价差调整方法相同,按不同的机械逐一调整即可。

3. 工程结算价差的调整方式

(1) 按实调整结算价差。

双方约定凭发票按实结算时，双方在市场共同询价认可后，所开具的发票作为价差调整的依据。

(2) 按工程造价指数调整。

招标方和承包方约定，用施工图预算或工程概算作为承包合同价时，根据合理工期，并按当地工程造价管理部门公布的当月度或当季度的工程造价指数，对工程承包合同价进行调整。

(3) 用指导价调整。

用建设工程造价管理部门公布的调差文件进行价差调整，或按造价管理部门定期发布的主要材料指导价进行调整，这是较为传统的调整方法。

(4) 用价格指数公式调整。

用价格指数公式调整，也称为调值公式法，这是国际工程承包中工程合同价调整用的公式，是一种动态调整方法。

对某一种材料调差，计算式为

某项材料价差额＝某项材料总数量×材料合同价×价格指数

工程进度款结算调整及工程竣工结算时合同价的调整，用以下计算公式

$$P = P_0\left(a_0 + a \times \frac{A}{A_0} + b \times \frac{B}{B_0} + c \times \frac{C}{C_0} + \cdots\right)$$

式中：P——调整后工程合同价款或工程进度结算价款；

P_0——未调整的工程合同价款或工程准备结算的进度款；

a_0——固定因素部分，即合同价款或工程进度款中，造价不能调整部分占合同总价的比重；

a、b、c…——合同价款或工程进度款中，各需要调价部分(如人、材、机费用等)占合同总价的比重系数，其各比重系数之和应为 1，即 $a_0+a+b+c+\cdots=1$；

A_0、B_0、C_0…——a、b、c 等比重系数所对应因素的基期(签订合同时)价格指数或价格；

A、B、C…——a、b、c 等比重系数所对应因素报告期(现行、结算时)的价格指数或价格。

应用价格指数公式调整价差时应注意如下事项。

①a_0 固定部分应尽可能小，通常取值范围为 0.15～0.35。

②A_0、B_0、C_0 等和 A、B、C 等价格指数或价格，由国家有关部门(如建设工程造价站)公布或承包方提出，经发包方或监理方审核同意。在选择这些费用因素时，一般选择数量大、价格高，且具有价格指数变化综合代表性的费用因素。

③a、b、c 等询价比重系数也是工程成本的比例，一般由承包方根据项目特点测算后在投标文件中列出，并在清单价格分析中予以论证。有时也由发包方在招标文件中规定一个范围，由投标人在此范围内选定。在实际施工中，总监理工程师发现不合理并进行测算后，有权调整和改正这些比重系数。

④各项调整费用因素和比重系数，均在合同中予以规定和记录，供双方履行，在国际工程中，调差幅度一般在超出5%时才予以调整。如在有的合同中，双方约定当价差应该调整但其金额不超过合同原价的5%时，由承包方承担；在5%～20%时，承包方承担其中的10%，发包方承担90%；超过20%时，双方必须另外签订附加条款。

二、安装工程造价书的校正与审定

1. 工程造价预算书的校正

编制者在造价书编制后应自觉逐一检查，有无错漏或重算，称为自校；自校后交给有关人员（如组长、工程师、项目负责人）进行检查核对，称为校核；再交给本单位业务主管、总经济师、造价工程师等审查核对，称为审核。造价书通过的这“三校”总称为校正。

校正方法一般采用询问法。校正者应先查阅图纸和造价书底稿，然后结合以往的工作经验，询问疑点与难点，发现问题及时纠正。

2. 工程造价预算书的审定

为了核实工程造价，由投资方、发包方或有资质的第三方对工程造价预算书进行审定。其审定重点为工程量计算是否正确；立项是否正确；单价、费用计取是否正确。

工程造价预算书的审定组织形式：单审；联审；专职机构审。

工程造价预算书的审查方法：全面审查法；重点审查法；标准预算审查法。

3. 常见的投标报价技巧

(1) 扩大标价法。

扩大标价法是指除按正常的已知条件编制标价外，对工程中变化较大或者没有把握的工作项目，采用增加“不可预见费”的方法扩大标价，减少风险。这种方法提高了中标后的盈利水平，但因报价过高而降低了中标概率。

(2) 不平衡报价法。

这一方法是指一个工程项目总报价基本确定后，通过调整内部各个项目的报价，以期既不提高总报价、不影响中标，又能在结算时得到更理想的经济效益。

(3) 计日工单价的报价。

如果是单纯报计日工单价，而且不计入总价中，可以报高些，以便在招标人额外用工或使用施工机械时可以多盈利。但如果计日工单价要计入总价，则需具体分析是否报高价，以免抬高总报价。总之，要分析招标人在开工后可能使用的计日工数量，再来确定报价方针。

(4) 可供选择的项目的报价。

有些工程项目的分项工程，招标人可能要求按某一方案报价，而后再提供几种可供选择方案的比较报价。投标时，应对不同规格情况下的价格都进行调查，对于将来有可能被选择使用的规格应适当提高其报价；对于技术难度大或其他原因导致的难以实现的规格，可将价格有意抬得更高一些，以阻挠招标人选用。但是，“可供选择项目”并非由投标人任意选择，而是只有招标人才有权进行选择。因此，虽然适当提高了可供选择项目的报价，并不意味着肯定可以取得较好的利润，只是提供了一种可能性，一旦招标人今后选用，投标人即可得到额外加价的利益。

（5）多方案报价。

对于一些招标文件，如果发现工程范围很不明确，条款不清楚或很不公正，或技术规范要求过于苛刻，则要在充分估计投标风险的基础上，按多方案报价法处理，即按原招标文件报一个价，然后再提出如“某某条款做某些变动，报价可降低多少”，由此可报出一个较低的价。这样可以降低总价，吸引招标人。

（6）增加建议方案。

有时招标文件中规定，可以提一个建议方案，即可以修改原设计方案，提出投标者的方案。这时投标人应抓住机会，组织一批有经验的设计工程师和施工工程师，对原招标文件的设计和施工方案仔细研究，提出更为合理的方案以吸引招标人，促成自己的方案中标。该方法可以降低总造价或缩短工期，或使工程运用更为合理。但要注意，对原招标方案一定也要报价。建议方案不要写得太具体，要保留方案的关键技术，防止招标人将此方案交给其他投标人。同时要强调的是，建议方案一定要比较成熟，有很好的可操作性。

（7）突然降价法。

突然降价法是指为迷惑竞争对手而采用的一种竞争方法。这种方法通常的做法是，在准备投标报价的过程中预先考虑好降价的幅度，然后有意散布一些假情报，如打算弃标、按一般情况报价或准备报高价等，临近投标截止日期前，突然前往投标，并降低报价，以期战胜竞争对手。

（8）先亏后赢法。

在实际工作中，有的承包商为了打入某一地区或某一领域，依靠自身实力，采取不惜代价、只求中标的低报价投标方案。一旦中标之后，可以承揽这一地区或这一领域更多的工程任务，达到总体盈利的目的。

练习题

项目二　电气设备安装工程工程量计算

【知识目标】

掌握电气施工图的识读方法，掌握电气设备安装工程工程量的计算规则，掌握电气设备安装工程项目编码的确定方法，掌握电气设备安装工程的定额子目的套用方法。

【能力目标】

能根据施工图纸正确计算电气设备安装工程工程量。

任务一　电气施工图图例符号及识读

一、常用电气施工图图例符号

常用电气施工图图例符号见表 2-1。

表 2-1　常用电气施工图图例符号

名称	图例	名称	图例
配电箱		电度表	kWh
接地线		灯具的一般符号	
熔断器		荧光灯管	
墙上灯座		暗装双联开关	
壁灯		拉线开关	
吸顶灯		向上引线	
明装单相双极插座		自下引线	
暗装单相双极插座		向下引线	
暗装单相三极插座		自下向上引线	
暗装三相四极插座		向下并向上引线	

续表

名称	图例	名称	图例
电源引入线		自上向下线线	
暗装单极开关		一根导线	1
明装单极开关		两根导线	
暗装双极开关		三根导线	
暗装三极开关		四根导线	
暗装四极开关		n 根导线	n

二、电气施工图组成

电气施工图主要由首页、电气系统图、平面布置图、安装接线图、大样图和标准图等组成。

(1) 首页：主要包括目录、设计说明、图例、设备器材表。

①设计说明：包括设计依据、工程概况、负荷等级、保安方式、接地要求、负荷分配、线路敷设方式、设备安装高度、施工图未能表明的特殊要求、施工注意事项、测试参数及业主的要求和施工原则。

②图例：即图形符号，通常只列出本套图纸中涉及的图形符号，在图例中可以标注装置与器具的安装方式和安装高度。

③设备器材表：表明本套图纸中的电气设备、器具及材料明细。

(2) 电气系统图：指导组织订购，安装调试。

(3) 平面布置图：施工与验收的依据。

(4) 安装接线图：指导电气安装，检查接线。

(5) 标准图集：施工与验收的依据。

三、建筑电气施工图的识读方法与技巧

1. 建筑电气施工图的识读方法

阅读建筑电气施工图必须熟悉电气施工图基本知识（表达形式、通用画法、图形符号、文字符号）和建筑电气施工图的特点，同时掌握一定的阅读方法，这样才能比较迅速、全面地读懂图纸，以达到读图的目的。

阅读建筑电气施工图的方法没有统一规定，通常是"了解情况先浏览，重点内容反复看，安装方法找大样，技术要求查规范"。

具体针对一套图纸，一般可按以下顺序阅读（浏览），而后再重点阅读。

(1) 看标题栏及图纸目录。

了解工程名称、项目内容、设计日期及图纸数量和内容等。

(2) 看总说明。

了解工程总体概况及设计依据，了解图纸中未能表达清楚的各有关事项，如供电电源

的来源、电压等级、线路敷设方法、设备安装高度及安装方式、补充使用的非国标图形符号、施工时应注意的事项等。有些分项的局部问题是在分项工程图纸上说明的，看分项工程图纸时，也要先看设计说明。

(3) 看系统图。

各分项工程的图纸中都包含有系统图，如变配电工程的供电系统图、电力工程的电力系统图、照明工程的照明系统图以及电缆电视系统图等。看系统图的目的是了解系统的基本组成，主要电气设备、元件等连接关系，以及它们的规格、型号、参数等，掌握该系统的组成概况。

(4) 看平面布置图。

平面布置图是重要的建筑电气施工图纸，如变配电所的电气设备安装平面图(还应有剖面图)、电力平面图、照明平面图、防雷和接地平面图等，都是用来表示设备安装位置、线路敷设部位、敷设方法及所用导线型号、规格、数量、电线管的管径大小等。在阅读系统图，了解系统组成概况之后，就可依据平面布置图编制工程预算和施工方案，然后组织施工，因此必须熟读平面布置图。阅读平面布置图时，一般可按此顺序(电流方向)：进户线→总配电箱→干线→支干线→分配电箱→支线→用电设备。

(5) 看电路图(控制原理图)。

了解各系统中用电设备的电气自动控制原理，用来指导设备的安装和控制系统的调试工作。因电路图多是采用功能布局法绘制的，所以应依据功能关系从上至下看图。

(6) 看安装接线图。

了解设备或电器的布置与接线，与电路图对应阅读，进行控制系统的配线和调校工作，或从左至右逐个回路阅读。熟悉电路中各电器的性能和特点，对读懂图纸将是一个极大的帮助。

(7) 看安装大样图(详图)。

安装大样图是用来详细表示设备安装方法的图纸，是依据施工平面图，进行安装施工和编制工程材料计划的重要参考图纸。特别是对于初学者更重要，甚至可以说是不可缺少的。安装大样图多采用全国通用电气装置标准图集。

(8) 看设备材料表。

设备材料表提供了该工程所使用的设备、材料的型号、规格和数量，是编制购置设备、材料计划的重要依据之一。

阅读图纸的顺序没有统一的规定，可以根据需要，自己灵活掌握，但应有所侧重。为更好地利用图纸指导施工，使安装施工质量符合要求，还应阅读有关施工及验收规范、质量检验评定标准，以详细了解安装技术要求，保证施工质量。

2. 建筑电气工程图的识读技巧

识读要领：先看图纸目录，再看施工说明；了解图例符号，系统结合平面。

(1) 抓住电气施工图要点进行识读。

在识图时，应抓住如下要点进行识读。

①供电方式和相数：高压供电还是低压供电，单相还是三相；在明确负荷等级的基础上，了解供电电源的来源、引入方式及路数。

②进户方式:电杆进户、沿墙边埋角钢进户、地下电缆进户;了解电源的进户方式是由室外低压架空线引入还是电缆直埋引入。

③线路分配情况:明确各配电回路的相序、路径、管线敷设部位、敷设方式以及导线的型号和根数;线路敷设方式:绝缘子布线、管子布线、线槽布线、电缆布线等。

④明确电气设备、器件的布置:安装高度及平面安装位置。

⑤安全用电及防雷接地情况。

(2) 结合土建施工图进行阅读。

电气施工与土建施工结合得非常紧密,施工中常常涉及各工种之间的配合问题。电气施工平面图只反映了电气设备的平面布置情况,结合土建施工图的阅读还可以了解电气设备的立体布设情况。

(3) 熟悉施工顺序,便于阅读电气施工图。

如识读配电系统图、照明与插座平面图,就应先了解室内配线的施工顺序。

①根据电气施工图确定设备安装位置、导线敷设方式、敷设路径及导线穿墙位置或楼板的位置。

②结合土建施工进行各种预埋件、线管、接线盒、保护管的预埋。

③装设绝缘支持物、线夹等,敷设导线。

④安装灯具、开关、插座及电气设备。

⑤进行导线绝缘测试、检查及通电试验。

⑥工程验收。

(4) 识读时,施工图中各图表应协调配合阅读。

对于具体工程来说,为说明配电关系时需要有配电系统图;为说明电气设备、器件的具体安装位置时需要有平面布置图;为说明设备工作原理时需要有控制原理图;为表示元件连接关系时需要有安装接线图;为说明设备、材料的特性、参数时需要有设备材料表等。这些图表各自的用途不同,但相互之间是有联系并协调一致的。在识读时应根据需要,将各图纸结合起来识读,以达到对整个工程或分部项目全面了解的目的。

任务二　变压器安装工程量计算

一、工程量计量原则

(1) 变压器、消弧线圈的安装,按不同容量以“台”为计量单位。

(2) 变压器干燥,按不同容量以“台”为计量单位。

(3) 变压器油无论过滤多少次,直到过滤合格为止,以“t”为计量单位,其具体计算方法如下。

①变压器安装未包括绝缘油的过滤,需要过滤时,可按设备铭牌充油量计算。

②油断路器及其他充油设备的绝缘油过滤,可按设备铭牌充油量计算。

二、定额说明

(1) 本定额包括油浸电力变压器安装、干式变压器安装、消弧线圈安装、电力变压器干燥、变压器油过滤等项目。

(2) 油浸电力变压器安装项目适用于自耦式变压器、带负荷调压变压器的安装。电炉变压器安装执行同容量电力变压器相应项目乘以系数 2.0;整流变压器安装执行同容量电力变压器相应项目乘以系数 1.60。

(3) 变压器的器身检查:容量 4000 kV·A 以内变压器按吊芯检查考虑,容量 4000 kV·A 以上变压器按吊钟罩检查考虑,如果 4000 kV·A 以上的变压器需吊芯检查,执行项目时机械乘以系数 2.0。

(4) 安装带有保护罩的干式变压器时,执行相应项目,人工和机械乘以系数 1.2。

(5) 变压器油是按设备带有考虑的,但施工中变压器油的过滤损耗及操作损耗已包括在相关项目中。

(6) 变压器安装过程中放注油、油过滤所使用的油罐,已摊入油过滤项目中。

(7) 整流变压器、消弧线圈、并联电抗器的干燥,执行同容量电力变压器干燥相应项目;电炉变压器的干燥执行同容量电力变压器干燥相应项目乘以系数 2.0。

(8) 变压器通过试验判定绝缘受潮时才需进行干燥,只有需要干燥的变压器才能计取此项费用(编制施工图预算时可列此项,工程结算时根据实际情况计算)。

(9) 本定额不包括下列工作内容。

①变压器干燥棚的搭拆工作,发生时按实计算。

②变压器铁梯及母线铁构件的制作、安装,发生时执行“给排水、采暖、燃气工程”相应项目。

③瓦斯继电器的检查及试验已列入变压器系统调整试验内。

④二次喷漆,发生时执行相应项目。

三、实务案例

【案例 2-1】 如图 2-1 所示为某配电所主接线系统示意图,变压器采用油浸式变压器,容量为 250 kV·A,请计算变压器安装工程量。

【解】 如图 2-1 所示,在系统中有变压器 1 个。

(1) 清单工程量计算表。

清单工程量计算见表 2-2。

表 2-2 清单工程量计算表【案例 2-1】

项目编码	项目名称	项目特征描述	计量单位	工程量
030401001001	油浸电力变压器	按实	台	1

(2) 定额工程量计算表。

定额工程量计算见表 2-3。

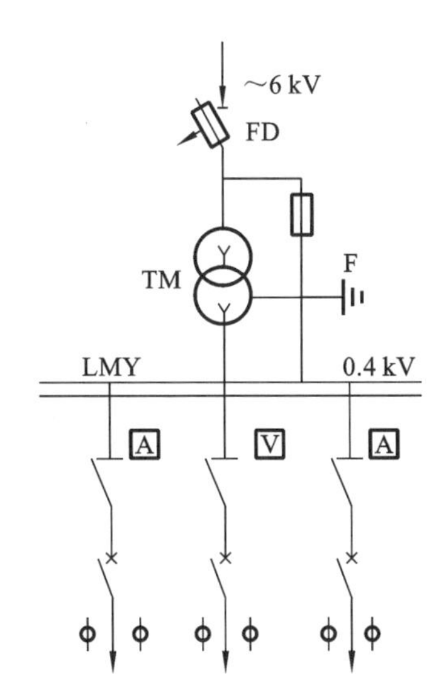

图 2-1　某配电所主接线系统示意图

表 2-3　定额工程量计算表【案例 2-1】

定额编号	项目名称	计量单位	工程量
C4-1	油浸电力变压器安装	组	1

任务三　配电装置安装工程量计算

一、工程量计量原则

(1) 断路器、电流互感器、电压互感器、油浸电抗器、电力电容器的安装，以“台”或“个”为计量单位。

(2) 隔离开关、负荷开关、熔断器、避雷器、干式电抗器的安装，以“组”为计量单位，每三相为一组。

(3) 并联补偿电抗器组架安装根据布置形式，以“台”为计量单位。

(4) 交流滤波装置的安装以“台”为计量单位。每套滤波装置包括 3 台组架安装。

(5) 开闭所成套配电装置安装，根据单元个数以“座”为计量单位。计算单元个数时，断路器、负荷开关、母线设备间隔均应计列。

(6) 高压成套配电柜安装，根据设备功能与形式，以“台”为计量单位。

(7) 箱式变电站的安装，根据设备容量，以“台”为计量单位。

(8) 变压器配电采集器、柱上变压器配电采集器、环网柜配电采集器安装调试根据系统布置，按照设计安装变压器或环网柜数量，以“台”为计量单位。

(9) 开闭所配电采集器安装调试根据系统布置，以“间隔”为计量单位，一台断路器计算一个间隔。

(10) 电压监控切换装置安装调试，以“台”为计量单位。

(11) 电度表、中间继电器安装调试，根据系统布置，按照设计安装数量以“台”或“块”为计量单位。

(12) 电表采集器、数据集中器安装调试，根据系统布置，按照设计安装数量以“台”为计量单位。

二、定额说明

(1) 本定额包括油断路器安装，真空断路器、SF 断路器安装，大型空气断路器、真空接触器安装，隔离开关、负荷开关安装，互感器安装，熔断器、避雷器安装，电抗器安装，电抗器干燥，电力电容器安装，并联补偿电容器组架及交流滤波装置安装，开闭所成套配电装置安装，高压成套配电柜安装，组合型成套箱式变电所安装，配电智能设备安装调试等项目。

(2) 设备本体所需的绝缘油、六氟化硫气体、液压油等均按随设备带有考虑。设备本体以外的加压设备和附属管道的安装，应执行相应项目另行计算。

(3) 本章设备安装不包括下列工作内容，发生时另执行相应项目计算。

端子箱、控制箱安装，设备支架制作及安装，绝缘油过滤，电抗器干燥，基础槽(角)钢制作安装，配电设备的支架、抱箍、延长轴、轴套、间隔板、端子板外部接线，地脚螺栓的预埋和二次灌浆等。

(4) 高压设备安装均不包括绝缘台的安装，发生时按施工图设计执行相应项目计算。

(5) 电压互感器安装系按单相、三相分列项目，不包括抽芯及绝缘油过滤，发生时另行计取。

(6) 电抗器安装系按三相叠放、三相平放和二叠一平的安装方式综合考虑，执行项目时不做调整，干式电抗器安装适用于混凝土电抗器、铁芯干式电抗器和空心电抗器等干式电抗器的安装。

(7) 交流滤波装置安装项目不包括设备本身及铜母线的安装，应执行相应项目另行计算。

(8) 进线保护柜安装执行“电源屏安装”相应项目。不带高压开关柜的箱式变电所的高压侧进线一般采用负荷开关。

(9) 开闭所成套配电装置安装项目综合考虑了开关的不同容量与形式，执行项目时不做调整。

(10) 环网柜安装根据进出线回路数量执行“开闭所成套配电装置安装”相应项目，计算环网柜进出线回路数量时应计列母线设备间隔。

(11) 高压成套配电柜安装项目综合考虑了不同容量，执行项目时不做调整。项目中不包括母线配置及设备干燥。

(12) 组合型成套箱式变电站主要是指 10 kV 以下的箱式变电站，本定额按通用布置形式编制，即变压器在箱的中间，箱的一端为高压开关位置，另一端为低压开关位置。组合型低压成套配电装置其外形像一个大型集装箱，内装 6～24 台低压配电柜(屏)，箱的两端开门，中间为通道，称为集装箱式低压配电室。执行项目时，不因布置形式而调整。

(13) 高压成套配电柜和箱式变电站的安装,均不包括基础槽(角)钢安装;成套配电柜安装不包括柜外母线及引下线的配置与安装。

(14) 配电智能设备安装调试项目不包括箱体及固定支架安装,光缆敷设,设备电源电缆(线)的敷设,配线架跳线的安装、焊(绕、卡)接与钻孔等;不包括系统试运行、电源系统安装测试、通信测试、软件生产和系统组态以及因设备质量问题而进行的修配改工作。发生时执行相应项目另行计算。

(15) 开闭所配电采集器安装项目是按照分散分布式编制的,若实际采用集中组屏形式,执行相应项目乘以系数 0.9;若为集中式配电终端安装,执行环网柜配电采集器安装项目乘以系数 1.2;单独安装屏可另外执行相应项目。

(16) 环网柜配电采集器安装项目是按照集中式配电终端编制的,若实际采用分散式配电终端,执行开闭所配电采集器项目乘以系数 0.85。

(17) 对应用综合自动化系统新技术的开闭所,其测控系统单体调试可另执行开闭所配电采集器调试项目乘以系数 0.8。

(18) 配电智能设备调试项目中只考虑三遥(遥控、遥信、遥测)功能调试,若实际工程增加遥调功能,执行相应项目乘以系数 1.2。

三、实务案例

【案例 2-2】 如图 2-1 所示,请计算避雷器安装工程量。

【解】 (1) 工程量计算:避雷器 1 组。

(2) 清单工程量计算表。

清单工程量计算见表 2-4。

表 2-4　清单工程量计算表【案例 2-2】

项目编码	项目名称	项目特征描述	计量单位	工程量
030402010001	避雷器	按实	组	1

(3) 定额工程量计算表。

定额工程量计算见表 2-5。

表 2-5　定额工程量计算表【案例 2-2】

定额编号	项目名称	计量单位	工程量
C4-68	避雷器安装	组	1

任务四　母线安装工程量计算

一、工程量计量原则

(1) 悬垂绝缘子串安装是指垂直或 V 形安装的提挂导线、跳线、引下线、设备连接线或设备等所用的绝缘子串安装，按照设计图示安装数量以“10 串”为计量单位。耐张绝缘子串的安装已包括在软母线安装内。

(2) 支持绝缘子安装分别按安装在户内、户外和安装固定孔数，按照设计图示安装数量以“10 个”为计量单位。

(3) 穿墙套管安装不分水平、垂直安装，以“个”为计量单位。

(4) 软母线安装是指直接由耐张绝缘子串悬挂安装，按软母线截面大小分别以“跨/三相”为计量单位。设计跨距不同时，不得调整。

(5) 软母线引下线是指由 T 形线夹或并沟线夹从软母线引向设备的连接线，跳线是指两跨软母线间的跳引线，设备连线是指两设备间的连接线，均按导线截面，以“组/三相”为计量单位。

(6) 组合软母线安装，按三相为一组计算，以“组/三相”为计量单位。

(7) 软母线安装预留长度按照设计规定计算，设计无规定时按照表 2-6 的规定计算。

表 2-6 软母线安装预留长度 (单位：m/根)

项目	耐张	跳线	引下线、设备连接线
预留长度	2.5	0.8	0.6

(8) 带型母线安装及带型母线引下线安装包括铜排、铝排，分别以不同截面和片数以“10 m/单相” 为计量单位。

(9) 母线伸缩接头及铜过渡板安装均以“个”为计量单位。

(10) 槽型母线安装，根据母线根数与规格，按照设计图示安装数量以“10 m/单相”为计量单位。计算长度时，应考虑母线挠度和连接需要增加的工程量，不计算安装损耗量。

(11) 槽型母线与设备连接，根据连接的设备与接头数量及槽型母线规格，按照设计连接设备数量以“台”为计量单位。母线槽每节之间的接地连接设计规格不同时允许换算。

(12) 共箱母线安装根据箱体断面及导体截面面积规格，按照设计图示安装轴线长度以“10 m”为计量单位，不计算安装损耗量。

(13) 低压(指 380 V 及以下)封闭式插接母线槽安装分别按导体的额定电流大小以“10 m”为计量单位，长度按设计母线的轴线长度计算，不计算安装损耗量；分线箱、始端箱根据电流容量，按照设计图示安装数量以“台”为计量单位。

(14) 重型母线安装，根据材质、截面与极性，以母线成品质量“t” 为计量单位。

(15) 重型铝母线接触面加工指铸造件需加工接触面时，根据其接触面加工断面尺寸，以“片/单相”为计量单位。

(16) 硬母线配置安装预留长度按照设计规定计算，设计无规定时按照表 2-7 的规定计算。

表 2-7 硬母线配置安装预留长度 (单位：m/根)

序号	项目	预留长度	说明
1	带型母线、槽型母线终端	0.3	从最后一个支持点算起

续表

序号	项目	预留长度	说明
2	带型母线、槽型母线与分支线连接	0.5	分支线预留
3	带型母线与设备连接	0.5	从设备端子接口算起
4	多片重型母线与设备连接	1.0	从设备端子接口算起
5	槽型母线与设备连接	0.5	从设备端子接口算起

二、定额说明

(1) 本定额包括绝缘子安装，穿墙套管安装，软母线安装，软母线引下线、跳线及设备连线，组合软母线安装，带型母线安装，带型母线引下线安装，带型母线用伸缩接头及铜过渡板安装，槽型母线安装，槽型母线与设备连接，共箱母线安装，低压封闭式插接母线槽安装，重型母线安装，重型母线伸缩器及导板制作、安装，重型铝母线接触面加工等项目。

(2) 本定额不包括支架、一般铁构件的制作、安装，发生时执行“给排水、采暖、燃气工程”相应项目，轻型铁构件制作安装执行相应项目。

(3) 软母线、带型母线、槽型母线的安装项目中未包括母线、金具、绝缘子等主材，应按设计数量加损耗计算主材用量。

(4) 组合软母线安装不包括两端铁构件制作、安装和支持瓷瓶、带型母线的安装，发生时另执行本册相应项目。跨距(包括水平悬挂部分和两端引下部分之和)以 45 m 以内考虑，执行项目时不做调整。

(5) 软母线安装是按单串绝缘子考虑的，如设计为双串绝缘子，其人工费乘以系数 1.08。

(6) 软母线引下线、跳线、经终端耐张线夹引下(不经过 T 形线夹或并沟线夹引下)与设备连接部分的导线按照导线截面执行相应项目。

(7) 软母线跳线安装项目综合考虑了耐张线夹的连接方式，执行项目时不做调整。

(8) 带型钢母线安装按带型铜母线安装相应项目执行。

(9) 带型铜母线热缩管安装执行带型铝母线安装相应项目，其人工费和机械费乘以系数 1.2。

(10) 带型母线伸缩节头和铜过渡板均按成品安装考虑。

(11) 带型母线、槽型母线安装均不包括支持瓷瓶安装和钢构件配置安装，应按设计成品数量分别执行相应项目。

(12) 高压共箱母线和低压封闭式插接母线槽均按成品安装考虑。项目综合考虑了水平、垂直安装方式，执行时不得调整。封闭式插接母线槽在竖井内安装时，其人工费和机械费乘以系数 2.0。

(13) 重型母线伸缩器及导板制作、安装项目中未包括铜(铝)带、伸缩器螺栓、垫铁、垫圈等主材发生时，按实计算。

三、实务案例

【案例 2-3】 某工程软母线三相,单相截面 50 mm^2,两接线点长度为 55 m,试计算软母线的安装工程量。

【解】 (1) 清单工程量计算。

按图示长度以单线长度计:$L=(55+0.6)\times 3=166.8$(m)

清单工程量计算见表 2-8。

表 2-8 清单工程量计算表【案例 2-3】

项目编码	项目名称	项目特征描述	计量单位	工程量
030403001001	软母线	截面尺寸≤150 mm^2	m	166.8

(2) 定额工程量计算。

带型母线安装工程量以三相为一组计算,跨长不得换算,工程量为 1 跨/三相。

定额工程量计算见表 2-9。

表 2-9 定额工程量计算表【案例 2-3】

定额编号	项目名称	计量单位	工程量
C4-153	软母线安装(截面尺寸≤150 mm^2)	跨/三相	1

任务五 控制设备及低压电器安装工程量计算

一、工程量计量原则

(1) 控制设备及低压电器安装均以“台”为计量单位。

(2) 成套配电箱安装,根据箱体半周长,以“台” 为计量单位。

(3) 控制开关、熔断器、限位开关安装,根据开关类型,以“个”为计量单位。

(4) 端子板外部接线根据设备外部接线图,按照设计图示数量以“10 个”为计量单位。

(5) 盘柜配线根据导线规格,以“10 m”为计量单位。

(6) 盘、箱、柜的外部进出线预留长度按表 2-10 计算。

表 2-10 盘、箱、柜的外部进出线预留长度 (单位:m)

序号	项目	预留长度	说明
1	各种箱、柜、盘、板、盒	高+宽	盘面尺寸
2	单独安装的铁壳开关、自动开关、刀开关、启动器、箱式电阻器、变阻器	0.5	从安装对象中心算起

续表

序号	项目	预留长度	说明
3	继电器、控制开关、信号灯、按钮、熔断器等小电器	0.3	从安装对象中心算起
4	分支接头	0.2	分支线预留

(7) 基础槽钢、角钢制作安装，以“10 m”为计量单位。

(8) 轻型铁构件制作安装，按设计图示尺寸，以“100 kg”为计量单位。

(9) 网门、保护网制作安装，按网门或保护网设计图示的框外围尺寸，以“m^2”为计量单位。

(10) 金属箱盒制作根据设计图示尺寸，按成品质量以“kg”为计量单位。

二、定额说明

(1) 本定额包括控制、继电、模拟及配电屏安装，硅整流柜安装，可控硅柜安装，直流屏及其他电气屏(柜)安装，控制台、控制箱安装，成套配电箱安装，控制开关安装，熔断器、限位开关安装，控制器、接触器、启动器、电磁铁、快速自动开关安装，电阻器、变阻器安装，按钮、电笛、电铃安装，水位电气信号装置安装，仪表、电器、小母线安装；分流器安装，盘柜配线，端子箱、端子板安装及端子板外部接线，焊铜接线端子，压铜接线端子，压铝接线端子，穿通板制作、安装，基础槽钢、角钢制作安装，轻型铁构件制作、安装及箱、盒制作等项目。

(2) 控制设备安装项目中不包括以下工作内容：二次喷漆及喷字、设备干燥、焊(压)接线端子、端子板外部二次接线、基础槽(角)钢制作与安装、设备上开孔，发生时另执行相应项目计取。

(3) 控制设备安装，除限位开关及水位电气信号装置外，其他均未包括支架制作安装。

(4) 漏电保护开关安装组合是指单个漏电保护开关保护多个开关回路。

(5) 可控硅变频调速柜按可控硅安装相应项目人工费乘以 1.2。

(6) 灯光、音响控制设备参照相应项目执行。

(7) 设备的补充油按设备带有考虑。

(8) 成品配套空箱体安装执行“成套配电箱安装”项目乘以系数 0.5。

(9) 水位电气信号装置安装未包括水泵电气控制设备、继电器安装及水泵房至水塔、水箱的管线敷设。

(10) 屏上辅助设备安装包括标签框、光字牌、信号灯、附加电阻、连接片等，但不包括屏上开孔工作。

(11) 盘柜配线只适用于盘上小设备元件的少量现场配线，不适用于工厂的设备修、配、改工程。

(12) 压铜接线端子亦适用于铜铝过渡端子。

(13) 焊(压)接线端子只适用于导线,电缆终端头制作安装中已包括压接线端子,不得重复计算。

(14) 穿通板制作、安装项目中综合考虑了板的规格与安装高度,执行项目时不做调整。

(15) 各种铁构件制作,均不包括镀锌、镀锡、镀铬、喷塑等其他金属防护费用,发生时按相应项目另行计算。

(16) 轻型铁构件是指铁构件的主体厚度在 3 mm 以内的铁构件。

(17) 轻型铁构件制作、安装及箱、盒制作主要材料是制作用的钢材、网门、门锁、把手。

(18) 盘、柜、箱制作是按钢结构制作考虑,若采用不锈钢,执行相应项目乘以系数 1.1。

三、实务案例

【案例 2-4】 某电气安装工程如图 2-2 所示,图纸说明如下:

(1) 配电室安装 5 台 PGL 型低压配电柜,尺寸为 1000 mm×2000 mm×600 mm;

(2) 配电箱 MX 为嵌入式安装,尺寸为 500 mm×400 mm×200 mm。

试计算箱柜安装工程量。

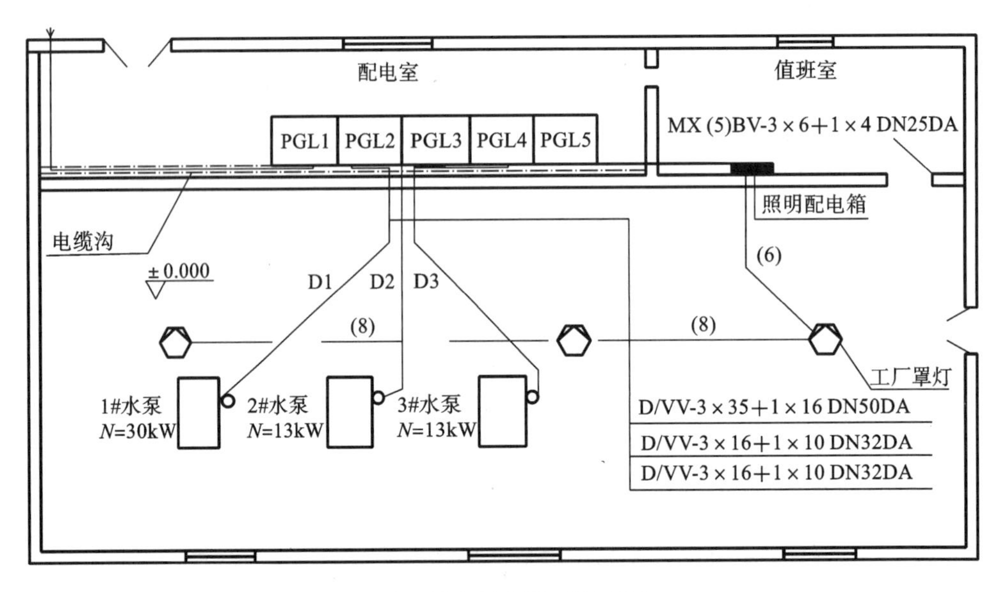

图 2-2 某电气安装工程示意图

【解】 (1) 清单工程量。

低压开关柜:5 台。

配电箱:5 台。

清单工程量计算见表 2-11。

表 2-11　清单工程量计算表【案例 2-4】

项目编码	项目名称	项目特征描述	计量单位	工程量
030404005001	低压开关柜	PGL 型低压配电柜，尺寸为 1000 mm×2000 mm×600 mm	台	5
030404017001	配电箱	嵌入式安装，尺寸为 500 mm×400 mm×200 mm	台	1

（2）定额工程量。

定额工程量与清单工程量相同。定额工程量计算见表 2-12。

表 2-12　定额工程量计算表【案例 2-4】

定额编号	项目名称	计量单位	工程量
C4-289	PGL 型低压配电柜，尺寸为 1000 mm×2000 mm×600 mm	台	5
C4-314	嵌入式安装，尺寸为 500 mm×400 mm×200 mm	台	1

任务六　蓄电池安装工程量计算

一、工程量计算规则

（1）蓄电池防震支架安装根据设计布置形式，按照设计图示安装成品数量以“10 m”为计量单位。

（2）碱性蓄电池和固定密闭式铅酸蓄电池安装，根据蓄电池容量大小，按照设计图示安装数量以“个”为计量单位。

（3）免维护蓄电池安装按蓄电池容量，按照设计图示安装数量以“组件”为计量单位，其具体计算如下例：

某项工程设计一组蓄电池为 220 V/500(A·h)，由 18 个 12 V 的组件组成，那么就应该套用 12 V/500(A·h)的相应项目。

（4）蓄电池组充放电根据蓄电池容量，按照设计图示安装数量以“组”为计量单位。

（5）UPS 不间断电源安装根据单台设备容量及输入输出相数，按照设计图示安装数量以“台”为计量单位。

（6）太阳能电池板钢架安装根据安装的位置，按实际安装太阳能电池板和预留安装太阳能电池板面之和计算工程量。不计算设备支架、不同高度与不同斜面太阳能电池板支撑架的面积。

（7）路灯柱上安装太阳能电池板，根据路灯柱高度，以“块”为计量单位。

（8）太阳能电池组装与安装根据设计布置，功率 1500 Wp 以内时按照每组电池输出功率,以“组”为计量单位;功率大于 1500 Wp 时,每增加 500 Wp 计算一组增加工程量(增加功率小于 500 Wp 时按照 500 Wp 计算)。

(9) 太阳能电池与控制屏联测,根据设计布置,按照设计图示安装单方阵数量以“方阵组”为计量单位。

(10) 光伏逆变器安装根据额定交流输出功率,按照设计图示安装数量以“台”为计量单位。功率大于 1000 kW 光伏逆变器根据组合安装方式,分解成若干台设备计算工程量。

(11) 太阳能控制器根据额定系统电压,按照设计图示安装数量以“台”为计量单位。当控制器与逆变器组合为复合电气逆变器时,控制器不单独计算安装工程量。

二、定额说明

(1) 本定额包括蓄电池防震支架安装,碱性蓄电池安装,固定密闭式铅酸蓄电池安装,免维护铅酸蓄电池安装,蓄电池组充放电,UPS 电源安装,太阳能光伏板安装等项目。

(2) 本定额适用于 220 V 以下各种容量的碱性和酸性固定型蓄电池及其防震支架安装、蓄电池充放电。

(3) 蓄电池防震支架、电极连接条、紧固螺栓、绝缘垫均按成品随设备供货考虑。

(4) 蓄电池防震支架安装按地坪打孔、装膨胀螺栓固定编制。

(5) 本定额不包括蓄电池抽头连接用电缆及电缆保护管的安装,发生时执行相应项目。

(6) 碱性蓄电池补充电解液按厂家随设备供货考虑。铅酸蓄电池的电解液消耗量已包括在项目内,不另行计算。

(7) 蓄电池组充放电项目已包括充电消耗的电量,无论酸性、碱性电池均按其电压和容量执行相应项目。

(8) UPS 不间断电源安装项目分单相(单相输入/单相输出)和三相(三相输入/三相输出),如为三相输入单相输出设备安装,执行三相相应项目。EPS 应急电源安装根据容量执行 UPS 电源安装相应项目。

(9) 太阳能电池安装项目不包括路灯柱安装、太阳能电池板钢架混凝土地面与混凝土基础及地基处理、大阳能电池板钢架支柱与支架、防雷接地。

三、实务案例

【案例 2-5】 某项工程设计安装一组碱性蓄电池为 220 V/500(A·h),由 20 个 12 V 的组件组成,试计算蓄电池安装工程量。

【解】 (1) 清单工程量。

低压开关柜:5 台。

配电箱:5 台。

清单工程量计算见表 2-13。

表 2-13　清单工程量计算表【案例 2-5】

项目编码	项目名称	项目特征描述	计量单位	工程量
030405001001	蓄电池	碱性蓄电池;12 V/500(A·h)	个	20

(2) 定额工程量。

定额工程量与清单工程量相同。定额工程量计算见表 2-14。

表 2-14　定额工程量计算表【案例 2-5】

定额编号	项目名称	计量单位	工程量
C4-431	碱性蓄电池安装	个	20

任务七　电机检查、接线及调试安装工程量计算

一、工程量计算规则

(1) 发电机、调相机、电动机的电气检查接线,均以“台”为计量单位。直流发电机组和多台一串的机组,安单台电机分别执行有关项目。

(2) 电机干燥系按一次干燥所需的工、料、机消耗量考虑的,在特别潮湿的地方,电机需要进行多次干燥,应按实际干燥次数计算。在气候干燥、电机绝缘性能良好、符合技术标准而不需要干燥时,则不计算干燥费用实行包干的工程,可参照以下比例,由有关各方协商而定。

①低压小型电机 3 kW 以下按 25%的比率考虑一次干燥。

②低压小型电机 3 kW 以上至 220 kW 按 30%～50%的比率考虑一次干燥。

③大中型电机按 100%考虑一次干燥。

二、定额说明

(1) 本定额包括发电机及调相机检查接线,小型直流电机检查接线,小型交流异步电机检查接线,小型交流同步电机检查接线,小型防爆电机检查接线,小型立式电机检查接线,大、中型电机检查接线,微型电机、变频机组检查接线,电磁调速电动机检查接线,风机盘管、风机箱检查接线,一般电气安装接线,小型电机干燥,大、中型电机干燥等项目。

(2) 专业术语“电机”是发电机和电动机的统称,如小型电机检查接线项目,适用于同功率的小型发电机和小型电动机的检查接线,项目中的电机功率是指电机的额定功率。

(3) 电机检查接线,除发电机和调相机外,均不包括电机的干燥工作,发生时应执行电机干燥相应项目。

(4) 电机根据质量分为大型、中型、小型电机:单台质量在 3 t 以下的电机为小型电机;单台质量超过 3 t、且在 30 t 以下的电机为中型电机;单台质量超过 30 t 以上的电机为

大型电机。小型电机安装按照电机类别和功率大小执行相应项目;大、中型电机不分交、直流电机,一律按电机质量执行相应项目。

(5) 微型电机分为三类:驱动微型电机(分马力电机)是指微型异步电动机、微型同步电动机、微型交流换向器电动机、微型直流电动机等;控制微型电机是指自整角机、旋转变压器、交直流测速发电机、交直流伺服电动机、步进电动机、力矩电动机等;电源微型电机是指微型电动发电机组和单枢变流机等。凡功率在 0.75 kW 以下的小型电机均执行微型电机项目,但一般民用小型交流电风扇安装执行"风扇安装"相应项目。

(6) 各类电机的检查接线均不包括控制装置的安装和接线。

(7) 电机的接地线是采用镀锌扁钢(25×4)编制的,如采用其他材质接地线,材料可以换算,其他不变。

(8) 电机安装执行"机械设备安装工程"相应项目。但不发生电机安装工序的电机,不得执行电机安装项目,其电机检查接线和干燥执行相应项目。

(9) 电气安装规范要求每台电机接线均需要配金属软管,设计有规定的按设计规格和数量计算,设计没有规定的,平均每台电机配相应规格的金属软管 1.25 m 和与之配套的金属软管专用活接头。实际上未装或无法安装金属软管的,不得计算工程量。

(10) 电机的电源线为导线时,执行"压(焊)接线端子"相应项目。

(11) 已带插头不需要在现场接线的电器,不能执行"一般电器检查接线"相应项目。

三、实务案例

【案例 2-6】 如图 2-3 所示,电动机均为低压交流异步电动机,重 2.8 t,试计算电动机检查接线工程量。

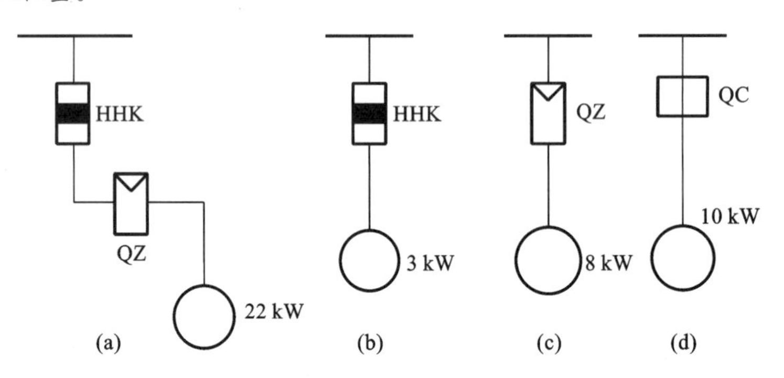

图 2-3 低压交流异步电动机示意图

【解】 (1) 清单工程量计算。

如图 2-3 所示,应进行计算的部分如下。

①低压交流异步电动机检查接线 22 kW,1 台。

②低压交流异步电动机检查接线 3 kW,1 台。

③低压交流异步电动机检查接线 8 kW,1 台。

④低压交流异步电动机检查接线 10 kW,1 台。

清单工程量计算见表 2-15。

表 2-15　清单工程量计算表【案例 2-6】

项目编码	项目名称	项目特征描述	计量单位	工程量
030406006001	低压交流异步电动机	检查接线,功率=22 kW	台	1
030406006002	低压交流异步电动机	检查接线,功率=3 kW	台	1
030406006003	低压交流异步电动机	检查接线,功率=8 kW	台	1
030406006004	低压交流异步电动机	检查接线,功率=10 kW	台	1

(2) 定额工程量。

定额工程量与清单工程量相同。定额工程量计算见表 2-16。

表 2-16　定额工程量计算表【案例 2-6】

定额编号	项目名称	计量单位	工程量
C4-499	低压交流异步电动机检查接线,功率=22 kW	台	1
C4-497	低压交流异步电动机检查接线,功率=3 kW	台	1
C4-498	低压交流异步电动机检查接线,功率=8 kW	台	1
C4-498	低压交流异步电动机检查接线,功率=10 kW	台	1

任务八　滑触线装置安装工程量计算

一、工程量计量原则

(1) 滑触线安装根据材质及性能要求,按照设计图示安装成品数量以“100 m/单相”或“100 m/三相”为计量单位,计算长度时应考虑滑触线挠度和连接所需工程量。不计算下料、安装损耗量。

(2) 滑触线另行计算主材费,滑触线安装预留长度按照设计规定计算,设计无规定时按照表 2-17 规定计算。

表 2-17　滑触线安装预留长度　(单位:m/根)

序号	项目	预留长度	说明
1	圆钢、铜母线与设备连接	0.2	从设备接线端子接口算起
2	圆钢、铜滑触线终端	0.5	从最后一个固定点算起
3	角钢滑触线终端	1.0	从最后一个固定点算起
4	扁钢滑触线终端	1.3	从最后一个固定点算起
5	扁钢母线分支	0.5	分支线预留
6	扁钢母线与设备连接	0.5	从设备接线端子接口算起

续表

序号	项目	预留长度	说明
7	轻轨滑触线终端	0.8	从最后一个支持点算起
8	安全节能及其他滑触线终端	0.5	从最后一个固定点算起

二、定额说明

（1）本定额包括轻型滑触线安装，安全节能型滑触线安装，角钢、扁钢滑触线安装，圆钢、工字钢滑触线安装，滑触线支架安装，滑触线拉紧装置及挂式支持器制作、安装，移动软电缆安装等项目。

（2）起重机的电气装置系按未经生产厂家成套安装和试运行考虑的，因此起重机的电机和各种开关、控制设备、管线及灯具等均按分部分项编制预算。

（3）安全节能型滑触线安装未包括滑触线的导轨、支架、集电器及其附件等装置性材料。

（4）安全节能型滑触线按三相编制，单相滑触线执行相应三相滑触线安装项目乘以系数 0.5。

（5）滑触线支架未包括基础铁件及螺栓，按土建预埋考虑。

（6）滑触线及支架的油漆，均按涂一遍考虑。

（7）移动软电缆敷设未包括轨道安装及滑轮制作。

（8）滑触线的辅助母线安装，执行“车间带型母线安装”相应项目。

（9）滑触线伸缩器和坐式电车绝缘子支持器的安装，已包括在“滑触线安装”和“滑触线支架安装”相应项目内，不得另行计算，其主材费可按实计算。

（10）移动软电缆安装主要材料是指软电缆、滑轮及托架。

（11）滑触线及支架安装是按安装高度为 10 m 以下考虑的，如安装高度超过 10 m，超出部分工程量执行相应项目，人工费乘以系数 1.1。

三、实务案例

【案例 2-7】 请计算图 2-4 中滑触线安装工程量。

【解】（1）清单工程量计算。

[2.5×5(滑触线长度)+(1+1)(两端预留量)]×3=43.5(m)

清单工程量计算见表 2-18。

表 2-18 清单工程量计算表【案例 2-7】

项目编码	项目名称	项目特征描述	计量单位	工程量
030407001001	滑触线	角钢滑触线，尺寸L40×4	m	43.5

（2）定额工程量计算。

定额工程量与清单工程量相同。定额工程量计算见表 2-19。

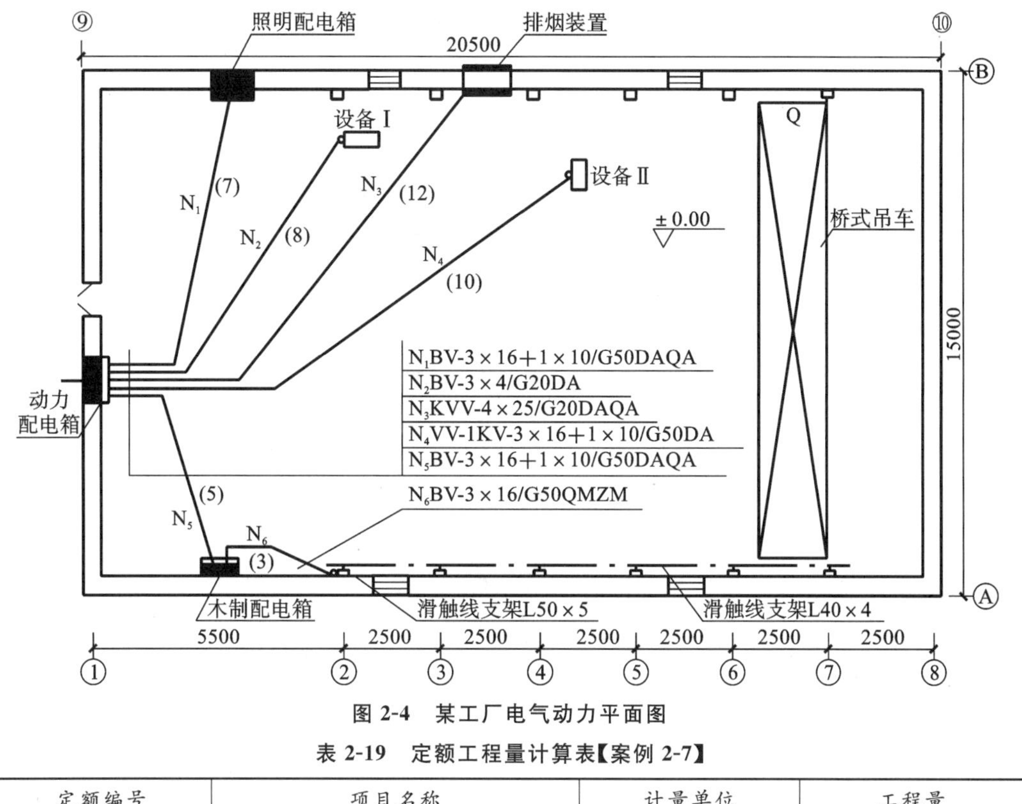

图 2-4　某工厂电气动力平面图

表 2-19　定额工程量计算表【案例 2-7】

定额编号	项目名称	计量单位	工程量
C4-563	角钢滑触线安装	100 m/单相	0.435

任务九　电缆安装工程量计算

一、工程量计算规则

(1) 直埋电缆的挖、填土(石)方，除特殊要求外，按表 2-20 规定计算土方量。电缆沟开挖长度按照电缆敷设路径长度计算，也可按表 2-20 计算土方量。

表 2-20　直埋电缆的挖、填土(石)方量

项目	电缆根数	
	1～2	每增一根
每米沟长挖方量(m^3)	0.45	0.153

注：①两根以内的电缆沟，系按上口宽度 600 mm、下口宽度 400 mm、深度 900 mm 计算的常规土方量(深度按规范的最低标准)；

②每增加一根电缆，其宽度增加 170 mm；

③以上土方量系按埋深从自然地坪起算，如设计埋深超过 900 mm，多挖的土方量应另行计算。

(2) 电缆沟揭(盖)盖板按每揭或每盖一次以延长米计算，如又揭又盖，则按两次计算。

(3) 电缆保护管铺设根据电缆敷设路径，按照设计图示敷设数量以“m”为计量单位。电缆保护管长度计算，除设计规定长度外，遇有下列情况，还应按以下规定增加保护管长度：

①横穿道路时，按路基宽度两端各增加 2 m 计算；

②垂直敷设时，按管口距地面增加 2 m 计算；

③穿过建筑物外墙时，按基础外缘以外增加 1 m 计算；

④穿过排水沟时，按沟壁外缘以外增加 1 m 计算。

(4) 电缆保护管埋地敷设，其土方量有设计图纸注明的，按设计图纸计算；无设计图纸的，沟深按 0.9 m 计算，沟宽按保护管两侧边缘外各增加 0.3 m 工作面计算。

(5) 地下定向钻孔敷管，均按施工图设计长度以延长米计算，30 m 以内按一处计算，超过 30 m 时，按照增加工程量计算。其中主材含量按设计长度加损耗率 2.5%进行调整。计算方法如下：地下定向钻孔敷管(单管)直径 110 mm，工程量 20 m，按地下定向钻孔敷管(单管)直径 110 mm 以下、工程量 30 m 以下一处计算，主材含量调整为 20×1.025＝20.5(m)。

(6) 地下定向钻敷管一次敷管超过 9 管时，可拆分为两项敷管计算，分别执行相应项目乘以系数 0.8。计算方法如下：敷 10 管按两项 5 管计算，执行相应项目均乘以系数0.8；敷 11 管按一项 5 管、一项 6 管计算，执行相应项目均乘以 0.8，依此类推。

(7) 电缆桥架安装，根据桥架材质与规格按照设计图示安装数量以“10 m”为计量单位。

(8) 组合式桥架安装按照设计图示安装数量以“100 片”为计量单位；复合支架安装按照设计图示安装数量以“副”为计量单位。

(9) 电缆敷设长度工程量按单根以延长米计算，不计算敷设损耗量。如一个沟内(或架上)敷设三根各长 100 m 的电缆，应按 300 m 计算，依此类推。竖直通道电缆敷设长度按照电缆敷设在竖直通道内垂直高度以延长米计算工程量。不计算敷设损耗量。

(10) 电缆敷设长度应根据敷设路径的水平和垂直敷设长度，加上设计规定增加的附加长度计算。设计无规定时，按照表 2-21 计算电缆敷设的附加长度。

表 2-21 电缆敷设的附加长度

序号	项目	预留(附加)长度	说明
1	电缆敷设弛度、波形弯度、交叉	2.5%	按电缆全长计算
2	刚性矿物绝缘电缆敷设弛度，波形弯度，交叉	3%	按电缆全长计算
3	电缆进入建筑物	2.0 m	规范规定最小值
4	电缆进入沟内或吊架时引上(下)预留	1.5 m	规范规定最小值
5	变电所进线、出线	1.5 m	规范规定最小值
6	电力电缆终端头	1.5 m	检修余量最小值

续表

序号	项目	预留(附加)长度	说明
7	电缆中间接头盒	两端各留 2.0 m	检修余量最小值
8	电缆进控制、保护屏及模拟盘等	高＋宽	按盘面尺寸
9	高压开关柜及低压配电盘、箱	2.0 m	盘下进出线
10	电缆至电动机	0.5 m	从电机接线盒算起
11	厂用变压器	3.0 m	从地坪算起
12	电缆绕过梁柱等增加长度	按实计算	按被绕物的断面情况计算增加长度
13	电梯电缆与电缆架固定点	每处 0.5 m	范围最小值

(11) 电缆终端头及中间头均以“个”为计量单位。电力电缆和控制电缆均按一根电缆有两个终端头考虑。中间电缆头设计有图示的，按设计确定；设计没有规定的，按实际情况计算。

(12) 电缆敷设及桥架安装，应按说明的综合内容范围计算。

二、定额说明

(1) 本定额包括电缆沟挖填、人工开挖路面，电沟铺砂、保护及揭(盖)盖板，电缆保护管敷设，地下定向钻孔敷管，桥架安装，塑料电缆槽安装，电缆防火涂料、防火包、堵料、隔板及阻燃槽盒安装，铝芯电力电缆敷设，铜芯电力电缆敷设，电缆穿刺线夹、T 接线端子安装，户内干包式电力电缆头制作、安装，户内浇注式电力电缆终端头制作、安装，户内热缩式电力电缆终端头制作、安装，户外电力电缆终端头制作、安装，浇注式电力电缆中间头制作、安装，热缩式电力电缆中间头制作、安装，控制电缆敷设，控制电缆头制作、安装，刚性矿物绝缘电力电缆敷设，刚性矿物绝缘控制电缆敷设，刚性矿物绝缘电缆终端头、中间接头制作安装等项目。

(2) 电缆沟挖填项目亦适用于电气管道沟等的挖、填方工作。项目中渣土、余土(余石)外运距离综合考虑 1 km，不包括弃土场费用。工程实际运距大于 1 km 时，超出 1 km 以外的外运执行相应项目。电缆沟挖填项目中“含建筑垃圾土”指建筑物周围及施工道路区域内的土质中含有建筑碎块或含有砌筑留下的砂浆等。本项目不包括恢复路面。

(3) 电缆沟揭、盖、移动盖板子目综合考虑了不同的工序，执行项目时不因工序的多少而调整。

(4) 直径 ϕ100 以下的电缆保护管敷设执行“配管、配线”相应项目。

(5) 地下定向钻孔敷管按一管至九管同时敷管设置项目，包括了工作坑的挖填及路面恢复，但未包括破除混凝土地面和永久性检查井砌筑，发生时另执行相应项目。

(6) 地下定向钻孔敷管适用于一般土质，如果地质为岩石，按表 2-22 进行调整。

表 2-22 土质调整系数

土质	人工调整系数	机械调整系数(其中起重机不调整)
极软岩,软岩	1.7	2
较软岩	3.9	5
较硬岩,坚硬岩	6.8	9

(7) 桥架安装:

①桥架安装包括运输、组对、吊装、固定,弯通或三、四通修正和制作组对,切割口防腐,桥架开孔,上管件、隔板、盖板安装,接地跨接、附件安装等工作内容;

②桥架主材中包括盖板、隔板;

③桥架安装相应项目是按照成品安装考虑,如需现场制作,相关费用另行计取;

④桥架支撑架(包括立柱、托臂及其他各种支撑架)的安装,按采用螺栓、焊接和膨胀螺栓三种固定方式综合考虑,执行设备支架相应项目,实际施工中不论采用何种固定方式均不作调整;

⑤钢制桥架主结构设计厚度大于 3 mm 时,执行相应项目,人工费和机械费乘以系数 1.2;

⑥不锈钢桥架安装,执行钢制桥架安装相应项目乘以系数 1.1;

⑦电缆桥架单独揭、盖盖板(各一次),按相应桥架安装项目人工费的 15%计算。

(8) 塑料电缆槽安装包括小型电缆槽和加强型电缆槽。宽 100 mm 以下的金属槽安装,可执行加强塑料槽相应项目,固定支架及吊杆另计。

(9) 电缆敷设项目适用于 10 kV 以下的电力电缆和控制电缆敷设。项目系按平原地区和厂内电缆工程的施工条件编制的,未考虑在积水区、水底、井下等特殊条件下的电缆敷设。厂外电缆敷设工程按有关项目另计工地运输。

(10) 电缆在一般山地地区敷设时,执行相应项目人工费和机械费乘以系数 1.6;在丘陵地区敷设时,执行相应项目人工费和机械费乘以系数 1.15。该地段所需的施工材料如固定桩、夹具等按实另计。

(11) 电缆敷设项目综合了除排管内敷设以外的各种不同敷设方式,包括土沟内、穿管、支架沿墙卡设、钢索、沿支架卡设、垂直敷设等方式。项目将各种方式按一定的比例进行了综合,在实际工作中不论采取上述何种方式(排管内敷设除外),一律不作换算和调整。

(12) 电缆敷设已将裸包电缆、铠装电缆、屏蔽电缆等因素综合考虑在内,凡 10 kV 以下的电力电缆和控制电缆敷设,除另有说明外,均不分结构形式和型号,一律按相应的电缆截面和芯数执行相应项目及调整系数。

(13) 电力电缆敷设及电力电缆头制作安装项目均按三芯及三芯连地电缆编制,电缆每增加一芯执行相应项目增加 30%(如五芯电力电缆敷设执行相应项目乘以系数 1.3,六芯电力电缆乘以系数 1.6,依此类推)。其他截面、单双芯电力电缆敷设与电缆头制作安装,按相应电缆敷设及电缆头制作安装子目乘以调整系数执行(电力电缆敷设及电缆头制作安装调整系数见表 2-23)。

表 2-23　电力电缆敷设及电缆头制作安装调整系数

规格名称		执行子目	电缆敷设	电缆头制作安装(铜芯)
6 mm² 以下	三芯及三芯连地	35 mm² 以下电缆敷设及电缆头制作安装相应项目	0.25	0.3
	双芯，单芯		0.2	0.15
10 mm² 以下	三芯及三芯连地		0.4	0.4
	双芯，单芯		0.3	0.2
25 mm² 以下	三芯及三芯连地		0.6	0.6
	双芯，单芯		0.4	0.3
35 mm² 以下	双芯		0.5	0.4
	单芯		0.3	0.3
400 mm² 以下	双芯	对应截面电缆敷设及电缆头制作安装相应项目	0.85	0.85
	单芯		0.67	0.67
800 mm² 以下	单芯	400 mm² 电缆敷设及电缆头制作安装相应项目	1.0	1.0
1000 mm² 以下	单芯		1.25	1.25
1600 mm² 以下	单芯		1.85	1.85

(14) 双屏蔽电缆头制作安装，执行相应项目人工费乘以系数 1.05。240 mm² 以上的电缆头的接线端子为异型端子，需要单独加工，可按实际加工价格计补差价(或调整子目价格)。

(15) 电力电缆中间头、终端头制作安装项目是以铜芯考虑的，如为铝芯，执行相应项目乘以系数 0.8。

(16) 户内干包式电力电缆头制作安装，如为简包电缆头，不装终端盒，执行相应项目人工费乘以系数 0.7。

(17) 电缆头制作项目中未包括铅套管、支架及防护罩。

(18) 竖直通道电缆敷设项目适用于单段高度大于 3.6 m 的竖井内的电缆敷设。在单段高度小于或等于 3.6 m 的竖井内敷设电缆时，执行普通电力电缆敷设相应项目乘以系数 1.3。

(19) 预制分支电缆、控制电缆敷设项目综合考虑了不同的敷设环境，执行项目时不做调整。

(20) 预分支电缆敷设时，主干电缆和分支电缆的电缆敷设及电缆头制作安装均按截面面积执行电缆敷设及电缆头制作安装相应项目及调整系数。吊具、挂钩、夹具等执行“给排水、采暖、燃气工程”相应项目，如预分支电缆主材价格中已包括分支器、穿刺夹、电缆头、吊具、挂钩、夹具等配件，则以上配件不得另计主材费用。

(21) 矿物绝缘电缆分为刚性矿物绝缘电缆和柔性矿物绝缘电缆：

①刚性矿物绝缘电缆敷设和电缆终端头、中间接头制作安装执行刚性矿物绝缘电缆

相应项目；

②柔性矿物绝缘电缆敷设和电缆终端头、中间接头制作安装执行同规格普通电力电缆相应项目及调整系数；如柔性矿物电缆带金属外护套，则执行相应项目及调整系数后，人工和机械乘以系数1.2。

(22) 矿物绝缘电缆敷设项目中，固定卡子及膨胀螺栓等固定件可根据实际用量进行调整。

(23) 吊电缆的钢索及拉紧装置，执行“配管、配线”相应项目。

(24) 本章未包括下列工作内容：

①隔热层、保护层的制作安装；

②电缆冬季施工的加温工作和在其他特殊施工条件下的施工措施费和施工降效增加费。

三、实务案例

【案例2-8】 某电缆敷设工程，三根VV22-3×70+1×25电缆如图2-5所示，从配电房照明屏(尺寸:1500 mm×800 mm×800 mm)直埋至1号车间动力屏(尺寸:700 mm×500 mm×400 mm)。直埋电缆埋深为0.7 m。试计算电缆工程量。

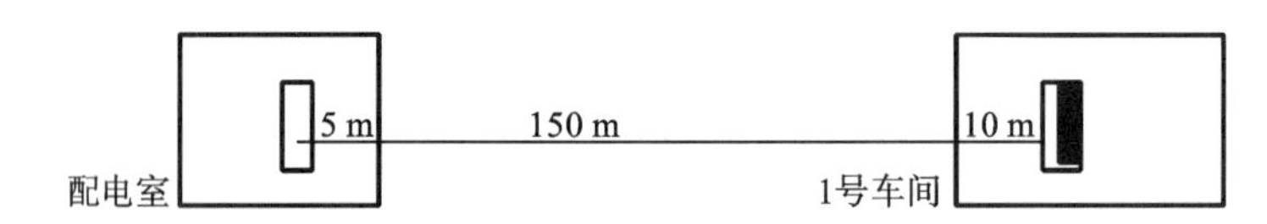

图2-5 某电缆敷设工程示意图

【解】 (1) 清单工程量。

VV22-3×70+1×25　　[(5+150+10+0.7×2)×1.025+(1.5+0.8)+(0.7+0.5)+1.5×2]×3=531.18(m)

清单工程量计算见表2-24。

表2-24 清单工程量计算表【案例2-8】

项目编码	项目名称	项目特征描述	计量单位	工程量
030408001001	电力电缆	VV22-3×70+1×25，直埋	m	531.18

(2) 定额工程量。

定额工程量与清单工程量相同，定额工程量计算见表2-25。

表2-25 定额工程量计算表【案例2-8】

定额编号	项目名称	计量单位	工程量
C4-760	电力电缆安装	100 m	5.3118

任务十 防雷接地安装工程量计算

一、工程量计算规则

(1) 避雷针制作根据材质及针长，按照设计图示安装成品数量，以“根”为计量单位。

(2) 避雷针安装根据安装地点及针长，按照设计图示安装成品数量，以“根”为计量单位。

(3) 独立避雷针安装根据安装高度，按照设计图示安装成品数量，以“基”为计量单位。

(4) 避雷引下线敷设根据引下线采取的方式，按照设计图示敷设数量，以“10 m”为计量单位。

(5) 半导体少长针消雷装置安装根据安装高度，按照设计图示安装成品数量，以“套”为计量单位。装置本身按成品成套供货考虑。

(6) 断接卡子制作与安装按照设计规定装设的断接卡子数量，以“10 套”为计量单位。检查井内接地的断接卡子安装按照每井一套计算。

(7) 均压环敷设长度按照设计需要作为均压接地梁的中心线长度，以“10 m”为计量单位。

(8) 接地极制作与安装根据材质与土质，按照设计图示安装数量，以“根”为计量单位。接地极长度按照设计长度计算，设计无规定时，每根按照 2.5 m 计算。

(9) 避雷网、接地母线敷设按照设计图示敷设数量，以“10 m”为计量单位。计算长度时，按照设计图示水平和垂直规定长度 3.9%计算附加长度(包括转弯、上下波动、避绕障碍物、搭接头等长度)，当设计有规定时，按照设计规定计算。

(10) 接地跨接线安装根据跨接线位置，结合规程规定，按照设计图示跨接数量，以“10 处”为计量单位。户外配电装置构架按照设计要求需要接地时，每组构架计算一处；钢窗、铝合金窗按照设计要求需要接地时，每一樘金属窗计算一处。

(11) 桩承台接地根据桩连接根数，按照设计图示数量，以“基”为计量单位。

(12) 电子设备防雷接地装置安装根据需要避雷的设备，以“个”为计量单位。

(13) 等电位装置安装根据接地系统布置，按照安装数量，以“套”为计量单位。

二、定额说明

(1) 本定额包括接地极(板)制作、安装，接地母线敷设，接地跨接线安装，避雷针制作、安装，半导体少长针消雷装置安装，避雷引下线敷设，避雷网安装，球状避雷器安装，设备防雷接地装置安装，桩承台接地，保护接地，等电位装置安装，铺地漆布等项目。

(2) 本定额适用于建筑物与构筑物的防雷接地、变配电系统接地、设备接地以及避雷针(塔)接地等装置安装。

(3) 接地极安装与接地母线敷设项目不包括采用爆破法施工、接地电阻率高的土质换土、接地电阻测定工作。工程实际发生时,另执行相关项目。

(4) 避雷针制作、安装项目不包括避雷针底座及埋件的制作与安装。工程实际发生时,应根据设计划分,分别执行相应项目。执行"避雷针制作"相应项目时,如避雷小针为成品供应,其项目乘以系数 0.4。

(5) 避雷针安装、半导体少长针消雷装置安装已综合考虑了安装超高作业因素,执行项目时不做调整。避雷针安装在木杆和水泥杆上时,包括了其避雷引下线安装。半导体少长针消雷装置安装按成套装置现场吊装组合,其接地引下线安装另执行相应项目。

(6) 独立避雷针安装包括避雷针塔架、避雷引下线安装,不包括基础浇筑。塔架制作执行相应支架制作项目。

(7) 利用建筑结构钢筋作为接地引下线安装项目是按照每根柱子内焊接两根主筋编制的,当焊接主筋超过两根时,可按照比例调整项目安装费。防雷均压环是利用建筑物梁内主筋作为防雷接地连接线考虑的,每一梁内按焊接两根主筋编制,当焊接主筋数超过两根时,可按比例调整项目安装费。如果采用单独扁钢或圆钢明敷设作为均压环,执行"户内接地母线敷设"项目。

(8) 利用铜绞线作为接地引下线时,其配管、穿铜绞线执行"配管、配线"相应项目。

(9) 高层建筑物屋顶防雷接地装置安装应执行避雷网安装相应项目。避雷网安装中"沿折板支架敷设"项目包括了支架制作与安装,不得另行计算。电缆支架的接地线安装执行"户内接地母线敷设"项目。

(10) 利用基础梁内两根主筋焊接连通作为接地母线时,执行"均压环敷设"项目。

(11) 户外接地母线敷设项目是按照室外整平标高和一般土质综合编制的,包括地沟挖填土和夯实,执行项目时不再计算土方工程量。户外接地沟挖深为 0.75 m,每米沟长土方量为 0.34 m^3。如设计要求埋设深度与项目不同,应按照实际土方量调整。如遇有石方、矿渣、积水、障碍物等情况应另行计算。

(12) 利用建(构)筑物(如梁、柱、桩承台等)接地时,柱内主筋,梁、柱内主筋,以及桩承台跨接已综合在相应项目中,不另行计算。

(13) 避雷网沿折板支架敷设时是根据国标图集编制的,若实际沿女儿墙、天沟采用明敷(一端埋设,另一端焊接),执行"沿折板支架敷设"项目乘以系数 0.8,若采用暗敷,执行该项目乘以系数 0.7。

(14) 等电位端子箱(盒)安装执行相应项目,总接地端子箱、总等电位箱安装执行接线箱相应项目。

(15) 铺防静电型地漆布项目中,紫铜板按厚 0.3 mm、宽 20 mm 规格考虑,如实际使用规格不同则可以换算。

(16) 接地网测试执行相应项目。

三、实务案例

【案例 2-9】 某避雷接地系统如图 2-6 所示。避雷网采用 ϕ12 镀锌圆钢在 0.8 m 女儿墙上明敷设并利用建筑物 2 根 ϕ10 镀锌圆钢主筋引下与接地母线—50×5 的扁钢连接，接地母线与角钢接地极(∠50×5，h=2500 mm)做了可靠的电气连接。试计算防雷接地工程量。

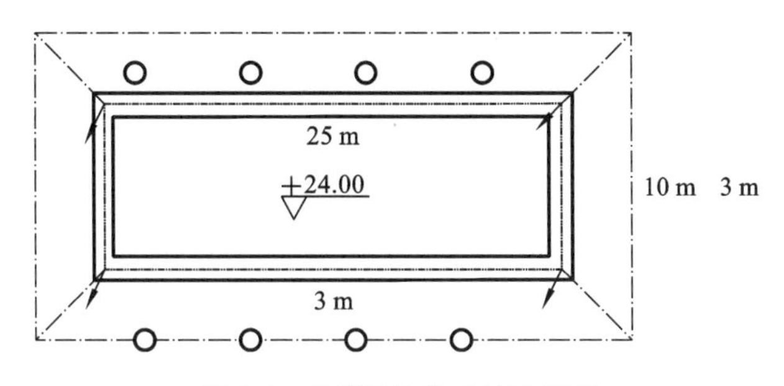

图 2-6　某避雷接地系统示意图

【解】 (1) 清单工程量。

避雷网镀锌圆钢 ϕ12　　(25+10)×2×1.039=72.73(m)

防雷引下线镀锌圆钢 ϕ10　　(24+0.8)×4=99.2(m)

室外接地母线—50×5 的扁钢　　$[(25+3\times2+10+3\times2)\times2+\sqrt{9+9}\times4]\times1.039=115.30$(m)

50 角钢接地极　　8 根

断节卡子制作安装　　4 套

清单工程量计算见表 2-26。

表 2-26　清单工程量计算表【案例 2-9】

项目编码	项目名称	项目特征描述	计量单位	工程量
030409001001	接地极	角钢∠50×5，h=2500 mm，普通土	根	8
030409002001	室外接地母线	镀锌扁钢—50×5	m	115.30
030409003001	避雷引下线	镀锌圆钢 ϕ10，利用建筑物 2 根主筋，断节卡子	m	99.2
030409005001	避雷网	镀锌圆钢 ϕ12 明敷设在女儿墙	m	72.73

(2) 定额工程量。

定额工程量计算见表 2-27。

表 2-27　定额工程量计算表【案例 2-9】

定额编号	项目名称	计量单位	工程量
C4-893	角钢接地极	根	8
C4-900	室外接地母线	10 m	11.530
C4-950	避雷引下线	10 m	9.92
C4-951	断节卡子	10 套	0.4
C4-953	避雷网	10 m	7.273

任务十一　10 kV 以下架空线路安装工程量计算

一、工程量计算规则

(1) 工地运输是指项目内未计价材料从集中材料堆放点或工地仓库运至杆位上的工程运输，分人力运输和汽车运输，以“ 10 t/km”为计量单位。

材料运输工程量计算公式如下：

材料运输工程量＝施工图用量×(1＋损耗率)＋包装物重量

不需要包装的材料，可不计算包装物重量。

主要材料运输重量可按表 2-28 计算。

表 2-28　主要材料运输重量

材料名称		单位	运输质量/kg	备注
混凝土制品	人工浇制	m^3	2600	包括钢筋
	离心浇制	m^3	2860	包括钢筋
线材	导线	kg	$W\times1.15$	有线盘
	钢绞线	kg	$W\times1.07$	无线盘
木杆材料		m^3	500	包括木横担
金属、绝缘子		kg	$W\times1.07$	
螺栓		kg	$W\times1.01$	

注：①W 为理论重量；

②未列入者均按净重计算。

(2) 无底盘、卡盘的电杆坑，其挖方体积为

$$V=0.8\times0.8\times h$$

式中：h——坑深(m)。

(3) 电杆坑的马道土、石方量按每坑 0.2 m^3 计算。

(4) 施工操作裕度按底、拉盘底宽每边增加 0.1 m 计算。

(5) 各类土质的放坡系数按表 2-29 规定计算。

表 2-29　各类土质的放坡系数

土质	普通土、水坑	坚土	松砂石	泥水、流砂、岩石
放坡系数	1∶0.3	1∶0.25	1∶0.2	不放坡

(6) 土方量计算公式

$$V=\frac{h[ab+(a+a_1)\times(b+b_1)+a_1\times b_1]}{2}$$

式中：V——土(石)方体积(m^3)；

h——坑深(m)；

$a(b)$——坑底宽(m)，$a(b)$=底、拉盘底宽+2×每边操作裕度；

$a_1(b_1)$——坑口宽(m)，$a_1(b_1)=a(b)+2\times h\times$边坡系数。

(7) 杆坑土质按一个坑的主要土质而定，如一个坑大部分为普通土，少量为坚土，则该坑应全部按普通土计算。

(8) 带卡盘的电杆坑，如原计算的尺寸不能满足卡盘安装，因卡盘超长而增加的土(石)方量另计。

(9) 底盘、卡盘、拉线盘按设计用量以“块”为计量单位。

(10) 电杆组立，分别电杆形式和高度按设计数量以“根”为计量单位。

(11) 横担安装根据材质和安装根数区分电压等级、横担类型、杆塔类型、导线根数等，按照设计图示安装数量以“组”或“根”为计量单位。

(12) 拉线制作安装按施工图设计规定，分不同形式和截面，以“根”为计量单位。项目按单根拉线考虑，若安装 V 形、Y 形或双拼形拉线，按 2 根计算。拉线长度按设计全根长度计算，设计无规定时可按表 2-30 计算。

表 2-30　拉线长度　(单位：m/根)

项目		普通拉线	V(Y)形拉线	弓形拉线
杆高(m)	8	11.47	22.94	9.33
	9	12.61	25.22	10.10
	10	13.74	27.48	10.92
	11	15.10	30.20	11.82
	12	16.14	32.28	12.62
	13	18.69	37.38	13.42
	14	19.68	39.36	15.12
水平拉线		26.47		

(13) 导线架设，分别导线类型和不同截面以“km/单线”为计量单位。计算架线长度时，应考虑弛度、弧垂，导线与设备连接、导线接头等必要的预留长度，预留长度按照设计规定计算，设计无规定时按照表 2-31 规定计算。导线架设长度按线路总长度和预留长度之和计算。计算主材费时应增加规定的损耗量。

表 2-31　导线预留长度　(单位：m/根)

项目名称		长度
高压	转角	2.5
	分支、终端	2.0
低压	分支、终端	0.5
	交叉跳线转角	1.5
与设备连线		0.5
进户线		2.5

(14) 导线跨越架设，包括越线架的搭、拆和运输工程量以及因跨越(障碍)施工难度增加而增加的工程量，以“处”为计量单位。每个跨越间距按 50 m 以内考虑，大于 50 m 而小于 100 m 时按 2 处计算，依此类推。在计算架线工程量时，不扣除跨越档的长度。

(15) 杆上变配电设备安装以“台”或“组”为计量单位，包括杆上钢支架及设备的接地安装，但钢支架主材、连引线、线夹、金具等应按设计规定另行计算，调试执行。

(16) 接地装置需要增加降阻剂时，沟槽开挖宽度按照设计规定计算；当设计无规定时，开挖槽径按照 0.6 m 计算。

二、定额说明

(1) 本定额包括工地运输，土石方工程，底盘、拉盘、卡盘安装，电杆组立，横担安装，拉线制作、安装，导线架设，导线跨越及进户线架设，杆上变配电设备安装等项目。

(2) 本定额按平地施工条件考虑，如在其他地形条件下施工，其人工费和机械费按表 2-32 地形系数予以调整。

表 2-32　地形系数

地形类别	丘陵(市区)	一般山地、泥沼地带
调整系数	1.20	1.60

(3) 地形划分的特征如下。

①平地：地形比较平坦、地面比较干燥的地带。

②丘陵：地形有起伏的矮岗、土丘等地带。

③一般山地：指一般山岭或沟谷地带、高原台地等。

④泥沼地带：指经常积水的田地或泥水淤积的地带。

(4) 全线地形分几种类型时，按各种类型长度所占百分比求出综合系数进行计算。

(5) 在城市市区建设架空线路工程时，地形按照丘陵标准计算。

(6) 土质分类如下。

①普通土：指种植土、黏砂土、黄土和盐碱土等，主要利用锹、铲即可挖掘的土质。

②坚土：指土质坚硬难挖的红土、板状黏土、重块土、高岭土，必须用铁镐、条锄挖松，再用锹、铲挖掘的土质。

③松砂石：指碎石、卵石和土的混合体，各种不坚实砾岩、页岩、风化岩，节理和裂缝较多的岩石等(不需用爆破方法开采的)，需要镐、撬棍、大锤、楔子等工具配合才能挖掘者。

④岩石：一般指坚实的粗花岗岩、白云岩、片麻岩、玢岩、石英岩、大理岩、石灰岩、石灰质胶结的密实砂岩的石质，不能用一般挖掘工具进行开挖，必须采用打眼、爆破或打凿才能开挖者。

⑤泥水：指坑的周围经常积水，坑的土质松散，如淤泥和沼泽地等挖掘时因水渗入和浸润而成泥浆，容易坍塌，需用挡土板和适量排水才能施工者。

⑥流砂：指坑的土质为砂质或分层砂质，挖掘过程中砂层有上涌现象，容易坍塌，挖掘时需排水和采用挡土板才能施工者。

(7) 冻土厚度大于 300 mm 时，冻土层的挖方量执行挖坚土项目乘以系数 2.5。其他土层仍按土质性质执行相应项目。

(8) 线路一次施工工程量按 5 根以上电杆考虑，如一次施工 5 根以内者，其全部人工费、机械费乘以系数 1.3。

(9) 如果出现钢管杆的组立，执行同高度混凝土杆组立相应项目，人工费、机械费乘以系数 1.4。

(10) 横担安装项目按照单杆安装横担编制，工程实际采用双杆安装横担时，执行相应项目乘以系数 2.0。横担安装中的绝缘子、防水弯头、连接铁件及螺栓等主材(进户横担安装中绝缘子、防水弯头、支撑铁件及螺栓等主材)应另行计算。

(11) 拉线制作、安装项目中的金具、抱箍与导线架设项目中的金具、绝缘子等主材另计。

(12) 导线跨越架设：

①每个跨越间距均按 50 m 以内考虑，大于 50 m 而小于 100 m 时按 2 处计算，依此类推。

②在同跨越档内，有多种(或多次)跨越物时，应根据跨越物种类分别执行相应项目。

③跨越项目仅考虑因跨越而多消耗的人工、材料和机械费用，在计算架线工程量时，不扣除跨越档的长度。

(13) 导线架设项目按铝芯导线编制。如为铜芯导线架设，执行同规格相应项目乘以系数 1.2。

(14) 杆上变配电设备安装项目：

①安装设备所需要的台架铁件、连引线、瓷瓶、金具、接线端子、熔断器等主材应另行计算。

②不包括变压器调试、抽芯、干燥、接地装置、检修平台、防护栏杆的安装。

③杆上配电箱安装不包括焊(压)接线端子。

(15) 杆上变压器 500 kV・A 执行 320 kV・A 相应项目乘以系数 1.18。

三、10 kV 以下架空线路安装清单编制和综合单价分析注意事项

(1) 杆上设备调试，应按相关项目编码列项。

(2) 在电杆组立的项目特征中，材质指电杆的材质，是木电杆还是混凝土杆；规格指杆长；类型指单杆、接腿杆、撑杆。

(3) 杆坑挖填土清单项目按《建设工程工程量清单计价规范》规定设置、编码。

(4) 在需要时，对杆坑的土质情况、沿途地形予以描述。

(5) 在导线架设的项目特征中，导线的型号表示了材质，是铝导线还是铜导线；规格是指导线的截面。

(6) 电杆组立按设计图示数量计算，导线架设按设计图示尺寸以单根长度计算。

(7) 架空线路的各种预留长度，按设计要求或施工及验收规范长度计算在综合单价内，不应计算在清单工程量内。

任务十二　配管、配线安装计量

一、工程量计算规则

(1) 配管敷设根据配管材质与直径，区别敷设位置、敷设方式，按照设计图示安装数量以“100 m”为计量单位。计算长度时，不扣除管路中间的接线箱、接线盒、灯头盒、开关盒、插座盒、管件等所占长度。

(2) 金属软管敷设根据金属管直径及每根长度，按照设计图示安装数量以“10 m”为计量单位。

(3) 线槽敷设根据线槽材质与规格，按照设计图示安装数量以“10 m”为计量单位。计算长度时，不扣除管路中间的接线箱、接线盒、灯头盒、开关盒、插座盒、管件等所占长度。

(4) 管内穿线根据导线材质与截面面积，区别照明线与动力线，按照设计图示安装数量以“100 m 单线”为计量单位；管内穿多芯软导线根据软导线芯数与单芯软导线截面面积，按照设计图示安装数量以“100 m 单线”为计量单位。管内穿线的线路分支接头线长度已综合考虑在项目中，不得另行计算。

(5) 线夹配线根据线夹材质（瓷质、塑料）、线式（二线、三线）、敷设位置（木结构和砖、混凝土结构）以及导线规格，以延长米“100 m 线路”为计量单位。

(6) 绝缘子配线根据导线截面面积，区别绝缘子形式（针式、鼓形、蝶式）、绝缘子配线位置（沿屋架、梁、柱、墙，跨屋架、梁、柱、木结构，顶棚内，砖、混凝土结构，沿钢支架及钢索），按照设计图示安装数量以“100 m”为计量单位。当绝缘子暗配时，计算引下线工程量，其长度从线路支持点计算至天棚下缘距离。

(7) 槽板配线根据槽板材质（木质、塑料）、配线位置（木结构和砖、混凝土结构）、导线截面、线式（二线、三线），以线路延长米“100 m”为计量单位。

(8) 线槽配线根据导线截面面积，按照设计图示安装数量以“100 m 单线”为计量单位。

(9) 塑料护套线明敷设根据导线芯数与单芯导线截面面积，区别导线敷设位置（木结构，砖、混凝土结构，沿钢索），按照设计图示安装数量以单根线路“100 m”为计量单位。

(10) 车间带型母线安装根据母线材质与截面面积，区别母线安装位置（沿屋架、梁、柱、墙，跨屋架、梁、柱），按照设计图示安装数量以单相延长米“100 m”为计量单位。

(11) 车间配线钢索架设区别圆钢、钢索直径，按照设计图示墙（柱）内缘距离以“100 m”为计量单位。钢索的计算长度以两端固定点的距离为准，不扣除拉紧装置所占长度。

(12) 母线拉紧装置与钢索拉紧装置制作与安装，根据母线截面面积、索具螺栓直径，按照设计图示安装数量以“10 套”为计量单位。

(13) 接线箱、接线盒安装根据安装形式(明装、暗装)及接线箱半周长或接线盒类型，按照设计图示安装数量以“10 个”为计量单位。

(14) 盘、柜、箱、板配线根据导线截面面积，按照设计图示配线数量以“10 m”为计量单位。配线进入盘、柜、箱、板时，每根线的预留长度按照设计规定计算，设计无规定时按照表 2-33 规定计算。

表 2-33　配线进入盘、柜、箱、板的预留长度

序号	项目	预留长度	说明
1	各种开关箱、柜、板	高＋宽	盘面尺寸
2	单独安装(无箱、盘)的铁壳开关、闸刀开关、启动器、母线槽进出线盒等	0.3 m	以安装对象中心算
3	由地平管子出口引至动力接线箱	1 m	以管口计算
4	电源与管内导线连接(管内穿线与软、硬母线接头)	1.5 m	以管口计算
5	出户线	1.5 m	以管口计算

(15) 灯具、开关、插座、按钮等的预留线，已分别综合在相应项目内，不另行计算。

二、定额说明

(1) 本定额包括薄壁钢管敷设，钢管敷设，防爆钢管敷设，可挠金属套管敷设，塑料管敷设，线槽敷设，软管敷设，管内穿线，瓷夹板配线，塑料夹板配线，鼓形绝缘子配线，针式绝缘子配线，蝶式绝缘子配线，木槽板配线，塑料槽板配线，塑料护套线明敷设，线槽配线，塑料护套线穿管，钢索架设，母线拉紧装置及钢索拉紧装置制作安装，车间带型母线安装，动力配管混凝土地面刨沟，配管砖凿槽，砌块墙凿槽，过混凝土墙、梁钢保护管制作安装，接线箱安装，接线盒安装等项目。

(2) 配管项目中未包括采用钢管刷防火漆或防火涂料、管外壁防腐保护以及接线箱、接线盒、支架的制作与安装。焊接钢管刷防火漆或涂防火涂料、管外壁防腐保护执行“刷油、防腐蚀、绝热工程”相应项目；支架的制作与安装执行“给排水、采暖、燃气工程”相应项目。

(3) 敷设管道计算其管主材费时，应包括管件费用。

(4) 吊顶天棚内敷设薄壁钢管时，按“砖、混凝土结构明配”相应项目执行。

(5) 钢管埋地敷设项目按丝扣连接和焊接综合考虑，执行项目时不做调整。

(6) 塑料管敷设项目按不同的敷设连接施工工艺设置：硬质聚氯乙烯管敷设时采用热熔焊接连接方式；刚性阻燃管敷设时采用管件胶合连接方式；半硬质阻燃管敷设时采用套接管胶合连接方式。在工程实际中，根据采用的敷设连接施工工艺来执行相应项目。

(7) 金属软管敷设项目仅适用于电机配管的软接处。

(8) 项目中可挠金属套管是指普利卡金属管(PULLKA)，主要应用于混凝土内埋管及低压室外电气配线管。可挠金属套管规格见表 2-34。

表 2-34　可挠金属套管规格

规格	10#	12#	15#	17#	24#	30#	38#	50#	63#	76#	83#	101#
内径/mm	9.2	11.4	14.1	16.6	23.8	29.3	37.1	49.1	62.6	76	81	100.2
外径/mm	13.3	16.1	19	21.5	28.8	34.9	42.9	54.9	69.1	82.9	88.1	107.3

(9) 配管项目和暗装接线箱、接线盒项目是按照各专业间配合施工已预留考虑的，项目中未考虑凿槽、刨沟、凿孔(洞)等费用，发生时另执行相应项目计取。

(10) 防爆钢管敷设气密性试验按实际发生执行“工业管道工程”相应项目。

(11) 照明线路管内穿线导线截面面积大于或等于 6 mm^2 时，按动力线路穿线相关项目执行。

(12) 沿钢支架及钢索配线项目中，均未包括支架制作、钢索架设及拉紧装置制作安装。

(13) 车间带型母线安装项目包括支架安装、绝缘子安装、母线平直与连接及架设、刷分相漆。项目中未包括支架制作及母线伸缩器制作、安装。

(14) 过混凝土墙、梁钢保护管制作安装项目适用于穿越混凝土墙、梁的预埋钢质保护管。预埋管为非钢质管时，按相应项目中的人工费和主材费计取，其他不计。

(15) 接线箱、接线盒安装及盘柜配线项目适用于电压等级小于或等于 380 V 的用电系统。

三、实务案例

【案例 2-10】 某局部电气照明安装工程示意图如图 2-7 所示，层高为 2.8 m，照明配电箱(390 mm×250 mm×140 mm)底边距地 1.8 m 安装，开关距地 1.5 m，插座距地 0.3 m。试计算配管配线的工程量。

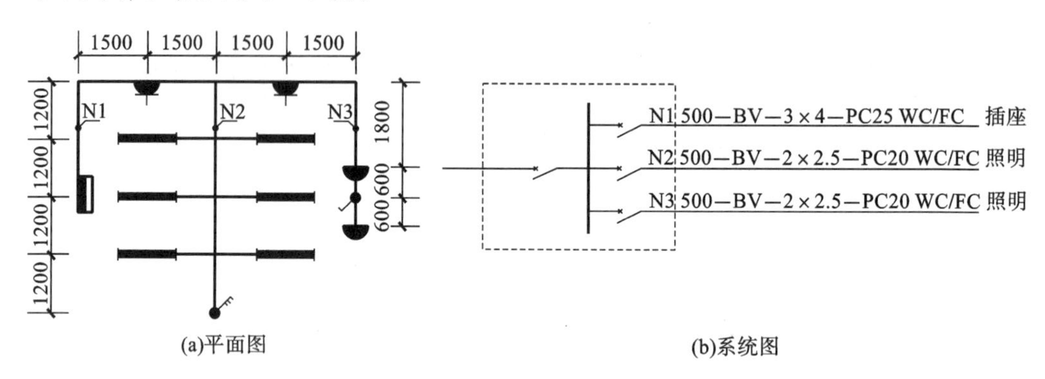

图 2-7　某局部电气照明安装工程示意图

【解】 (1) 清单工程量。

N1　PC25 管　　1.8↓+1.2×2+1.5×3+(0.3+0.1)×3↑↓=9.9(m)

BV-4 mm^2 线　　[9.9+(0.39+0.25)]×3=31.62(m)

N2　PC20 管　　(2.8−1.8−0.25)↑+1.2×2+1.5×2+1.2+1.2(3)+1.2(4)+1.2(4)+1.5×2×3(4)+(2.8−1.5)(4)↓=21.25(m)

BV-2.5 mm^2线　　[21.25+(0.39+0.25)]×2+1.2+1.2×2+1.2×2+(2.8−1.5)×2=52.38(m)

N3　PC20 管　　(2.8−1.8−0.25)↑+1.2×2+1.5×4+1.8+0.6(3)+0.6+(2.8−1.5)↓=13.45(m)

BV-2.5 mm^2线　　[13.45+(0.39+0.25)]×2+0.6=28.78(m)

合计：PC25 管　　9.9 m

PC20 管　　21.25+13.45=34.7(m)

BV-4 mm^2线　　31.62 m

BV-2.5 mm^2线　　52.38+28.78=81.16(m)

注意：N2、N3 回路中配管工程量计算式中括号内数字为线管内所穿电线的数量。

清单工程量计算见表 2-35。

表 2-35　清单工程量计算表【案例 2-10】

项目编码	项目名称	项目特征描述	计量单位	工程量
030412001001	PC25 塑料管	沿墙暗敷	m	9.9
030412001002	PC20 塑料管	沿墙暗敷	m	34.7
030412004001	管内穿线	BV-4	m	31.62
030412004002	管内穿线	BV-2.5	m	81.16

(2) 定额工程量。

定额工程量与清单工程量相同。定额工程量计算见表 2-36。

表 2-36　定额工程量计算表【案例 2-10】

定额编号	项目名称	计量单位	工程量
C4-1343	PC25 塑料管	100 m	0.099
C4-1342	PC20 塑料管	100 m	0.347
C4-1424	管内穿线 BV-4	100 m	0.3162
C4-1423	管内穿线 BV-2.5	100 m	0.8116

任务十三　照明器具安装计量

一、工程量计算规则

(1) 普通灯具安装，根据灯具种类、型号、规格，以“套”为计量单位。

(2) 吊式艺术装饰灯具，区别不同装饰物以及灯体直径和灯体垂吊长度，以“套”为计量单位。灯体直径为装饰灯具的最大外缘直径，灯体垂吊长度为灯座底部到灯梢之间的总长度。

(3) 吸顶式艺术装饰灯具安装,区别不同装饰物、吸盘几何形状、灯体直径、灯体周长和灯体垂吊长度,以“套”为计量单位。灯体直径为吸盘最大外缘直径,灯体半周长为矩形吸盘的半周长,灯体垂吊长度为吸盘到灯梢之间的总长度。

(4) 荧光艺术装饰灯具安装,区别不同安装形式和计量单位计算,灯具设计用量与项目不同时,主材消耗量可根据设计数量加损耗量调整。

①组合荧光灯带安装根据安装形式、灯管数量,按延长米,以“10 m”为计量单位计算。

②内藏组合式荧光灯安装,根据灯具组合形式,按延长米,以“10 m”为计量单位。

③发光棚荧光灯安装,以“10 m^2”为计量单位。

④立体广告灯箱、天棚荧光灯带安装,按延长米,以“10 m”为计量单位。

(5) 几何形状组合艺术灯具安装,根据不同安装形式及灯具的不同形式,以“10 套”为计量单位。

(6) 标志、诱导装饰灯具安装,根据不同安装形式,以“10 套”为计量单位。

(7) 水下艺术装饰灯具安装,根据不同安装形式、灯具的不同形式,以“10 套”为计量单位。

(8) 点光源艺术装饰灯具安装量,根据不同安装形式、不同灯具直径,以“10 套”为计量单位。

(9) 草坪灯具安装,根据不同安装形式,以“10 套”为计量单位。

(10) 树挂彩灯安装,根据不同安装形式,以“m^2” 或“m”为计量单位。

(11) 嵌入式地灯安装,根据不同安装位置,以“套”为计量单位。

(12) 歌舞厅灯具安装,根据不同灯具形式,分别以“10 套”“10 m”“台”为计量单位。

(13) 荧光灯具安装,根据灯具的安装形式、灯具类型、灯管数量,以“10 套”为计量单位。

(14) 工厂灯及防水防尘灯安装,根据不同安装形式,以“10 套”为计量单位。

(15) 工厂其他灯具安装,根据不同灯具类型、安装形式、安装高度,以“10 套”“10 个”为计量单位。

(16) 医院灯具安装,根据灯具类型,以“10 套”为计量单位。

(17) 开关、按钮安装,根据种类与安装形式、开关极数以及单控与双控,以“10 套”为计量单位。

(18) 插座安装,根据电源相数、额定电流、插座安装形式、插座插孔个数,以“10 套”为计量单位。

(19) 安全变压器安装,根据安全变压器容量,以“台”为计量单位。

(20) 电铃、电铃号牌箱安装,根据电铃直径、电铃号牌箱规格(号),以“套”为计量单位。

(21) 门铃安装,区分门铃安装形式,以“个”为计量单位。

(22) 风扇安装,根据风扇种类,以“台”为计量单位。

(23) 风机盘管调速开关、请勿打扰灯、须刨插座安装,以“10 套”为计量单位。

二、定额说明

(1) 本定额包括普通灯具安装,装饰灯具安装,荧光灯具安装,工厂灯及防水防尘灯安装,工厂其他灯具安装,楼宇亮化灯安装,医院灯具安装,开关、按钮、插座安装,安全变压器、电铃、风扇安装,盘管风机开关、请勿打扰灯、须刨插座、钥匙取电器安装等项目。

(2) 各类型灯具的引导线,除注明者外,均已综合考虑在项目内,执行时不得换算。

(3) 投光灯、碘钨灯、氙气灯、烟囱或水塔指示灯的安装均已综合考虑了一般工程的安装超高作业因素,执行项目时不做调整。

(4) 装饰灯具项目均已考虑了一般工程的安装超高作业因素,并已包括脚手架搭拆费用。

(5) 本定额已包括灯具组装、安装,利用摇表测量绝缘及一般灯具的试亮工作(但不包括调试工作)。

(6) 灯具安装时,灯槽、灯孔均按照事先预留考虑,项目中不包含开孔费用。

(7) 照明灯具安装除特殊说明外,均不包括支架制作与安装。工程实际发生时,执行“给排水、采暖、燃气工程”相应项目。

(8) 埋地灯安装项目中未包括混凝土底座,发生时另行计取。

(9) 组合荧光灯带、内藏组合式荧光灯、发光棚荧光灯、立体广告灯箱、天棚荧光灯带的灯具使用量与项目不同时,成套灯具主材消耗量可根据设计数量加损耗量调整,其他不变。

(10) 格栅灯安装按同类型荧光灯安装相应项目执行。

(11) 主材中自带应急电源的灯具按灯具型号执行相应项目,不得另计电源的安装费和主材费。如主材中不含而另需单独安装应急电源,则应急电源安装执行“高压水银灯镇流器”项目,主材费用另计。

(12) 航空障碍灯根据安装高度不同执行“烟囱、水塔、独立式塔架标志灯”相应项目。

(13) 插座箱安装按“配管、配线”中接线箱相应项目执行。

(14) 灯具安装适用范围见表 2-37。

表 2-37　灯具安装适用范围

项目名称		灯具种类
普通灯具	圆球吸顶灯	螺口、卡口圆球独立吸顶灯
	半圆球吸顶灯	半圆球吸顶灯、扁圆罩吸顶灯、平圆形吸顶灯
	方形吸顶灯	材质为玻璃的独立矩形罩吸顶灯、方形罩吸顶灯、大口方罩吸顶灯
	软线吊灯	利用软线为垂吊材料,独立的,材质为玻璃、塑料、搪瓷等,形状如碗、伞、平盘灯罩组成的各式软线吊灯
	吊链灯	利用吊链作辅助悬吊材料,独立的,材质为玻璃、塑料罩的各式吊链灯
	防水吊灯	一般防水吊灯
	一般弯脖灯	圆球弯脖灯、风雪壁灯
	一般墙壁灯	各种材质的一般壁灯、镜前灯
	座灯头	一般塑胶、瓷质座灯头
	软线吊灯头	一般吊灯头
	声光控座灯头	一般声控、光控座灯头

续表

项目名称		灯具种类
装饰灯具	吊式艺术装饰灯具	不同材质、不同灯体垂吊长度、不同灯体直径的蜡烛灯、挂片灯、串珠(穗)、串棒灯、吊杆式组合灯、玻璃罩灯(带装饰)
	吸顶式艺术装饰灯具	不同材质、不同灯体垂吊长度、不同灯体几何形状的串珠(穗)、串棒灯、挂片、挂碗、挂吊蝶灯、玻璃罩灯(带装饰)
	荧光艺术装饰灯具	不同安装形式、不同灯管数量的组合荧光灯带,不同几何组合形式的内藏组合式荧光灯、发光栅荧光灯,立体广告灯箱,天棚荧光灯带,支架式荧光灯光带
	几何形状组合艺术灯具	不同固定形式、不同灯具形式的繁星灯、钻石星灯、星形双火灯、礼花灯、玻璃罩钢架组合灯、凸片灯、反射柱灯、筒形钢架灯、U形组合灯、弧形管组合灯
	标志、诱导装饰灯具	不同安装形式的标志灯、诱导灯
	水下艺术装饰灯具	简易型彩灯、密封型彩灯、喷水池灯、幻光型灯
	点光源艺术装饰灯具	不同安装形式、不同灯体直径的筒灯、牛眼灯、射灯、轨道射灯
	草坪灯具	各种立柱式、墙壁式的草坪灯、树挂彩灯
	嵌入式地灯	室内地板与室外地坪下嵌入式地灯
	歌舞厅灯具	各种安装形式的变色转盘灯、雷达射灯、幻想转彩灯、维纳斯旋转彩灯、卫星旋转效果灯、飞蝶旋转效果灯、多头转灯、滚筒灯、频闪灯、太阳灯、雨灯、歌星灯、边界灯、射灯、泡泡发生器、迷你满天星彩灯、迷你单立(盘彩灯)、多头宇宙灯、镜面球灯、蛇光管、满天星彩灯
荧光灯具	组装型荧光灯	单管、双管、三管、吊链式、吸顶式、现场组装独立荧光灯
	成套型荧光灯	单管、双管、三管、吊链式、吊管式、吸顶式、成套独立荧光灯
工厂灯及防水防尘灯	直杆工厂吊灯	配照(CCI-A)、广照(GC3-A)、深照(GC5-A)、圆球(GCI7-A)、双照(GCI9-A)
	吊链式工厂灯	配照(GCI-B)、深照(GC3-A)、斜照(GC5-C)、圆球(CC7-A)、双照(CCI9-A)
	吸顶式工厂灯	配照(GCI-A)、广照(GC3-A)、深照(GC5-A)、斜照(CC7-C)、圆球双照(GCI9-A)
	弯杆式工厂灯	配照(GCI-D/E)、广照(GC3-D/E)、深照(GC5-D/E)、斜照(CC7-D/E)、双照(GCI9-C)、局部深照(CC26-F/H)
	悬挂式工厂灯	配照(GC21-2)、深照(GC23-2)
	防水防尘灯	广照(GC9-A、B、C)、广照保护网(GC11-A、B、C)、散照(GC15-A、B、C、D、E)

续表

项目名称		灯具种类
工厂其他灯具	防潮灯	扁形防潮灯(GC-3I)、防潮灯(GC-33)
	腰形舱顶灯	腰形舱顶灯 CCD-1
	碘钨灯	碘钨灯
	管形氙气灯	自然冷却时 220 V/380 V,功率≤20 kW
	投光灯	TG 型室外投光灯
	高压水银灯镇流器	外附式镇流器 125～450 W
	安全灯	安全灯
	防爆灯	防爆灯
	高压水银防爆灯	高压水银防爆灯
	防爆荧光灯	防爆荧光灯
医院灯具	病房指示灯	病房指示灯、影剧院太平灯
	病房暗脚灯	病房或其他建筑物暗脚灯
	无影灯	3～12 孔管式无影灯

三、实务案例

【案例 2-11】 图纸同【案例 2-10】,试计算照明器具的工程量。

【解】 (1) 清单工程量。

单管荧光灯　单位:套　数量:6

吸顶灯　单位:套　数量:2

清单工程量计算见表 2-38。

表 2-38　清单工程量计算表【案例 2-11】

项目编码	项目名称	项目特征描述	计量单位	工程量
030413001001	吸顶灯	半圆球,250 mm,40 W	套	2
030413005001	单管荧光灯	成套型,吸顶,18 W	套	6

(2) 定额工程量。

定额工程量同清单工程量。定额工程量计算见表 2-39。

表 2-39　定额工程量计算表【案例 2-11】

定额编号	项目名称	计量单位	工程量
C4-1642	吸顶灯	10 套	0.2
C4-1861	单管荧光灯	10 套	0.6

任务十四　路灯设备安装计量

一、工程量计算规则

(1) 本定额包括路灯基础制作、电缆管道基础制作、铺设水泥电缆管、单臂悬挑灯架安装、双臂悬挑灯架安装、广场灯架安装、高杆灯架安装、其他灯具安装、照明器件安装、金属杆安装、杆座安装、路灯设施编号安装等项目。

(2) 各种灯架元器件的配件,均已综合考虑在安装项目内,使用时不做调整。

(3) 各种灯柱穿线按"配管、配线"相应项目执行。

(4) 本定额已综合考虑了一般工程的安装超高作业因素,执行项目时不做调整。

(5) 本定额路灯安装项目已包括灯柱、灯架、灯具安装,利用仪表测量绝缘及一般灯具的试亮工作(但不包括调试工作)。

(6) 未包括电缆接头的制作及导线的焊压接线端子,发生时按相应项目执行。

(7) 各类型灯具的引导线,除注明外,均已综合考虑。如与设计规格不符,主材可按设计规格及实际消耗量调整。

(8) 组装型混凝土杆座是指混凝土成品基础灯座安装。如集中预制,其制作费用按相关项目执行。

(9) 本定额路灯安装项目按一次施工工程量 5 套(基)以上考虑,单项工程工程量在 5 套(基)以内者,执行相应项目人工费、机械费乘以系数 1.3。

(10) 路灯安装适用范围见表 2-40。

表 2-40　路灯安装适用范围

项目名称	灯具种类
单臂悬挑灯	抱箍式:单抱箍、双抱箍、双拉梗、双臂架 顶套式:成套型、组装型
双臂悬挑灯	成套型:对称式、非对称式 组装型:对称式、非对称式
高杆灯架	成套型、组装型
桥栏杆灯	嵌入式、明装式
地道涵洞灯	吸顶式、嵌入式
大马路弯灯	臂长 1.2 m 以内、臂长 1.2 m 以上
庭院小区路灯	三火以下柱灯、七火以下柱灯

二、定额说明

（1）路灯安装，根据灯杆形式、臂长、灯数，以“套”为计量单位。

（2）其他灯具安装，根据灯具类型，以“10 套” 为计量单位。

（3）金属杆安装，按单杆杆长以“根”为计量单位。

（4）杆座安装，按杆座类型以“10 只”为计量单位。

三、注意事项

（1）中杆灯是指安装在高度小于等于 19 m 的灯杆上的照明器具。

（2）高杆灯是指安装在高度大于 19 m 的灯杆上的照明器具。

（3）其工程项目设置、项目特征描述的内容、计量单位及计算规则，市政路灯工程应按《市政工程计量规范》相关规定执行。

任务十五　电气调试系统安装计量

一、工程量计算规则说明

（1）电气调试系统的划分以电气原理系统图为依据。电气设备元件的本体试验均包括在相应系统调试之内，不得重复计算。在系统调试项目中各工序的调试费用如需单独计算，可按表 2-41 所列比例计算。

表 2-41　电气调试系统各工序的调试费用比例

工序	发电机调相机系统	变压器系统	送配电设备系统	电动机系统
一次设备本体试验	30	30	40	30
附属高压二次设备试验	20	30	20	30
一次电流及二次回路检查	20	20	20	20
继电器及仪表试验	30	20	20	20

（2）电气调试所需的电力消耗已包括在有关项目内，一般不另计算。但 10 kW 以上电机及发电机的启动调试用的蒸汽、电力和其他动力能源消耗及变压器空载试运转的电力消耗，另行计算。

（3）特殊保护装置，均以构成一个保护回路为一套，其工程量计算规定如下。

①距离保护，按设计规定所保护的送电线路断路器台数计算。

②高频保护，按设计规定所保护的送电线路断路器台数计算。

③失灵保护，按设置该保护的断路器台数计算。

④失磁保护，按所保护的电机台数计算。

⑤变流器的断线保护，按变流器台数计算。

⑥小电流接地保护，按装设该保护的供电回路断路器台数计算。

⑦发电机转子接地保护，按全厂发电机共用一套考虑。

⑧保护检查及打印机调试，按构成该系统的完整回路为一套计算。

(4) 自动装置及信号系统调试，均包括继电器、仪表等元件本身和二次回路的调整试验，具体规定如下。

①备用电源自动投入装置，按连锁机构的个数确定备用电源自投装置系统工程量。一个备用厂用变压器，作为三段厂用工作母线备用的厂用电源，计算备用电源自动投入装置调试时，按照三个系统计算工程量。装设自动投入装置的两条互为备用的线路或两台变压器，计算备用电源自动投入装置调试时，按照两个系统计算工程量。备用电动机自动投入装置亦按此规定计算。

②线路自动重合闸系统调试，按采用自动重合闸装置的线路自动断路器的台数计算系统工程量。综合重合闸也按此规定计算。不间断电源装置调试按容量以“套”为计量单位。

③自动调频装置调试，以一台发电机为一个系统计算工程量。

④同期装置系统调试，按设计构成一套能完成同期并车行为的装置为一个系统计算工程量。

⑤蓄电池及直流监视系统调试，一组蓄电池按一个系统计算。

⑥事故照明切换装置调试，按设计能完成交直流切换的一套装置为一个调试系统计算工程量。

⑦周波减负荷装置调试，凡有一个周率继电器，不论带几个回路，均按一个调试系统计算。

⑧变送器屏，以屏的个数计算工程量。

⑨中央信号装置调试，按每一个变电所或配电室为一个调试系统计算工程量。

(5) 接地网的调试规定如下。

①接地网接地电阻的测定。一般的发电厂或变电站连为一体的母网，按一个系统计算；自成母网不与厂区母网相连的独立接地网，另按一个系统计算。大型建筑群各有自己的接地网(接地电阻值设计有要求)，虽然在最后也将各接地网连在一起，但应按各自的接地网计算，具体应按接地网的试验情况而定。

②避雷针接地电阻的测定。每一避雷针均有单独接地网(包括独立的避雷针、烟囱避雷针等)时，均按一组计算。

③独立的接地装置按组计算。如一台柱上变压器有一个独立的接地装置，即按一组计算。

(6) 避雷器、电容器的调试，按每三相为一组计算，单个装设的亦按一组计算。上述设备如设置在发电机，变压器，输、配电线路的系统或回路内，仍应按相应项目另外计算调试费用。

(7) 高压电气除尘系统调试，按一台升压变压器、一台机械整流器及附属设备为一个系统计算，分别按除尘器平方米范围执行基价。

(8) 硅整流装置调试，按一套硅整流装置为一个系统计算。

(9) 普通电动机的调试，分别按电动机的控制方式、功率、电压等级，以“台”为计量单位。

(10) 可控硅调速直流电动机调试以“系统”为计量单位，其调试内容包括可控硅整流装置系统和直流电动机控制回路系统两个部分。

(11) 交流变频调速电动机调试以“系统”为计量单位，其调试内容包括变频装置系统和交流电动机控制回路系统两个部分。

(12) 微型电机调试，以“台”为计量单位。

二、定额说明

(1) 本定额包括发电机、调相机系统调试，电力变压器系统调试，送配电装置系统调试，特殊保护装置调试，自动投入装置调试，中央信号装置、事故照明切换装置、不间断电源调试，母线、避雷器、电容器、接地装置调试，电抗器、消弧线圈、电除尘器调试，硅整流设备、可控硅整流装置调试，普通小型直流电动机调试，可控硅调速直流电动机系统调试，普通交流同步电动机调试，低压交流异步电动机调试，高压交流异步电动机调试，交流变频调速电动机(AC—AC、AC—DC—AC)系统调试，微型电机、电加热器调试，电动机组及联锁装置调试，绝缘子、套管、绝缘油、电缆试验，配电智能系统调试等项目。

(2) 本定额内容包括电气设备的本体试验和主要设备的分系统调试。成套设备的整套起动调试按专业另行计算。主要设备的分系统内所含的电气设备元件的本体试验已包括在该分系统调试之内。例如：变压器的系统调试中已包括该系统中的变压器、互感器、开关、仪表和继电器等一、二次设备的本体调试和回路试验。绝缘子和电缆等单体试验项目，只在单独试验时使用，不得重复计算。

(3) 送配电设备系统调试，适用于各种供电回路(包括照明供电回路)的系统调试。凡供电回路中带有仪表、继电器、电磁开关等调试元件的(不包括闸刀开关、保险器)，均按调试系统计算。本定额皆按一个系统一侧配一台断路器考虑。若两侧皆有断路器，则按两个系统计算。当断路器为六氟化硫断路器时，执行相应项目乘以系数1.3。

(4) 送配电设备调试中的1 kV以下项目适用于所有低压供电回路，如从低压配电装置至分配电箱的供电回路；但从配电箱直接至电动机的供电回路已包括在电动机的系统调试内。送配电设备系统调试包括系统内的电缆试验、瓷瓶耐压等全套调试工作。供电桥回路中的断路器、母线分段断路器皆作为独立的供电系统计算。如果分配电箱内只有闸刀开关、熔断器等不含调试元件的供电回路，则不再作为调试系统计算。

(5) 移动式电器和以插座连接的家电设备业经厂家调试合格、不需要用户自调的设备均不应计算调试费用。

(6) 起重机电气装置、空调电气装置、各种机械设备的电气装置，如堆取料机、装料车、推煤车等成套设备的电气调试应分别按相应的分项调试项目执行。

(7) 本定额系按新的合格设备考虑，不包括设备的烘干处理和设备本身缺陷造成的元件修理和更换，亦未考虑因设备元件质量低劣对调试工作造成的影响。如遇以上情况，应另行计算。当调试经修配改进或拆迁的旧设备时，执行相应项目乘以系数1.1。

(8) 本定额只限电气设备自身系统的调整试验，未包括电气设备带动机械设备的试运行工作，发生时应另行计算。

(9) 凡用自动空气开关输出的动力电源(如由变电所动力柜自动空气开关输出的电源，经过就地动力配电箱控制一台电动机)，均包括在电动机调试之中，不能再另计交流供电系统调试费用。

(10) 应急电源装置(EPS)切换调试执行“事故照明切换”项目。

(11) 调试项目不包括试验设备、仪器仪表的场外转移费用。

(12) 本定额系按现行施工技术验收规范编制的，凡现行规范(指项目编制时的规范)未包括的新调试项目和调试内容均应另行计算。

(13) 调试项目已包括熟悉资料、核对设备、填写试验记录、保护整定值的整定和调试报告的整理工作。

(14) 一般的住宅、学校、办公楼、旅馆、商店等民用电气工程的供电调试应按下列规定。

①配电室内带有调试元件的盘、箱、柜和带有调试元件的照明主配电箱，应按供电方式执行相应的配电设备系统调试项目。

②每个用户的配电箱(板)上虽装有电磁开关等调试元件，但如果生产厂家已按固定的常规参数调整好，不需要安装单位进行调试就可直接投入使用的，不得计取调试费用。

③民用电度表的调整校验属于供电部门的专业管理，一般皆由用户向供电局订购调试完毕的电度表，不得另外计算调试费用。

(15) 高标准的高层建筑、高级宾馆、大会堂、体育馆等具有较高控制技术的电气工程(包括照明工程中由程控调光控制的装饰灯具)，应按控制方式执行相应的电气调试项目。

(16) 发电机、调相机系统调试项目，不包括特殊保护装置、信号装置、同期装置及备用励磁机的调试。

(17) 电力变压器系统调试项目，不包括避雷器、自动装置、特殊保护装置和接地装置的调试。

(18) 调试带负荷调压装置的电力变压器时，执行相应项目乘以系数1.12。三卷变压器、整流变压器、电炉变压器调试执行同容量的电力变压器调试项目乘以系数1.2。3～10 kV母线系统调试含一组电压互感器，1 kV以下母线系统调试项目不含电压互感器，适用于低压配电装置的各种母线(包括软母线)的调试。

(19) 干式变压器调试，执行相应容量变压器调试项目乘以系数0.8。

(20) 变压器系统调试，以每个电压侧有一台断路器为准。多于一个断路器的按相应电压等级送配电设备系统调试的相应项目另行计算。

(21) 特殊保护装置未包括在各系统调试项目之内，应单独计算。故障录波器执行“失灵保护”项目；电机定子接地保护、负序反时限保护执行“电机失磁保护”项目。

(22) 自动投入装置调试项目，双侧电源自动重合闸是按同期考虑的。

(23) 事故照明切换装置调试为装置本体调试，不包括供电回路调试。

(24) 硅整流设备、可控硅整流装置调试项目，整流设备及可控硅整流装置项目均按一台考虑。

(25) 普通小型直流电动机调试是指用普通开关直接控制的直流电动机的调试。本项目亦适用于励磁机调试。

(26) 全数字式控制可控硅调速电动机中不包括计算机系统的调试,如为可逆电动机调速系统,执行相应项目乘以系数 1.3。

(27) 低压交流异步电动机调试项目中,如为可调试控制的电动机(带一般调速的电动机,可逆式控制、带能耗制动的电动机、多速电动机、降压启动电动机等),执行相应项目乘以系数 1.3。

(28) 微型电动机指功率在 0.75 kW 以下的电动机,不分类别,一律执行微型电动机综合调试项目。功率在 0.75 kW 以上的电动机调试应按电动机类别和功率分别执行相应的调试项目。

(29) 电动机调试每一系统是按一台电动机考虑的,如一个控制回路有两台以上电动机,每增加一台电动机,执行相应项目乘以系数 1.2。

(30) 微机控制的交流变频调速装置调试执行相应项目乘以系数 1.25,微机本身调试另计。

(31) 电动机联锁装置调试不包括电动机及其启动控制设备的调试。

三、注意事项

(1) 功率大于 10 kW 电动机及发电机的启动调试用的蒸汽电力和其他动力能源消耗,以及变压器空载试运转的电力消耗及设备烘干处理说明。

(2) 配合机械设备及其他工艺的单体试车,应按相关措施项目编码列项。

(3) 计算机系统调试应按自动化控制仪表安装工程相关项目编码列项。

(4) 本定额的项目特征基本上是以系统名称或保护装置及设备本体名称来设置的。如变压器系统调试就以变压器的名称、型号、容量来设置。

(5) 供电系统的项目设置:1 kV 以下和直流供电系统均以电压来设置,而 10 kV 以下的交流供电系统则以供电用的负荷隔离开关、断路器和电抗器分别设置。

(6) 特殊保护装置调试的清单项目按其保护名称设置,其他均按需要调试的装置或设备的名称来设置。

(7) 电气调试系统的划分以设计的电气原理系统图为依据。

(8) 调整试验项目是指一个系统的调整试验,它是由多台设备、组件(配件)、网络连在一起,经过调整试验才能完成某一特定的生产过程,这个工作(调试)无法综合考虑在某一实体(仪表、设备、组件、网络)上,因此不能用物理计量单位或一般的自然计量单位来计量,只能以“系统”为单位来计量。

(9) 电气调整试验清单项目工程量按设计图示数量计算。

练习题

项目三　建筑智能化系统设备安装工程工程量计算

【知识目标】

掌握建筑智能化系统设备安装工程施工图的识读方法，掌握建筑智能化系统设备安装工程工程量的计算规则和建筑智能化系统设备安装工程项目编码的确定方法，掌握建筑智能化系统设备安装工程的定额子目的套用方法。

【能力目标】

能根据施工图纸正确计算建筑智能化系统设备安装工程工程量。

任务一　弱电工程施工图图例及识读技巧

一、弱电系统工程图简介

1. 概述

建筑弱电工程是建筑电气工程中的一个组成部分，在现代建筑（宾馆、商场、写字楼、办公室、科研楼及高级住宅）中普遍安装了较为完善的弱电设施，如火灾自动报警及联动控制装置、防盗报警装置、闭路电视监控系统、网络视频监控系统（包括无线网络视频监控系统）、电话、计算机网络综合布线系统、公用天线有线电视系统及广播音响系统等。

对建筑弱电系统工程的设计、安装与调试，要求相关的专业人员熟练地掌握弱电平面图、弱电系统图、弱电设备原理框图。

2. 建筑弱电系统工程图与建筑电气工程图的关系

由于建筑弱电系统工程图是建筑电气工程图的一个组成部分，因此首先应该掌握建筑电气工程图的识读要点。

识读建筑电气工程图应注意以下几项内容。

（1）建筑电气工程图一般采用统一的图形符号，并加注文字符号进行标识，因此应该熟悉和了解这些统一的图形符号及标识文字的使用规律。

（2）建筑电气工程图中的设备都是通过接入用电回路来工作的。回路包括电源、用电设备、导线和开关控制设备四个组成部分。

（3）电气设备和组件是通过导线连接起来的，所以对于建筑电气工程图的识图、读图包括对电源、信号和监测控制线路的识读分析。

（4）建筑电气工程是由主体工程和安装工程组成的，在进行建筑电气工程图的识读时，应与有关土建工程图、管道工程图等对应。

二、建筑弱电工程图的识读方法与技巧

1．建筑弱电系统工程图的识读方法

（1）熟悉建筑弱电系统工程图中的各种图形符号、文字符号、项目代号等，理解其内容、含义和相互关系。

（2）掌握各类建筑弱电系统电气工程图的特点，进行读图时，应该将相关图纸按照对应关系来阅读。

（3）了解有关建筑弱电系统电气图的标准和规范。

（4）善于查阅有关电气装置标准图集和相关的建筑弱电系统图的标准图纸。

（5）建筑弱电系统工程图与强电系统工程图有较大不同，应分别掌握各自的识读规律。

2．建筑弱电系统工程图的识读步骤

（1）详细阅读图纸说明文字部分。如项目内容、设计日期、工程概况、设计依据、设备材料表等，首先从整体上把握所识读和分析的系统的基本情况。

（2）看系统图和框图。了解系统的基本组成、相互关系及主要特征等。

（3）阅读工作原理图。识读建筑弱电系统有时也涉及电气原理图，电气原理图分为主电路、控制电路和辅助电路等。一般主电路用粗实线绘制，辅助电路用细实线绘制，读图顺序是先主后辅。

主电路一般画在图幅的左侧或上方，控制电路画在图幅的右侧或下方，电路中的各电气设备和元件都按动作顺序由上到下、由左到右依次排列。识读主电路时，应按从上向下的方向看，也就是从用电设备开始按控制顺序向电源看；识读辅助电路时，应自上而下、从左到右识读。应首先分析各元件的相互关系、控制关系及其动作情况，认识辅助电路和主电路的相互关系。如果电路较为复杂，可从多个基本电路逐个进行分析，最终将各个不同的部分电路及各个环节综合起来进行分析。

在分析工作原理时，可以暂时不予考虑电路中的保护环节；但涉及保护环节的分析和读图时就要进行较细致的分析。

（4）看平面布置图。平面布置图是建筑电气工程图和建筑弱电系统工程图中的重要图纸之一，平面布置图很准确地描述了设备和装置的安装位置、线路敷设位置、敷设方法及所用导线型号、规格、数量等。平面布置图特别注重描述系统、设备和建筑平面之间的位置关系。

对于多层建筑的弱电系统平面图识读，要从一层看起。要侧重分析一些关键设备的放置区域，向外引出的线路情况及其与外部的连线的情况。

（5）看安装接线图、详图和竣工图。和识读建筑电气工程图一样，识读建筑弱电系统工程图的顺序也是“先文字、后图形”。在识读建筑弱电系统工程图的过程中，始终要注意

和相关的规范标准结合进行分析。

3. 建筑弱电系统工程图的识读技巧

建筑弱电系统由楼宇自控系统、安防系统、消防报警联动控制系统、给排水及控制系统、网络通信系统等子系统组成。每个子系统的工程图都有自己的特点，如网络通信系统的工程图与安防系统、消防报警联动控制系统等子系统的工程图有很大的不同，主要是由于系统的组成设备和组件不同，设备连接方式不同，表现在绘图方面，图形符号连接方式也不同。因此，对于建筑弱电系统的图纸识读，就要注重掌握不同子系统的读图和识图的具体方法及规律。

对于建筑弱电系统各子系统，读图、识图基本的规律性主要体现在以下几点。

(1) 按照不同的子系统来读图、识图。由于建筑弱电系统是由许多子系统组成的，具体分析、识读工程图时，要将子系统作为基本单元。

(2) 每个子系统都有自身的一些设备和组件，设备和组件的标准符号都有各自的特点。因此阅读各子系统的基础之一就是熟悉各子系统的常用设备、组件的标准符号。

(3) 按照一般电气工程图识读的规律和步骤进行。

三、建筑弱电工程各子系统工程图的识读要点

1. 对楼宇系统工程图的识读

掌握使用层级结构的楼控系统和使用通透以太网的两大类楼控系统的构造、控制网络和管理信息域网络的组织规律；掌握空调系统的冷热源常见的设备构造和工作原理；掌握空调系统的前端设备，包括新风机组、空调机组、风机盘管和变风量空调系统的设备构造和工作原理；熟悉楼控系统工程图中常用到的各类设备和组件的标准符号，进而按照系统图、平面图、设备安装及接线图去分析、识读。

2. 对火灾自动报警及联动控制系统工程图的识读

火灾自动报警及联动控制系统图有助于描述系统连接原理和系统组成规律，平面图则较为细致地描述了不同设备、组件在不同的建筑布局环境下的安装位置及关系，特别侧重于描述位置关系。

识读火灾自动报警及联动控制系统的平面图时，注意分析以下几项内容。

(1) 消防中心(机房)平面布置及位置、集中报警控制柜、电源柜及不间断电源(简称UPS)柜、火灾报警柜、消防控制柜、消防通信总机、火灾事故广播系统柜、信号盘、操作柜等机柜室内安装排列位置、台数、规格型号、安装要求及方式。

(2) 对火灾自动报警及联动控制系统的各类信号线、负荷线、控制线的引出方式、根数、线缆规格型号、敷设方法、电缆沟、桥架及竖井位置、线缆敷设要求等内容进行分析。

(3) 了解火灾报警及消防区域的划分情况。

(4) 防火阀、送风机、排风机、排烟机、消防泵、消火栓等设施安装方式及管线布置走向，导线规格、根数、台数、控制方式。

(5) 疏散指示灯、防火门、防火卷帘、消防电梯安装方式及管线布置走向，导线规格、根数、台数及控制方式。

(6) 注意分析、识读各相关设备的安装位置标高。

3．对安防系统平面图的识读

识读安防系统的平面图时，注意掌握以下内容。

(1) 保安中心(机房)平面布置及位置、监视器、电源柜及UPS柜、模拟信号盘、通信总柜、操作柜等机柜室内安装排列位置、台数、规格型号、安装要求及方式。

(2) 各类信号线、控制线的引入引出方式、根数、线缆规格型号、敷设方法、电缆沟、桥架及竖井位置、线缆敷设要求。

(3) 所有监控点摄像头安装及隐蔽方式，线缆规格型号、根数、敷设方法要求，管路或线槽安装方式及走向。

(4) 所有安防系统中的探测器，如红外幕帘、红外对射主动式报警器、窗户破碎报警器、移动入侵探测器等的安装及隐蔽方式，线缆规格型号、根数、敷设方法要求，管路或线槽安装方式及走向。

(5) 门禁系统中电动门锁的控制盘、摄像头安装方式及要求，管线敷设方法及要求、走向，终端监视器及电话安装位置与方法。

(6) 将平面图和系统图对照，核对回路编号、数量、元件编号。

(7) 核对以上的设备及组件的安装位置标高。

4．通信、广播、音响系统平面图的识读

识读通信、广播、音响系统的平面图时，注意掌握以下内容。

(1) 主要设备安装场所的位置及平面布置情况；操作台的规格型号及安装位置要求，交流电源进户方式、要求，线缆规格型号，天线引入位置及方式。

(2) 在使用数字程控交换机时，外接中继线的对数、引入方式、敷设要求、规格型号；内部电话引出线对数、引出方式(管、槽、桥架、竖井等)、规格型号、线缆走向。

(3) 广播线路引出对数、引出方式及线缆的规格型号、线缆走向、敷设方式及要求。

(4) 注意电信线路与建筑物内的通信线路间的关系。

(5) 各房间话机插座、音箱及元器件安装位置标高、安装方式、规格型号及数量，线缆管路规格型号及走向；在多层结构中，上下穿越线缆敷设方式、规格型号、根数、走向、连接方式。

(6) 屋顶天线布置位置，天线规格型号、数量、安装方式，信号线缆引下、引入方式及引入位置，信号线缆规格型号。

(7) 将平面图和系统图对照，核对回路编号、数量、元件编号等。

5．有线电视平面图的识读

识读有线电视平面布置图时，注意掌握以下内容。

(1) 装置有线电视主要设备场所的位置及平面布置，前端设备规格型号、台数，电源柜和操作台规格型号及安装位置要求，交流电源进户方式、要求，线缆规格型号，天线引入位置及方式，天线数量。

(2) 信号引出回路数，线缆规格型号，电缆敷设方式及要求、走向。

(3) 各房间有线电视插座安装位置标高、安装方式、规格型号、数量，线缆规格型号及走向、敷设方式。

(4) 在多层结构中，房间内有线电视插座的上下穿越敷设方式及线缆规格型号；是否安装中间放大器，确定其规格型号、数量、安装方式及电源位置等。

(5) 如果提供自办频道节目，应标注演播厅、机房平面布置及其摄像设备的规格型号、电缆及电源位置等。

(6) 设置室外屋顶天线时，说明天线规格型号、数量、安装方式、信号电缆引下及引入方式、引入位置、电缆规格型号、天线电源引上方式及其规格和型号，天线安装要求(方向、仰角、电平等)。

6. 综合布线系统图和网络通信系统工程图的识读

1) 综合布线系统图的识读

(1) 系统图。

分析内容主要有：①主配线架的配置情况；②建筑群干线线缆采用哪类线缆，干线线缆和水平线缆采用哪类线缆；③是否有二级交接间对干线线缆进行接续；④通过布线系统，使用交换机组织计算机网络的情况；⑤整个布线系统对数据的支持和对语音的支持情况，即数据点和语音点的分布情况；⑥设备间的设置位置，以及设备间内的主要设备，包括主配线架和网络互联设备的情况；⑦布线系统中光纤和铜缆的使用情况。

(2) 平面图。

分析内容主要有以下几类。①水平线缆及其敷设方式，如：2 根 4 对对绞电缆穿 SC20 钢管暗敷在墙内或吊顶内。②每个工作区的服务面积，每个工作区设置的信息插座数量，以及数据点信息插座和语音点信息插座的分布情况。③由于用户的需求不同，布线情况也就不同，如有无光纤到桌面，有无特殊的布线举措，大开间办公室内的信息插座既有壁装的也有地插式的，等等。④各楼层配线架(FD)装设位置，如楼层配线间或弱电竖井内；各楼层所使用的信息插座是单孔、双孔或四孔等情况。⑤随着光网络技术的发展，综合布线系统和电信网络的配合是一个必须要考虑的问题，如：布线系统是采用 FTTB＋LAN 方式还是采用 FTTC 或 FTTH 方式等。

2) 网络通信系统工程图的识读

识读网络通信系统工程图，首先要掌握网络通信系统中常用的设备、组件的作用和工作原理；熟悉这些设备、组件的符号及常见的画法。在此基础上，能够对网络通信系统中的工程图进行较为系统的分析，从而对工程图所表达的内容进行较全面和深入的理解。

任务二　计算机网络系统设备安装工程量计算

一、工程量计算规则

(1) 终端和附属设备安装，以“台”为计量单位。

(2) 各种卡件安装，以“个”为计量单位。

(3) 各类模块安装，以“个”为计量单位。

(4) 网络系统设备安装调试、服务器系统软件安装调试、路由器系统功能调试、局域网交换机系统功能调试，以“台”为计量单位。

(5) 无线对讲系统天线安装，以“副”为计量单位。

(6) 网管系统软件安装、调试，以“套”为计量单位。

(7) 计算机网络系统调试和系统试运行，根据信息点数量划分区间，以“系统”为计量单位。

二、定额说明

(1) 本定额包括终端和附属设备安装，网络系统设备安装、调试等项目。

(2) 电源、防雷接地按相应项目执行。

(3) 本标准不包括支架、基座制作和电气机箱的安装，发生时执行“电气设备安装工程”相应项目。

三、实务案例

【案例 3-1】 某中学电教大楼计算机网络系统安装有集线器 37 台，均为网络普通型集线器，试计算其工程量。

【解】 (1) 清单工程量。

集线器　单位：台　　数量：37

清单工程量计算见表 3-1。

表 3-1　清单工程量计算表【案例 3-1】

项目编码	项目名称	项目特征描述	计量单位	工程量
030501008001	集线器安装、调试	网络普通型集线器	台	37

(2) 定额工程量。

集线器　单位：台　　数量：37

定额工程量计算见表 3-2。

表 3-2　定额工程量计算表【案例 3-1】

定额编号	项目名称	计量单位	工程量
C5-69	网络集线器安装、调试	台	37

任务三　综合布线系统工程量计算

一、工程量计算规则

(1) 机柜、机架、抗震底座安装，以“台(个)”为计量单位。

（2）安装各类信息插座、接头、配线架、跳线架、线管理器，以“个”为计量单位。

（3）跳线制作，以“条”为计量单位；跳线安装，以“对”为计量单位。

（4）各类线缆的敷设以“100 m^2”为计量单位。线缆按照敷设总长度和预留长度之和计算工程量。

（5）线缆预留长度计算：有设计规定时，按设计规定计算；无设计规定时，按下列规定计算。

①线缆敷设弛度、波形弯度、交叉等长度，按线缆全长度的2.5%计算附加长度。

②线缆进建筑物，预留长度按2 m计算。

③线阀进配线箱，预留长度按箱体的半周长计入相应工程量。

④线缆接入终端接线盒，从安装对象中心算起，预留长度按0.5 m计算。

（6）链路测试子目指双绞线缆、大对数电缆的全程链路测试。按设计图示尺寸确定用户点数、芯数、对数，以“链路”为计量单位计算工程量。

二、定额说明

（1）本定额包括机柜、机架，分线接线箱，电话、电视、信息、光纤插座，大对数线缆，双绞线，跳线及接头，配线架，配线箱，跳线架，线管理器，同轴电缆，测试等项目。

（2）机柜、机架适用42U及以下标准机柜。

（3）本定额不包括支架、基座制作和电气机柜的安装，发生时按“电气设备安装工程”相应项目执行。

（4）本定额双绞线布线是按六类以下（含六类）系统编制的，六类以上的布线工程执行相应项目，人工乘以系数1.2。

（5）过线（路）盒、信息插座底盒（接线盒）的安装按“电气设备安装工程”相应项目执行。

三、实务案例

【案例3-2】 某中学综合布线中安装有4个落地式机柜，柜高1.8 m，试计算机柜工程量。

【解】（1）清单工程量。

机柜　　单位：台　　数量：4

清单工程量计算见表3-3。

表3-3　清单工程量计算表【案例3-2】

项目编码	项目名称	项目特征描述	计量单位	工程量
030502001001	机柜	综合布线机柜，落地安装	台	4

（2）定额工程量。

机柜、机架、抗震底座安装　　单位：台　　数量：4

定额工程量计算见表3-4。

表 3-4　定额工程量计算表【案例 3-2】

定额编号	项目名称	计量单位	工程量
C5-108	安装机柜、机架	台	4
C5-110	抗震底座安装	个	4

任务四　建筑设备监控系统安装工程量计算

一、工程量计算规则

(1) 基表及控制设备、第三方设备通信接口安装，系统安装、调试，以“个”为计量单位。

(2) 中心管理系统调试，控制网络通信设备安装，控制器安装，流量计安装、调试，以“台”为计量单位。

(3) 建筑设备监控系统、中央管理系统安装、调试，以“系统”为计量单位。

(4) 温、湿度传感器，压力传感器，电量变送器和其他传感器及变送器，以“支”为计量单位。

(5) 阀门及电动执行机构安装、调试，以“个”为计量单位。

(6) 系统调试、系统试运行，以“系统”为计量单位。

二、定额说明

(1) 本定额包括多表远传系统、楼宇自控系统等项目。

(2) 本定额不包括设备的支架、支座制作，发生时执行“电气设备安装工程”相应项目。

(3) 有关服务器、网络设备、工作站、软件等安装执行本定额相应项目；线缆布线、跳线制作、跳线安装、箱体安装等执行本定额相应项目，其中控制电缆、电源电缆布设执行“电气设备安装工程”相应项目，双绞线布线执行本定额相应项目，光缆布设执行“通信设备及线路工程”相应项目。

三、实务案例

【案例 3-3】 某商住楼建筑设备自动化系统中安装有风机盘管温控器 88 台，用于风机盘管空调系统，试计算其工程量。

【解】 (1) 清单工程量。

控制器　　单位：台　　数量：88

清单工程量计算见表 3-5。

表 3-5　清单工程量计算表【案例 3-3】

项目编码	项目名称	项目特征描述	计量单位	工程量
030503003001	控制器	风机盘管温控器	台	88

(2) 定额工程量。

风机盘管温控器　　单位:台　　数量:88

定额工程量计算见表 3-6。

表 3-6　定额工程量计算表【案例 3-3】

定额编号	项目名称	计量单位	工程量
C5-252	风机盘管温控器安装、调试	台	88

任务五　有线电视系统设备安装工程量计算

一、工程量计算规则

(1) 电视共用天线安装、调试,以“台”为计量单位。

(2) 卫星天线安装、调试,以“副”为计量单位。

(3) 前端机柜安装,以“个”为计量单位。

(4) 电视墙安装,以“套”为计量单位。

(5) 前端射频设备安装、调试,以“套”为计量单位。

(6) 卫星电视接收设备、光端设备,有线电视系统管理设备、播控设备,数字电视设备的安装、调试,以“台”为计量单位。

(7) 干线传输设备、分配网络设备安装、调试,以“个”为计量单位。

二、定额说明

(1) 本定额包括前端设备安装、调试,干线设备安装、调试,分配网络等项目。

(2) 天线在楼顶上吊装,是按照楼顶距地面高度 20 m 以下考虑的,若楼顶距地面高度超过 20 m,参照本定额计取高层建筑施工增加费。

(3) 同轴电缆敷设执行本定额相应项目。

三、实务案例

【案例 3-4】 某商住楼屋顶安装有电视共用天线一副,44 频道,试计算其工程量。

【解】 (1) 清单工程量。

共用天线　单位:副　数量:1

清单工程量计算见表3-7。

表3-7　清单工程量计算表【案例3-4】

项目编码	项目名称	项目特征描述	计量单位	工程量
030505001001	共用天线	电视共用天线安装、调试	副	1

(2) 定额工程量。

电视设备箱安装、调试　　单位:台　　数量:1

天线杆基础安装　　单位:台　　数量:1

天线杆安装　　单位:台　　数量:1

天线安装、调试　　单位:台　　数量:1

定额工程量计算见表3-8。

表3-8　定额工程量计算表【案例3-4】

定额编号	项目名称	计量单位	工程量
C5-328	电视设备箱安装、调试	台	1
C5-329	天线杆基础安装	台	1
C5-330	天线杆安装	台	1
C5-331	天线安装、调试	台	1

任务六　音频、视频系统设备安装工程量计算

一、工程量计算规则

(1) 信号源设备安装,以"只"为计量单位。

(2) 卡座、CD机、VCD/DVD机、搓盘机/MP3播放机安装,以"台"为计量单位。

(3) 调音台、周边设备、会议设备安装,以"台"为计量单位。

(4) 扬声器设备安装、架设,以"只""套"为计量单位。

(5) 扩声设备安装、架设,以"个"为计量单位;扩声系统调试、试运行,以"系统"为计量单位。

(6) 背景音乐系统设备安装,以"台"为计量单位。

(7) 背景音乐系统分区试响、调试、系统测量、系统调试、系统试运行,以"系统"为计量单位。

(8) 视频系统设备安装,以"台"为计量单位。

(9) 电子白板、屏幕、背投箱体、拼接控制器安装,以"套"为计量单位。

(10) 拼接屏、LED显示屏安装,以"m^2"为计量单位。

(11) 摄像头彩色提词器、微机型提词器安装,以"套"为计量单位;综合型平板提词

器,以“m^2”为计量单位。

(12) 视频系统调试、测量、试运行,以“系统”为计量单位。

二、定额说明

(1) 本定额包括扩声系统设备安装、调试,背景音乐系统设备安装、测试,视频系统设备安装、调试等项目。

(2) 本定额不包括设备固定架、支架的制作、安装。

(3) 线阵列音箱安装按单台音箱质量分别执行相应项目。

(4) 有关传输线缆布设等执行本定额相应项目。

(5) 线阵列扬声器系统可根据具体方案适当调整机械类型。

三、实务案例

【案例 3-5】 某中学室外足球场安装有扬声器 2 台,试计算其工程量。

【解】 (1) 清单工程量。

扬声器　　单位:台　　数量:2

清单工程量计算见表 3-9。

表 3-9　清单工程量计算表【案例 3-5】

项目编码	项目名称	项目特征描述	计量单位	工程量
030506001001	扬声器	草坪音响,室外	台	2

(2) 定额工程量。

草坪扬声器　　单位:台　　数量:2

定额工程量计算见表 3-10。

表 3-10　定额工程量计算表【案例 3-5】

定额编号	项目名称	计量单位	工程量
C5-488	草坪扬声器	台	2

任务七　安全防范系统设备工程量计算

一、工程量计算规则

(1) 入侵探测设备安装、调试,以“套”为计量单位。

(2) 报警信号接收机,无线报警发送、接收设备安装、调试,以“台”为计量单位。

(3) 主动红外探测器,微波墙式探测器安装、调试,以“对”为计量单位。

(4) 振动泄漏电缆、电子围栏,按延长米,以“m”为计量单位。

(5) 出入口控制设备安装、调试,以“台”为计量单位。

(6) 巡更设备安装、调试,以“套”为计量单位。

(7) 电视监控设备安装、调试,以“台”为计量单位。

(8) 防护罩安装,以“套”为计量单位。

(9) 摄像机支架安装,以“套”为计量单位。

(10) 显示装置安装,以“m^2”为计量单位。

(11) 停车管理设备安装,以“套”为计量单位。

(12) 安全防范分系统调试,以“系统”为计量单位。

(13) 安全防范系统联合调试和系统试运行,区分点位,以“系统”为计量单位。

二、定额说明

(1) 本定额包括入侵探测设备安装,出入口控制设备安装,巡更设备安装、调试,电视监控设备安装,停车场管理设备安装、调试,安全防范分系统调试,安全防范系统联合调试,安全防范系统试运行等项目。

(2) 安全防范系统工程中的服务器、网络设备、工作站、软件、存储设备等执行本定额相应项目。

(3) 跳线制作及安装等执行本定额相应项目。

(4) 楼宇安全防范系统调试包含分系统调试、各系统联合调试。单个设备调试已经包含在设备安装项目内。

(5) 楼宇安全防范系统中的配管配线执行本定额相应项目,如本定额无相应项目,可执行“电气设备安装工程”相应项目。

三、实务案例

【案例 3-6】 某住宅小区共安装有球型一体机 8 台,试计算其工程量。

【解】 (1) 清单工程量。

监控摄像设备　　单位:台　　数量:8

清单工程量计算见表 3-11。

表 3-11　清单工程量计算表【案例 3-6】

项目编码	项目名称	项目特征描述	计量单位	工程量
030507008001	监控摄像设备	球型一体机,室内安装	台	8

(2) 定额工程量。

球型一体机　　单位:台　　数量:2

定额工程量计算见表 3-12。

表 3-12　定额工程量计算表【案例 3-6】

定额编号	项目名称	计量单位	工程量
C5-750	球型一体机安装	台	8

【案例 3-7】 某住宅小区地下车库安装停车场管理设备一套，试计算其工程量。

【解】 (1) 清单工程量。

停车场管理设备　　单位：套　　数量：1

清单工程量计算见表 3-13。

表 3-13　清单工程量计算表【案例 3-7】

项目编码	项目名称	项目特征描述	计量单位	工程量
030507016001	停车场管理设备	地下车库，室内安装	套	1

(2) 定额工程量。

停车场管理软件安装　　单位：套　　数量：1

停车场管理系统调试　　单位：系统　　数量：1

定额工程量计算见表 3-14。

表 3-14　定额工程量计算表【案例 3-7】

定额编号	项目名称	计量单位	工程量
C5-835	监控管理中心设备安装，停车场管理软件安装	套	1
C5-860	停车场管理系统调试，200 点以内	系统	1

任务八　智能建筑设备防雷接地装置安装工程量计算

一、工程量计算规则

防雷装置安装，以“台”“个”为计量单位。

二、定额说明

(1) 本定额包括避雷器安装项目。

(2) 本定额防雷接地项目适用于电子设备防雷接地安装工程。建筑防雷接地按“电气设备安装工程”相应项目执行。

(3) 本定额防雷接地装置按成套供应考虑，项目内已包括接地电阻的测试。

(4) 有关防雷装置布设电源线缆等按“电气设备安装工程”相应项目执行。

三、实务案例

【案例 3-8】 某教学楼计算机房通信设备系统安装有开关箱 2 台，容量 200 A，试计算其工程量。

【解】（1）清单工程量。

开关箱　　单位:台　　数量:2

清单工程量计算见表 3-15。

表 3-15　清单工程量计算表【案例 3-8】

项目编码	项目名称	项目特征描述	计量单位	工程量
031101001001	通信设备开关箱	开关电源设备,室内安装	台	2

（2）定额工程量。

开关箱　　单位:台　　数量:2

定额工程量计算见表 3-16。

表 3-16　定额工程量计算表【案例 3-8】

定额编号	项目名称	计量单位	工程量
C12-836	通信设备开关箱安装,≤200 A	台	2
C12-840	电源系统调试	系统	2

练习题

项目四　通风空调安装工程量计算

【知识目标】

掌握通风空调安装工程施工图的识读方法，掌握通风空调安装工程工程量的计算规则，掌握消防设备通风空调安装工程项目编码的确定方法，掌握通风空调安装工程的定额子目的套用方法。

【能力目标】

能根据施工图纸正确计算通风空调安装工程工程量。

任务一　通风空调工程施工图图例及识读技巧

一、概述

通风就是把室外的新鲜空气经适当的处理（如净化、加热等）后送进室内，把室内的废气（经消毒、除害）排至室外，从而保持室内空气的新鲜和洁净。

空气调节是更高一级的通风，不仅要保证送进室内空气的温度和洁净度，同时还要保持一定的干湿度和速度。

通风工程与空调系统不仅具有空调功能，还具有通风功能，用以改善生活与生产空间环境，但大量消耗能源，甚至污染环境。热泵和毛细管末端装置的出现，使通风与空调系统节能、高效、安全、环保。

二、通风工程施工图的构成

通风工程施工图一般由两大部分组成，即文字部分和图纸部分。文字部分包括图纸目录、设计施工说明、设备及主要材料表。图纸部分包括基本图和详图。基本图包括空调通风系统的平面图、剖面图、轴测图、原理图等。详图包括系统中某局部或部件的放大图、加工图、施工图等。

1. 设计施工说明

在通风工程设计施工说明中应包含建筑物概况，设计标准，通风系统的方式，通风量或换气次数，通风系统风量平衡，通风系统设备安装要求，对风管使用的材料要求等；设置防排烟的区域及其方式，防排烟系统及其设施配置、风量确定、控制方式。

2. 平面图

通风系统平面图主要表明设备和系统风道的平面布置情况，一般包括下列内容。

(1) 建筑平面图应绘出建筑轮廓、主要轴线号、轴线尺寸、室内外地面标高、房间名称。在底层平面图上绘出指北针；风道平面图应表示出防火分区，排烟风道平面图还应表示出防烟分区。

(2) 以双线绘出风道、异径管、弯头、检查口、测定孔、调节阀、防火阀、送排风口的位置。

(3) 注明系统编号，通风系统一般均用汉语拼音字母加阿拉伯数字进行编号。如图中标注有 S-1、S-2、P-1、P-2，则分别表明送风系统 1、2，排风系统 1、2。通过系统编号，可知该图中表示有几个系统。

(4) 注明风道放风口尺寸（圆管注管径、矩形管注宽和高）、标高；标注各种设备及风口安装的定位尺寸和编号；标出消声器、调节阀、防火阀等各种部件位置及风管、风口的气流方向。

(5) 注明各设备、部件的名称、规格、型号，注明各设备（室）的轮廓尺寸、各种设备定位尺寸、设备基础主要尺寸。

(6) 注明弯头的曲率半径，注明通用图、标准图索引号等。

(7) 机房平面图应根据需要增大比例，绘出通风设备的轮廓位置及编号，注明设备和基础距离墙或轴线的尺寸。

3. 剖面图和详图

(1) 剖面图。

当其他图样不能表达复杂管道相对关系及竖向位置时，应绘制剖面图或局部剖面图。在剖面图中绘出的风管、风口等设备，应表示清楚管道与设备，管道与建筑梁、板、柱、墙以及地面的尺寸关系。还应表示清楚风管、风口等尺寸和标高，气流方向及详图索引编号等。

机房剖面图应绘制出与机房平面图的设备、设备基础、管道和附件相对应的竖向位置、竖向尺寸和标高。标注连接设备的管道位置及尺寸；注明设备和附件编号以及详图索引编号。

(2) 详图。

通风系统的各种设备及零部件施工安装，应注明采用的标准图、通用图的图名或图号。凡无现成图样可选，且需要交代设计意图的，均须绘制详图。简单的详图，可就图引出，绘局部详图；制作详图或安装复杂的详图应单独绘制。

4. 系统轴测图

通风系统系统轴测图中的风管，宜按比例以单线绘制。它可以形象地表达出通风系统在空间的前后、左右、上下的走向，以突出系统的立体感。应标注出系统轴测图中主要设备、部件的编号，要表示出各设备、部件、管道及配件的完整内容。系统轴测图宜注明管径、标高，其标注方法应与平、剖面图一致。图中的土建标高线，除注明其标高外，还应加文字说明。

5. 系统原理图（流程图）

对于复杂的通风系统还应绘制系统原理图（流程图）。它主要反映该系统的作用原理、管路流程及设备之间的相互关系，它是设备布置和管道布置的依据，是识读平、剖面图的依据，是施工中检查核对管道是否正确和确定介质流向的依据。系统流程图应绘出设备、阀门、控制仪表、配件，标注介质流向、管径及设备编号。流程图可不按比例绘制，但管路分支应与平面图相符。对于层数较多、分段加压、分段排烟或中途竖井转换的防排烟系统，或平面表达不清竖向关系的通风系统，应绘制系统示意图或竖向风道图。

6. 设备表

列出通风工程主要设备、材料的型号、规格、性能和数量。

7. 通风工程图识读方法

通风工程图一般包括平面图、剖面图、系统图、详图。观察剖面图与系统图时，应与平面图对照进行。看平面图以了解设备、管道的平向布置位置及定位尺寸；看剖面图以了解设备、管道在高度方向上的位置情况、标高尺寸及管道在高度方向上的走向；看系统图以了解整个系统在空间上的概貌；看详图以了解设备、部件的具体构造，制作安装尺寸与要求等。

通风工程图识读顺序，对系统而言，可按空气流向进行。送风系统为：进风口→进风管道→通风机→主干管道→分支管道→送风口。排风系统为：排气（尘）罩类→吸风管道→排风机→立风管→风帽。

图 4-1 为某地下车库的通风平面图，相关的设计施工说明如下。

（1）本次设计内容包括平战结合的人防地下室通风设计，本工程平时作为汽车库使用。

（2）设计依据：《人民防空工程设计规范》《人民防空工程防化设计规范》《汽车库、修车库、停车场设计防火规范》以及建筑专业提供的建筑平面图。

（3）平时消防通风。

①本地下室工程汽车库总建筑面积 5590 m^2，平时停放机动车 138 辆，共 3 个防火分区，汽车库设 3 个防烟分区，顶棚下凸出不小于 0.50 m 的梁做分界，防烟分区面积小于 2000 m^2，排烟量按换气次数每小时不少于 6 次计算。排烟系统平时承担车库通风任务。车库防火分区消防补风均通过车道出入口自然补风。

②火灾时，接消控中心信号，相应排烟风机转入排烟状态，同时开启补风机（无补风机采用车道补风），当排烟温度达到 280 ℃时，排烟防火阀熔断关闭，并联锁排烟风机关闭。排烟口距最远点距离不超过 30 m。

（4）本工程通风管均采用复合通风管道制作，导热系数小，不燃，材料堆积密度不大于 380 kg/m^3，各风管均采用吊架支承，间隔 2 m，各风口都为铝合金风口。

（5）本工程的非镀锌钢板及所有铁制件除锈后，内外壁均刷铁红底漆二道，外壁复刷灰色调和漆二道。

（6）图中所注风管标高，方管为相对地面的管顶标高，圆管为中心标高。未标注标高的风管贴梁底安装。风管与排水管相碰处，水管翻高贴板底安装。

图纸识读如下。

对照图 4-1，首先初步了解建筑物内的各房间与结构的平面布置情况，再了解风管系统在建筑物内的平面布置位置。图中 19～20 轴、M～K 轴之间为排烟机房，内置 HTF-

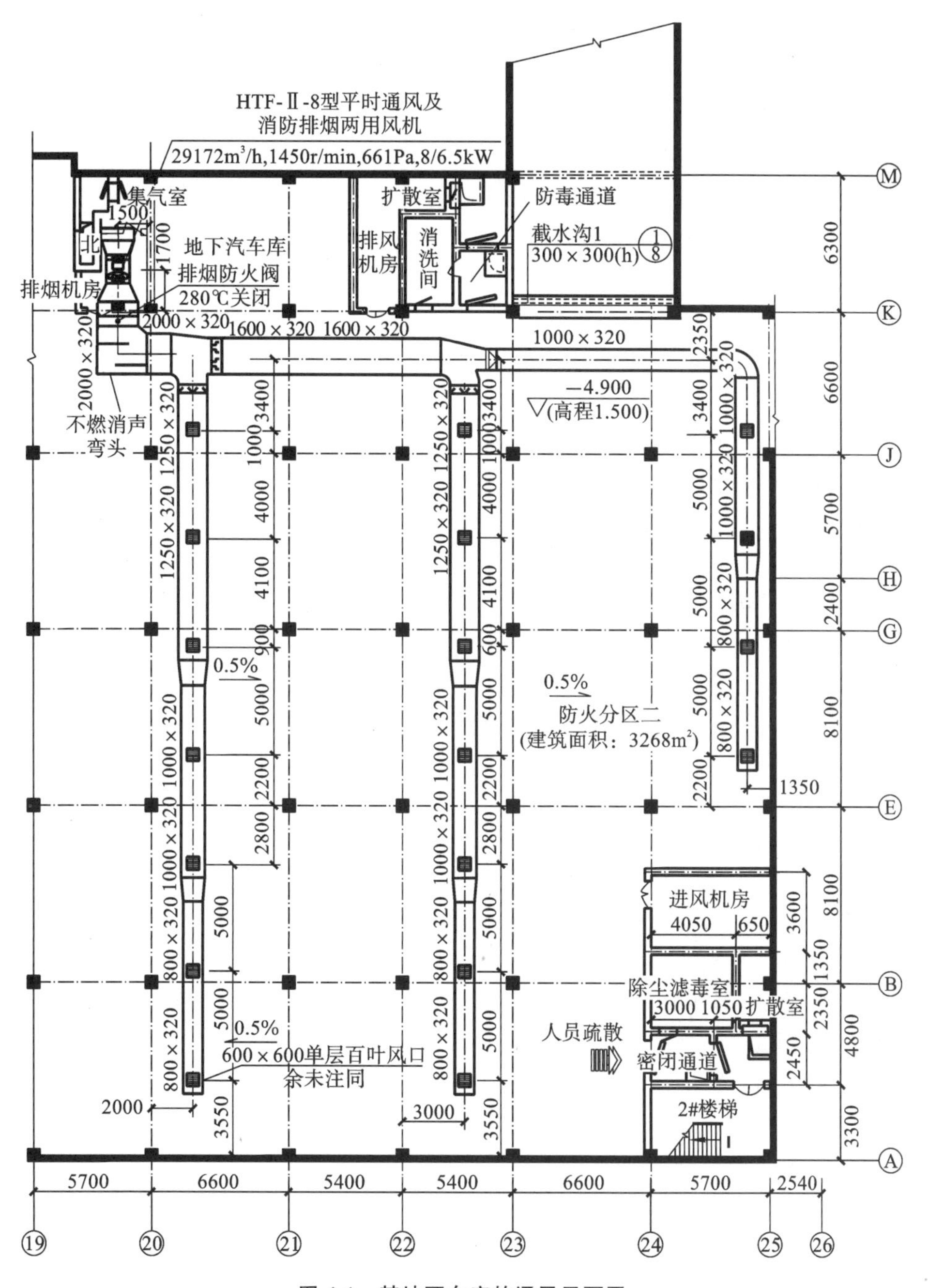

图 4-1　某地下车库的通风平面图

Ⅱ-8 型平时通风及消防排烟两用风机一台，其风量为 29172 m³/h，转速 1450 r/min，风压 661 Pa，功率 8 /6.5 kW。排烟风管穿出风机房后，设置排烟防火阀，再经不燃消声弯头后，分三路进入地下汽车库，每个三通出口处均设置了对开多叶调节阀。所有送风口采用 600 mm×600 mm 单层百叶风口，风口间距 5 m，风管尺寸见标注。

三、空调工程施工图的构成

1. 空调施工图组成

在施工图设计阶段,空气调节专业设计文件应包括图样目录、设计施工说明、设备表、设计图样、计算书等。其中设计图样一般由平面图、剖面图、系统轴测图、系统原理图和详图组成。

(1) 设计施工说明。

在设计施工说明中应包含建筑物概况,设计依据,空调室内外设计参数,冷热源设置情况,冷热媒及冷却水参数,空调系统的方式,空调系统设备安装要求,对风管使用的材料、保温和安装的要求,空调水系统的管材及保温,系统试压和排污情况;空调冷冻机房设备的型号、规格、性能和台数,并提出主要的安装要求,在节能设计条款中阐述设计采用的节能措施;施工安装要求及注意事项,采用的标准图集、施工及验收依据;图例。

(2) 平面图。

空调平面图主要表明设备和系统风道的平面布置情况;机房平面图表明设备及各类管道的平面布置情况。一般包括下列内容。

①建筑平面图应绘出建筑轮廓、主要轴线号、轴线尺寸、室内外地面标高、房间名称。在底层平面图上绘出指北针。

②以双线绘出风道、异径管、弯头、检查口、测定孔、调节阀、防火阀、送排风口的位置;以单线绘出空调冷热水、凝结水管道。

③注明系统编号,空调系统一般用汉语拼音字母加阿拉伯数字进行编号。如图中标注有 K-1、K-2,则为空调系统 1、2。通过系统编号,可知该图中表示有几个系统。

④注明风道及风口尺寸(圆管注管径、矩形管注宽和高)、标高;标注水管管径及标高、管道坡度和坡向,以及各种设备及风口安装的定位尺寸和编号;标出消声器、调节阀、防火阀等各种部件位置及风管、风口的气流方向。

⑤注明各设备、部件的名称、规格、型号,注明各设备(室)的轮廓尺寸、各种设备定位尺寸、设备基础主要尺寸。

⑥注明弯头的曲率半径,注明通用图、标准图索引号等。

⑦对恒温恒湿的空调房间,应注明各房间的基准温度和精度要求。

⑧机房平面图应根据需要增大比例,绘出通风、空调、制冷设备(如冷水机组、新风机组、空调器、冷热水泵、冷却水泵、通风机、消声器、水箱等)的轮廓位置及编号,注明设备和基础距离墙或轴线的尺寸。绘出连接设备的风管、水管位置及走向;注明尺寸、管径、标高。标注机房内所有设备、管道附件(各种仪表、阀门、柔性短管、过滤器等)的位置。

2. 剖面图和详图

(1) 剖面图。

当其他图样不能表达复杂管道相对关系及竖向位置时,应绘制剖面图或局部剖面图。在剖面图中绘出的风管、水管、风口等设备,应表示清楚管道与设备,管道与建筑梁、板、柱、墙以及地面的尺寸关系。还应表示清楚风管、风口、水管等尺寸和标高,气流方向及详图索引编号等。

机房剖面图应绘制出与机房平面图的设备、设备基础、管道和附件相对应的竖向位置、竖向尺寸和标高。标注连接设备的管道位置及尺寸；注明设备和附件编号以及详图索引编号等。

(2) 详图。

空调制冷系统的各种设备及零部件施工安装，应注明采用的标准图、通用图的图名或图号。凡无现成图样可选，且需要交代设计意图的，均须绘制详图。简单的详图，可就图引出，绘局部详图；制作详图或安装复杂的详图应单独绘制。

3. 空调系统轴测图

空调系统轴测图中风管系统轴测图绘制同通风轴测系统，水系统轴测图按比例以单线绘制。对系统的主要设备、部件应注出编号，对各设备、部件、管道及配件要表示出它们的完整内容。系统轴测图宜注明管径、标高，其标注方法应与平、剖面图一致。

4. 系统原理图(流程图)

对于冷热源系统、空调水系统及复杂的或平面表达不清的风系统应绘制系统原理图(流程图)。它主要反映该系统的作用原理、管路流程及设备之间的相互关系。它是设备布置和管道布置的依据，是识读平、剖面图的依据，是施工中检查核对管道是否正确和确定介质流向的依据。系统原理图应绘出设备、阀门、控制仪表、配件，标注介质流向、管径及设备编号。原理图可不按比例绘制，但管路分支应与平面图相符。空调的供冷、供热分支水路采用竖向输送时，应绘制立管图并编号，注明管径、坡向、标高及空调器的型号。空调制冷系统有监测与控制时，应有控制原理图，图中以图例绘出设备、传感器及执行器位置，说明控制要求和必要的控制参数。

5. 空调系统识图训练

空调系统的新风和回风管路识图与通风管道的识图基本相同，可按空气流向进行。空调系统的水系统识图与建筑给水系统识图相同，可按照水的流向来进行识图。识图过程中注意平面图与系统轴测图、系统原理图及剖面图的结合。

图 4-2～图 4-4 为某建筑物标准层空调风系统平面图、水系统平面图、水系统轴测图。

(1) 设计依据。

《民用建筑供暖通风与空气调节设计规范》(GB 50736—2012)。

《工业建筑供暖通风与空气调节设计规范》(GB 50019—2015)。

《建筑设计防火规范》(GB 50016—2014)。

(2) 设计范围。

夏季空气调节系统。

(3) 室内外空气计算参数。

①室外参数：夏季空气调节室外计算湿球温度 26.9 ℃，夏季空气调节室外计算干球温度 33.4 ℃，夏季通风温度 29 ℃；冬季空气调节室外计算干球温度－11 ℃，冬季采暖计算温度－9 ℃。

②室内参数：夏季空气调节办公室、会议室温度 26～27 ℃，相对湿度≤65%，办公室最小新风量 30 $m^3/(h \cdot 人)$，会议室最小新风量 50 $m^3/(h \cdot 人)$；冬季室内温度 18 ℃，办公室最小新风量 30 $m^3/(h \cdot 人)$，会议室最小新风量 50 $m^3/(h \cdot 人)$。

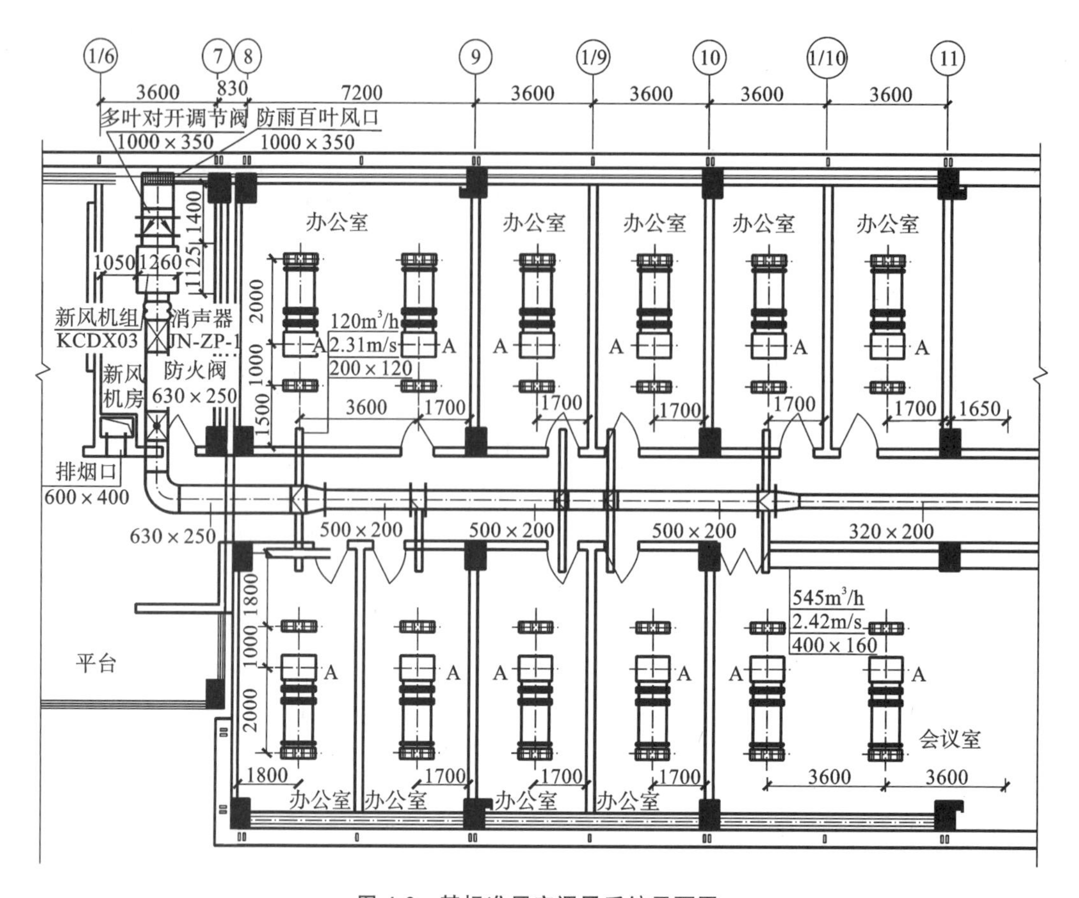

图 4-2　某标准层空调风系统平面图

（4）空气调节系统。

①空调范围：本建筑除地下室设散热器采暖外均设集中空气调节系统。水箱间及各层卫生间、楼梯间设风机盘管，冬季供暖，夏季关闭。

②空调系统形式：所有房间采用风机盘管加新风机组的集中空调系统。每层设置新风机组，为办公人员提供所需新风风量。

③空调冷热源：夏季空调冷冻水由设在地下室空调机房的冷水机组供给 7～12 ℃冷冻水，冬季热源由地下室空调机房换热器换热后提供 50～60 ℃热水。本建筑冬季总负荷 980 kW，夏季总负荷 1480 kW，系统阻力为 75000 Pa。

④空调风系统：风机盘管加新风系统。风机盘管与送风口用风管相连，回风为吊顶回风，回风口为单层百叶风口加过滤网。新风进至吊顶进入空气循环；新风风道穿越防火分区、空调机房、其他设备机房及其他火灾危险性大的房间，隔墙处设防火阀；每个新风口处均安装多叶对开调节阀，规格与风管同径。空调送回风、新风管为直接风管，A 级不燃，外贴 W38 白色防潮防腐贴面，内敷防菌抗霉隔离质。风管均为顶对齐，未注风管顶标高为 2.95 m(相对本层地面标高)。

⑤空调水系统：采用两管制闭式系统。风机盘管、新风机组在一个系统内；风机盘管供回水及凝结水接口处均为 DN20；风机盘管进出口均安装等径球阀及金属软连接，同时

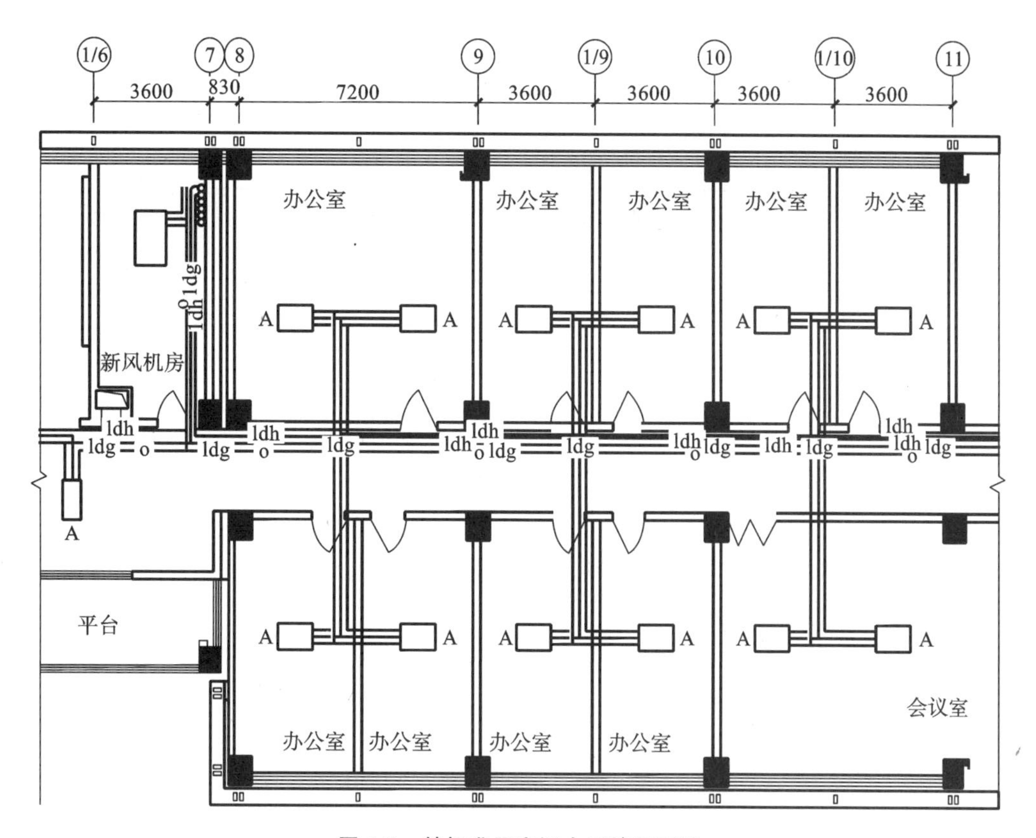

图 4-3　某标准层空调水系统平面图

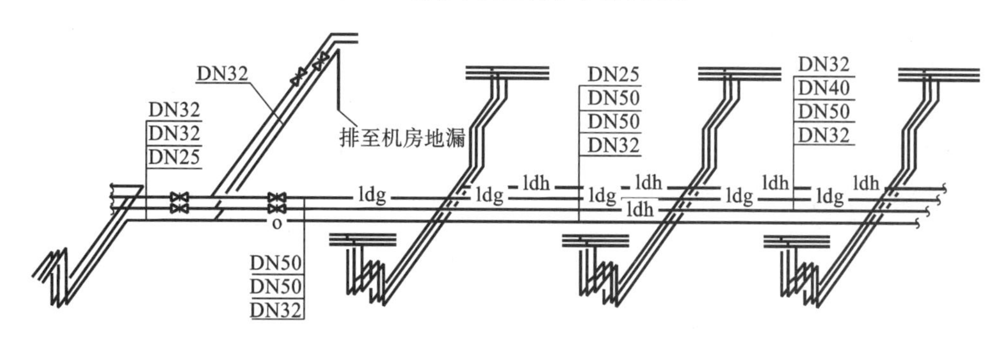

图 4-4　某标准层空调水系统轴测图

设置电动二通阀。空调冷水管 DN≥150 时，采用镀锌无缝钢管，DN<150 时，采用镀锌钢管；空调冷却水管采用镀锌无缝钢管；凝结水管采用镀锌铜管。注：风机盘管标高为 3.00 m(相对本层地面标高)。标准层空调水平干管标高为 2.8 m(相对本层地面标高)。

(5) 保温。

空调冷水管采用橡塑保温，δ=19 mm；凝水管采用橡塑保温，δ=13 mm。

(6) 阀门。

设备管道上配用的阀门应根据系统介质性质、温度、工作压力分别选择手动蝶阀、柱塞阀、截止阀及闸阀等。阀门应严格保证质量标准，严禁出现滴、漏、跑汽等现象。

空调冷热水系统：DN>50，截止阀或对夹式手动蝶阀；DN≤50，U11S-1.6 柱塞阀(新风机组及风机盘管进出口)；TE2A 型电动二通阀(新风机组及风机盘管进出口)。空调冷却水系统：截止阀或闸阀；截止阀或 D671 型电动对夹式衬胶蝶阀(冷却塔)。

(7) 风机盘管连接风管及风口尺寸(表 4-1)。

表 4-1 风机盘管连接风管及风口尺寸

图中编号	风机盘管型号	送风管尺寸 /(mm×mm)	双层送风百叶尺寸 /(mm×mm)	单层回风百叶尺寸 /(mm×mm)
A	FP-3.5 WH	600×150	600×200	600×200

(8) 主要图例(图 4-5)。

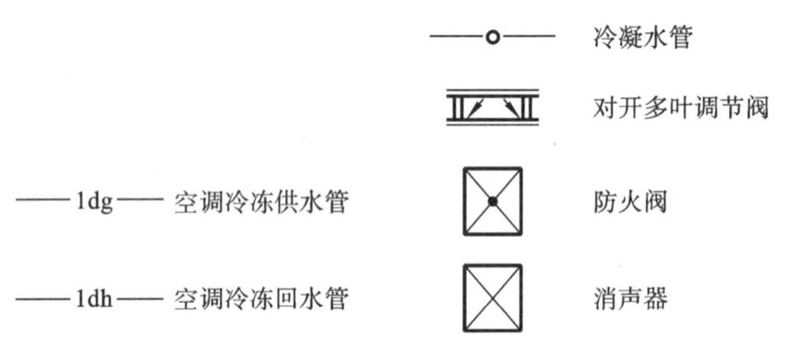

图 4-5 主要图例

(9) 图样识读。

①从设计施工说明中可以看出，所有房间采用风机盘管加新风机组的集中空调系统。每层设置新风机组，为办公人员提供所需新风风量，空调水系统采用两管制闭式系统；风机盘管的避风口采用双层百叶风口，回风口采用单层百叶风口。

②从图 4-2 中可见，1/6～7 轴间为新风机房，新风经处理后经消声器通过风管沿走廊送入各办公室，在穿越机房墙体时设置防火阀，具体风管尺寸见图样。送入各办公室的新风管规格为 200 mm×120 mm，送入会议室的新风管规格为 400 mm×160 mm。

各办公室设置风机盘管，回风直接从吊顶回风口吸入，经风机盘管处理后通过一小段风管至双层送风口下送。

③图 4-3 中 7 轴处有一排立管，连接该层水平布置的冷冻水供回水管，该层的空调凝结水管也通过其中一根立管排除。风机盘管、新风机组通过同一组供回水水平干管连接。

④从图 4-4 的空调水系统轴测图可以读出水管管径，因设计说明中已统一说明了标高，故本图中未注管道标高。

任务二 通风空调设备及部件制作安装工程量计算

一、工程量计算规则

(1) 空气加热器(冷却器)安装按设计图示数量计算，以“台”为计量单位。

（2）除尘设备安装按设计图示数量计算，以“台”为计量单位。

（3）整体式空调机组、空调器安装按设计图示数量计算，以“台”为计量单位。

（4）组合式空调机组安装依据设计风量，按设计图示数量计算，以“台”为计量单位。

（5）多联机（VRV）室外机安装依据制冷量，按设计图示数量计算，以“台”为计量单位。

（6）风机盘管安装按设计图示数量计算，以“台”为计量单位。

（7）空气幕安装按设计图示数量计算，以“台”为计量单位。

（8）变风量系统（VAV）末端装置安装按设计图示数量计算，以“台”为计量单位。

（9）分段组合式空调器安装按设计图示质量计算，以“100 kg”为计量单位。

（10）钢板密闭门安装按设计图示数量计算，以“个”为计量单位。

（11）挡水板安装按设计图示尺寸以空调器断面面积计算，以“m^2”为计量单位。

（12）滤水器、溢水盘、电加热器外壳、金属空调器外壳、过滤器框架制作安装按设计图示尺寸以质量计算，以“100 kg”为计量单位，非标准部件制作安装按成品质量计算。

（13）高、中、低效过滤器安装，净化工作台、风淋室安装按设计图示数量计算，以“台”为计量单位。

（14）通风机、风机箱安装依据不同形式、规格风量按设计图示数量计算，以“台”为计量单位。

二、定额说明

（1）本定额包括空调器安装、通风机安装、多联机室外机安装、净化及除尘设备安装、通风空调设备部件制作安装等项目。

（2）通风机安装项目包括电动机安装，其安装形式包括 A、B、C、D 等型，适用于碳钢、不锈钢、塑料通风机等。

（3）有关说明如下。

①诱导器安装执行风机盘管安装相应项目。

②多联机系统的室内机按安装方式执行风机盘管相应项目。

③变风量末端装置适用单风道变风量末端和双风道变风量末端装置，风机动力型变风量末端装置执行相应项目，人工乘以系数 1.1。

④洁净室安装执行分段组装式空调器安装相应项目。

⑤玻璃钢和 PVC 挡水板执行钢板挡水板安装相应项目。

⑥低效过滤器包括 M-A 型、WL 型、LWP 型等系列，中效过滤器包括 ZKL 型、YB 型、M 型、ZX-L 型等系列，高效过滤器包括 GB 型、GS 型、JX-20 型等系列。

⑦净化工作台包括 XHK 型、BZK 型、SXP 型、SZP 型、SZX 型、SW 型、SZ 型、SXZ 型、T 型、CJ 型等系列。

⑧轴流风机安装附件包括风机套筒、遮光口、遮光弯头、轴流风机弯管等。轴流风机安装附件制作包括了除锈、刷防锈漆、面漆各两遍的消耗量，不可重复计算。

⑨设备安装时，如设计要求使用弹簧吊架或橡胶隔振垫，可按实增加材料用量，其他不变。

⑩安装在支架上的木衬垫或非金属垫料，发生时按实计入成品材料价格。

⑪本定额通风机安装和空调工程末端设备安装(支架式风机盘管除外)均未包括设备基础、吊托支架的制作安装,单件质量 100 kg 以内钢支架的制作安装执行“给排水、采暖、燃气工程”相应项目,单件质量超过 100 kg 的,执行“静置设备与工艺金属结构制作安装工程”相应项目。

⑫空调末端设备的配管执行“给排水、采暖、燃气工程”相应项目。

⑬通风空调设备的电气接线及调试执行“电气设备安装工程”相应项目。

⑭本定额制作安装的项目均包含了除锈、刷防锈漆和面漆各两遍工作内容,如刷第二道面漆在工件安装调试完成后进行,不得重复计算。

三、实务案例

【案例 4-1】 计算如图 4-6 所示风机盘管,型号为 FP5,制冷量 7950～10800 kJ/h,风量 300～500 m^3/h,功率 40 W;每台的质量为 35～48 kg,尺寸为 847 mm×452 mm×375 mm。计算其工程量。

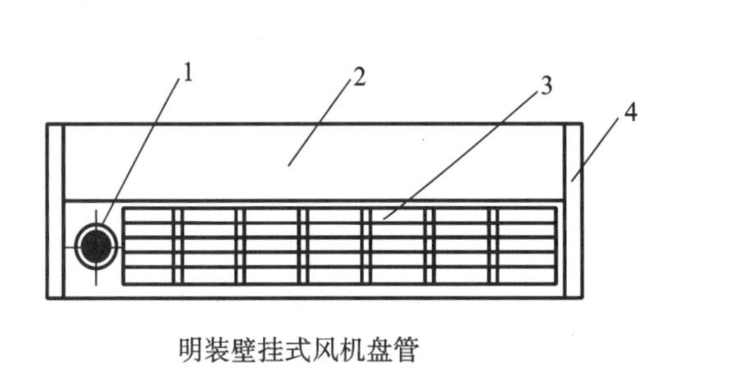

明装壁挂式风机盘管

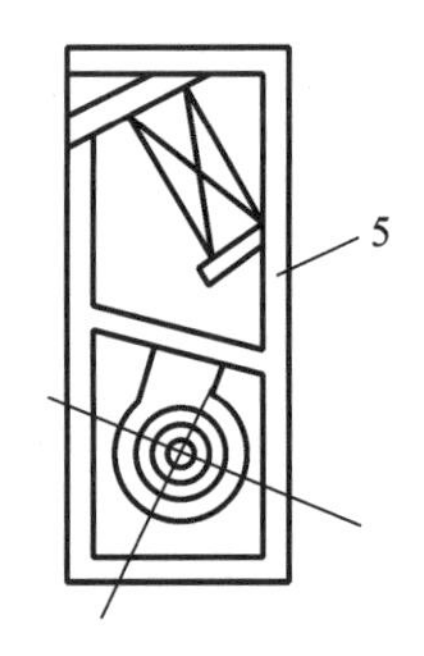

图 4-6 风机盘管示意图

1—机组;2—外壳顶板;3—出风口;4—外壳右侧板;5—保温层

【解】 (1) 定额工程量。

根据说明,风机盘管为明装壁挂式,1 台。

定额工程量计算见表 4-2。

表 4-2 定额工程量计算表【案例 4-1】

定额编号	项目名称	计量单位	工程量
C7-3	明装壁挂式,FP5	台	1

(2) 清单工程量。

型号为 FP5 的明装壁挂式风机盘管 1 台。

清单工程量计算见表 4-3。

表 4-3 清单工程量计算表【案例 4-1】

项目编码	项目名称	项目特征描述	计量单位	工程量
030701004001	风机盘管	明装壁挂式,FP5,制冷量 7950 ～10800 kJ/h,风量 300～ 500 m^3/h,功率 40 W	台	1

【案例 4-2】 新风系统中 1 台离心式通风机，风量为 1500 m^3/h，计算其工程量。

【解】 (1) 定额工程量。

根据说明，离心式通风机 1 台，风量 1500 m^3/h。

定额工程量计算见表 4-4。

表 4-4　定额工程量计算表【案例 4-2】

定额编号	项目名称	计量单位	工程量
C7-33	离心式通风机安装	台	1

(2) 清单工程量。

清单工程量计算见表 4-5。

表 4-5　清单工程量计算表【案例 4-2】

项目编码	项目名称	项目特征描述	计量单位	工程量
030108001001	离心式通风机	明装，风量 1500 m^3/h	台	1

【案例 4-3】 1 台一拖二空调室外机，制冷量为 100 L，计算其工程量。

【解】 (1) 定额工程量。

根据说明，一拖二空调室外机 1 台，制冷量为 100 L。

定额工程量计算见表 4-6。

表 4-6　定额工程量计算表【案例 4-3】

定额编号	项目名称	计量单位	工程量
C7-69	一拖二空调室外机安装，制冷量为 100 L	台	1

(2) 清单工程量。

清单工程量计算见表 4-7。

表 4-7　清单工程量计算表【案例 4-3】

项目编码	项目名称	项目特征描述	计量单位	工程量
030701003001	一拖二空调室外机	制冷量 100 L	台	1

【案例 4-4】 旋风式除尘器(重 800 kg)，安放在已浇筑混凝土的基座上，计算其工程量。

【解】

(1) 定额工程量。

旋风式除尘器安装的工程量计算：以台计，为 1 台。

定额工程量计算见表 4-8。

表 4-8　定额工程量计算表【案例 4-4】

定额编号	项目名称	计量单位	工程量
C7-80	旋风式除尘器(重 800 kg)安装	台	1

(2) 清单工程量。

清单工程量计算见表 4-9。

表 4-9 清单工程量计算表【案例 4-4】

项目编码	项目名称	项目特征描述	计量单位	工程量
030701020001	除尘器	旋风式除尘器(重 800 kg)	台	1

【案例 4-5】 如图 4-7 所示，某通风工程的二次回风系统，上装有钢板制成的密闭门 1 个，尺寸为 2100 mm×1300 mm，不带视孔，请计算密闭门制作安装工程量。

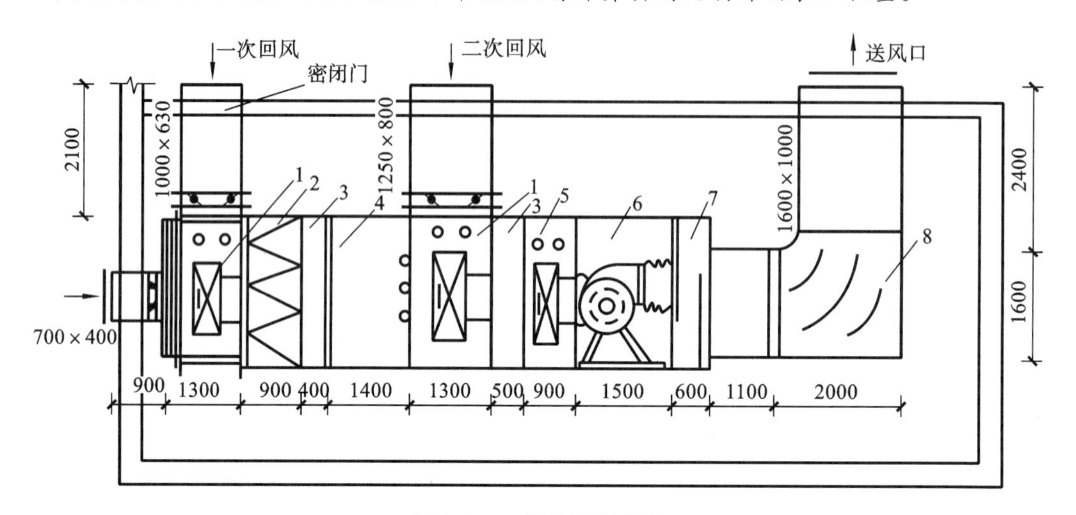

图 4-7 二次回风平面图

1—混合室；2—过滤器；3—空气加热器；4—淋水室；5—中间室；6—风机；7—消声器；8—导流叶片

【解】 (1) 定额工程量。

定额工程量以“100 kg”计，钢材的理论重量为 7850 kg/m³，计算如下。

$$7850\times2.1\times1.3=21430.5(\text{kg})$$

定额工程量计算见表 4-10。

表 4-10 定额工程量计算表【案例 4-5】

定额编号	项目名称	计量单位	工程量
C7-86	钢板密闭门制作安装，不带视孔	100 kg	214.31

(2) 清单工程量。

清单工程量按图示数量确定，根据图示情况，清单工程量为 1 个。

清单工程量计算见表 4-11。

表 4-11 清单工程量计算表【案例 4-5】

项目编码	项目名称	项目特征描述	计量单位	工程量
030701006001	密闭门	钢板密闭门制作安装，不带视孔	个	1

【案例 4-6】 计算如图 4-8 所示的钢制挡水板的工程量。

【解】 (1) 定额工程量。

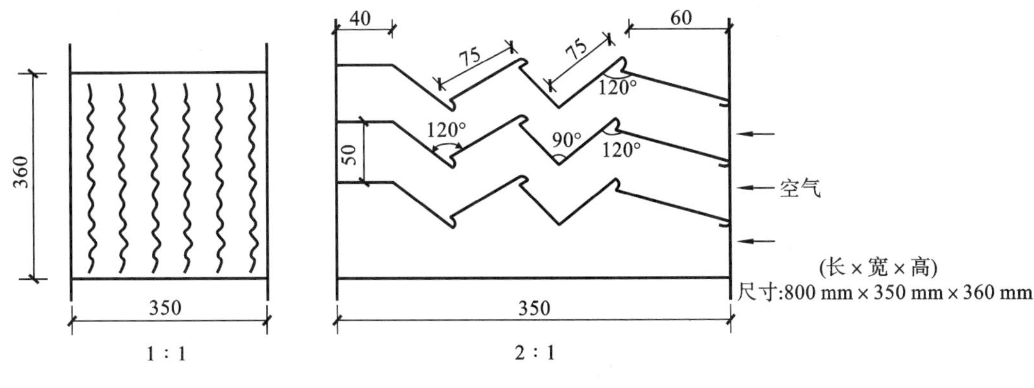

图 4-8　挡水板示意图

挡水板为钢制挡水板；规格为六折曲板；尺寸为 800 mm ×350 mm×360 mm，片距为 50 mm。

挡水板的曲板工程量为

$$S=(0.04+0.04+0.075+0.04+0.075+0.080)\times0.8\times3=0.84(m^2)$$

挡水板的制作安装按空调器断面面积计算。

定额工程量计算见表 4-12。

表 4-12　定额工程量计算表【案例 4-6】

定额编号	项目名称	计量单位	工程量
C7-90	钢制，六折曲板，片距 50 mm，尺寸为 800 mm×350 mm×360 mm	m^2	0.84

(2) 清单工程量。

钢制挡水板尺寸为 800 mm×350 mm×360 mm，数量为 1 个。

清单工程量计算见表 4-13。

表 4-13　清单工程量计算表【案例 4-6】

项目编码	项目名称	项目特征描述	计量单位	工程量
030701007001	挡水板制作安装	钢制，六折曲板，片距 50 mm，尺寸为 800 mm×350 mm×360 mm	个	1

任务三　通风管道制作安装工程量计算

一、工程量计算规则

(1) 镀锌薄钢板法兰风管、镀锌薄钢板共板法兰风管、薄钢板风管、净化风管、不锈钢风管、铝板风管、塑料风管、玻璃钢风管、复合型风管、复合保温板风管按设计图示规格、长度以展开面积计算，以“10 m²”为计量单位。不扣除检查孔、测定孔、送风口、吸风口等所占面积。风管展开面积不计算风管、管口重叠部分面积。

(2) 风管长度计算时均以设计图示中心线长度(主管与支管以其中心线交点划分)为准，包括弯头、变径管、天圆地方等管件的长度，不包括风管部件所占长度，也不计算封端头的面积。

(3) 柔性软风管安装按设计图示中心线长度计算，以“m”为计量单位。

(4) 弯头导流叶片制作安装按设计图示叶片的面积计算，以“m²”为计量单位。

(5) 帆布软管接口制作安装按设计图示尺寸，以展开面积计算，以“m”为计量单位。

(6) 风管检查孔制作安装依设计图示尺寸按质量计算，以“100 kg”为计量单位。

(7) 温度、风量测量孔制作安装依据其型号，按设计图示数量计算，以“个”为计量单位。

(8) 不锈钢板风管法兰和吊托支架制作安装按设计图示尺寸以质量计算，以“100 kg”为计量单位。

(9) 铝板风管法兰制作安装按设计图示尺寸以质量计算，以“100 kg”为计量单位。

二、定额说明

(1) 本定额包括镀锌薄钢板法兰风管制作安装、镀锌薄钢板共板法兰风管制作安装、薄钢板风管制作安装、镀锌薄钢板矩形净化风管制作安装、不锈钢板风管及配件制作安装、铝板风管及配件制作安装、塑料风管制作安装、玻璃钢风管安装、复合型风管制作安装、复合保温板风管制作安装、柔性软风管安装、弯头导流叶片及其他等项目。

(2) 下列费用可按系数分别计取。

①整个通风系统设计采用渐缩管均匀送风者，圆形风管按平均直径、矩形风管按平均周长执行相应规格项目，其人工费乘以系数 2.5。

②如制作空气幕送风管，按矩形风管平均周长执行相应风管规格项目，其人工费乘以系数 3，其余不变。

(3) 有关说明如下。

①镀锌薄钢板风管项目中的板材是按镀锌薄钢板编制的，如设计要求采用不镀锌薄钢板，板材可换算，其他不变。如使用板材需要除锈、刷油，另执行“刷油、防腐蚀、绝热工程”相应项目。

②风管导流叶片不分单叶片和香蕉形双叶片，均执行同一项目。

③闷板通风管道、净化通风管道、玻璃钢通风管道、复合型风管、复合保温板风管制作安装项目中，包括弯头、三通、变径管、天圆地方等管件及法兰、加固框和吊托支架的制作、安装、除锈与刷油，但不包括跨风管落地支架，落地支架制作安装执行“给排水、采暖、燃气工程”中设备支架制作安装相应项目，单件重量超过 100 kg 的，执行“静置设备与工艺金属结构制作安装工程”相应项目。

④薄钢板风管、净化风管、不锈钢板风管、铝板风管、塑料风管项目中的板材，如设计要求厚度不同时可以换算，人工、机械不变。钢板厚度大于 4 mm 的管道，执行“静置设备

与工艺金属结构制作安装工程”中的烟管制作、安装项目。

⑤薄钢板通风管道制作安装中已包含未镀锌钢板风管本身的除锈、刷油，法兰、加固框和吊托支架的制作安装、除锈、刷两道防锈漆、两道面漆，这些工程量不得重复计算。

⑥净化圆形风管制作安装，执行本定额矩形风管制作安装项目。

⑦净化风管涂密封胶按全部口缝外表面涂抹考虑，如设计要求口缝不涂抹而只在法兰片处涂抹，每 10 m^2 风管应扣减密封胶 1.5 kg 和人工费 46.25 元。

⑧净化风管及部件制作安装项目中，型钢未包括镀锌费，如设计要求镀锌，镀锌费另行计算。

⑨净化通风管道项目按空气洁净度 100000 级编制。

⑩不锈钢板风管咬口连接制作安装执行镀锌薄钢板法兰风管相应项目。

⑪不锈钢板风管、铝板风管制作安装项目中包括管件，但不包括法兰和吊托支架，法兰和吊托支架应单独列项计算，执行相应项目。

⑫塑料风管制作安装项目中包括管件、法兰、加固框，但不包括吊托支架制作安装(成品塑料圆形风管安装除外)，吊托支架执行“给排水、采暖、燃气工程”中相应项目另行计算。

⑬成品塑料圆形风管安装项目，适用于成品塑料风管的安装，项目中包含了吊架，多用于卫生间排气项目。

⑭塑料风管制作安装项目中的法兰垫料，如设计要求适用品种不同可以换算，但人工、机械不变。

⑮塑料通风管道胎具材料摊销费的计算方法：塑料风管管件制作的胎具摊销材料费，未包括在相应项目内，按以下规定另行计算。

风管工程量在 30 m^2 以上，每 10 m^2 风管的胎具摊销木材按 0.06 m^2 计算。

风管工程量在 30 m^2 以下，每 10 m^2 风管的胎具摊销木材按 0.09 m^2 计算。

⑯玻璃钢风管及管件以图示工程量加损耗计算，按外加工定做考虑。风管的修补应由加工单位负责，发生的费用计算在风管主材费内。

⑰玻璃钢风管弯头的导流叶片的面积，按薄钢板风管导流叶片面积计算公式计算，执行同规格玻璃钢风管项目。

⑱帆布软管接口如使用其他材料，帆布可以换算，其余不变。

⑲本定额项目中的法兰垫料按橡胶板编制，如设计要求使用的材料品种不同可以换算，其他不变。使用泡沫塑料，每 1 kg 橡胶板换算为泡沫塑料 0.125 kg；使用闭孔乳胶海绵，每 1 kg 橡胶板换算为闭孔乳胶海绵 0.5 kg。

⑳柔性软风管适用于由金属、涂塑化纤织物、聚酯、聚乙烯、聚氯乙烯薄膜、铝箔等材料制成的软风管。柔性软风管安装用的法兰、吊托支架按实际发生数量另行计算，执行“给排水、采暖、燃气工程”相应项目。

三、实务案例

【案例 4-7】 计算如图 4-9 所示不锈钢板风管正插三通的工程量，壁厚均为 2 mm。

【解】 (1) 定额工程量。

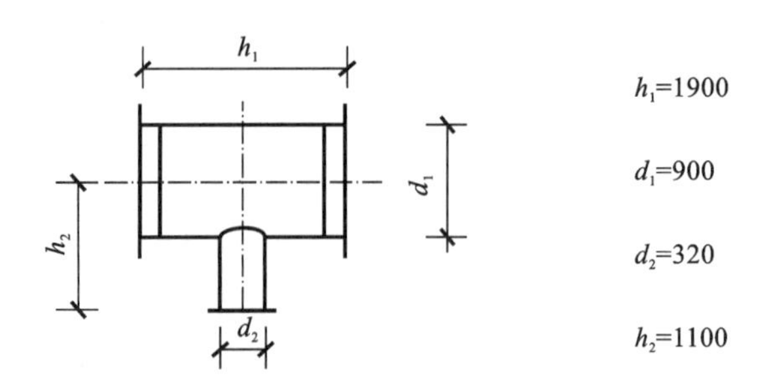

图 4-9　正插三通示意图

正插三通展开面积：

$$S_1 = \pi d_1 h_1 = 3.14 \times 0.9 \times 1.9 = 5.37(\mathrm{m}^2)$$

$$S_2 = \pi d_2 h_2 = 3.14 \times 0.32 \times 1.1 = 1.11(\mathrm{m}^2)$$

定额工程量计算见表 4-14。

表 4-14　定额工程量计算表【案例 4-7】

定额编号	项目名称	计量单位	工程量
C7-153	不锈钢板风管制作安装，900 mm×2	10 m²	0.537
C7-150	不锈钢板风管制作安装，320 mm×2	10 m²	0.111

(2) 清单工程量。

清单工程量与定额工程量相同。

清单工程量计算见表 4-15。

表 4-15　清单工程量计算表【案例 4-7】

项目编码	项目名称	项目特征描述	计量单位	工程量
030702003001	不锈钢板风管制作安装	圆形风管；直径＝900 mm	m²	5.37
030702003002	不锈钢板风管制作安装	圆形风管；直径＝320 mm	m²	1.11

【案例 4-8】 计算如图 4-10 所示铝板风管斜插三通的工程量，壁厚均为 2 mm，氩弧焊。

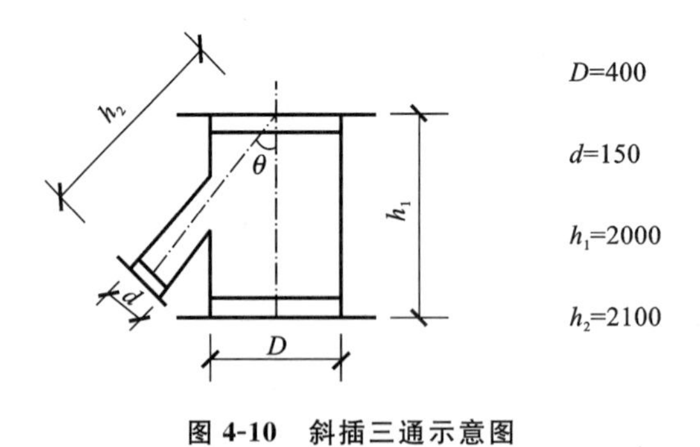

图 4-10　斜插三通示意图

【解】 (1) 定额工程量。

斜插三通展开面积：

$$S_1 = \pi D h_1 = 3.14 \times 0.4 \times 2.0 = 2.51(\text{m}^2)$$

$$S_2 = \pi d h_2 = 3.14 \times 0.15 \times 2.1 = 0.99(\text{m}^2)$$

定额工程量计算见表 4-16。

表 4-16　定额工程量计算表【案例 4-8】

定额编号	项目名称	计量单位	工程量
C7-178	铝板圆形风管制作安装，200 mm＜直径≤400 mm	10 m^2	0.251
C7-177	铝板圆形风管制作安装，直径≤150 mm	10 m^2	0.099

（2）清单工程量。

清单工程量与定额工程量相同。

清单工程量计算见表 4-17。

表 4-17　清单工程量计算表【案例 4-8】

项目编码	项目名称	项目特征描述	计量单位	工程量
030702004001	铝板风管制作安装	圆形风管；直径＝400 mm	m^2	2.51
030702004002	铝板风管制作安装	圆形风管；直径＝150 mm	m^2	0.99

【案例 4-9】 计算如图 4-11 所示塑料风管斜插三通的工程量，壁厚均为 3 mm。

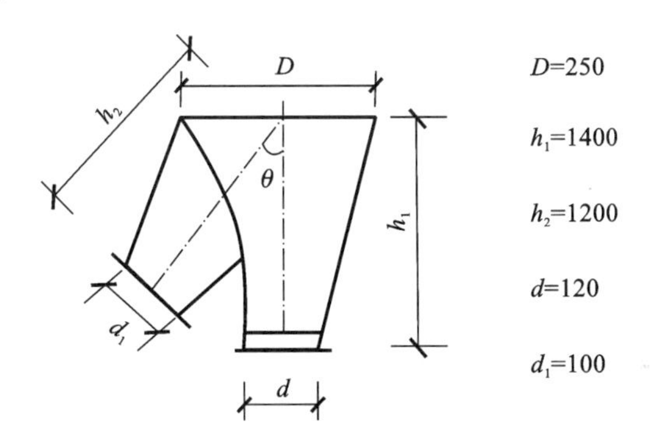

图 4-11　斜插三通示意图

【解】（1）定额工程量。

斜插三通展开面积：

$$S_1 = \left(\frac{D+d}{2}\right)\pi h_1 = \left(\frac{0.25+0.12}{2}\right) \times 3.14 \times 1.4 = 0.81(\text{m}^2)$$

$$S_2 = \left(\frac{D+d_1}{2}\right)\pi h_2 = \left(\frac{0.25+0.1}{2}\right) \times 3.14 \times 1.2 = 0.66(\text{m}^2)$$

$$S_{总} = S_1 + S_2 = 1.47(\text{m}^2)$$

定额工程量计算见表 4-18。

表 4-18　定额工程量计算表【案例 4-9】

定额编号	项目名称	计量单位	工程量
C7-208	塑料圆形风管制作安装，直径≤300 mm×3	10 m^2	0.147

(2) 清单工程量。

清单工程量与定额工程量相同。

清单工程量计算见表4-19。

表4-19　清单工程量计算表【案例4-9】

项目编码	项目名称	项目特征描述	计量单位	工程量
030702005001	塑料圆形风管制作安装	塑料圆形风管;渐缩管	m^2	1.47

【案例4-10】 计算如图4-12所示单层玻璃钢矩形风管的工程量。

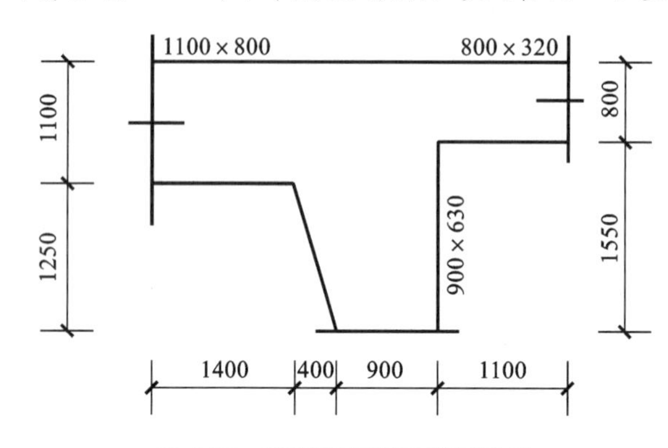

图4-12　玻璃钢矩形风管示意图

【解】 (1) 定额工程量。

①1100 mm×800 mm管道

$$S_1 = 2(A_1 + B_1)H_1 = 2\times(1.1+0.8)\times(1.4+0.4+\frac{0.9}{2})=8.55(\text{m}^2)$$

②800 mm×320 mm管道

$$S_2 = 2(A_2 + B_2)H_2 = 2\times(0.8+0.32)\times(1.1+\frac{0.9}{2})=3.47(\text{m}^2)$$

③渐缩管

$$S_3 = \frac{2(A_3 + B_3)+2(a_3 + b_3)}{2}H_3 = \frac{2\times(0.4+0.9+0.8)+2\times(0.9+0.3)}{2}\times1.55$$

$$=5.12(\text{m}^2)$$

$$S_{总} = S_1 + S_2 + S_3 = 17.14(\text{m}^2)$$

定额工程量计算见表4-20。

表4-20　定额工程量计算表【案例4-10】

定额编号	项目名称	计量单位	工程量
C7-221	玻璃钢矩形风管安装,2000 mm<周长≤4000 mm	10 m^2	1.714

(2) 清单工程量。

清单工程量与定额工程量相同。

清单工程量计算见表4-21。

表 4-21　清单工程量计算表【案例 4-10】

项目编码	项目名称	项目特征描述	计量单位	工程量
030702006001	玻璃钢矩形风管安装	渐缩管，1100 mm×800 mm，900 mm×630 mm	m^2	17.14

【案例 4-11】 如图 4-13 所示，风管采用复合型圆形风管，图中所示 $D_1=2000$ mm，$D_2=1000$ mm，$D_3=500$ mm，计算图 4-13 的工程量。

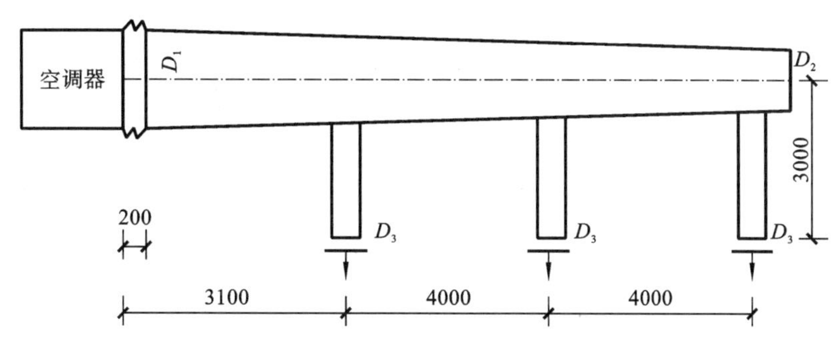

图 4-13　复合型风管示意图

【解】

(1) 定额工程量。

①风管的工程量。

a. 渐缩形（D_1、D_2）风管工程量计算：

$$L_1 = [3.1 - 0.2(\text{软管长}) + 4 + 4] = 10.90(\text{m})$$

$$S_1 = \pi L_1 \frac{D_1 + D_2}{2} = 3.14 \times 10.9 \times \frac{2+1}{2} = 51.34(\text{m}^2)$$

b. 风管支管（D_3）的工程量计算：

$$L_2 = 3 \times 3(\text{三个支管}) = 9(\text{m})$$

$$S_2 = \pi D_3 L_2 = 3.14 \times 0.5 \times 9 = 14.13(\text{m}^2)$$

②圆形直片散流器的工程量：1×3 个=3 个。

③软接管 1 个，长度 $L_3=0.20$ m

$$S_3 = \pi D_1 L_3 = 3.14 \times 2 \times 0.2 = 1.26(\text{m}^2)$$

④空调器工程量计算：制冷量为 13.58 kW，支架安装，1 台。

定额工程量计算见表 4-22。

表 4-22　定额工程量计算表【案例 4-11】

定额编号	项目名称	计量单位	工程量
C7-241	复合型圆形风管，渐缩管，大头直径=2000 mm	10 m^2	5.134
C7-239	复合型圆形风管，直径=500 mm	10 m^2	1.413

(2) 清单工程量。

①风管清单工程量与定额工程量计算方法相同。

②圆形直片散流器的工程量：1×3 个=3 个。

③软管工程量计算：长度 $L_3=0.20$ m。

④空调器 1 台。

清单工程量计算见表 4-23。

表 4-23　清单工程量计算表【案例 4-11】

项目编码	项目名称	项目特征描述	计量单位	工程量
030702007001	复合型圆形风管制作安装	复合型圆形风管，渐缩管	m^2	51.34
030702007002	复合型圆形风管制作安装	复合型圆形风管，直径=500 mm	m^2	14.13

【案例 4-12】 如图 4-14 所示，风管为玻氧镁保温板风管，与消声静压箱采用帆布软管连接，试计算如图所示的玻氧镁保温板风管工程量。

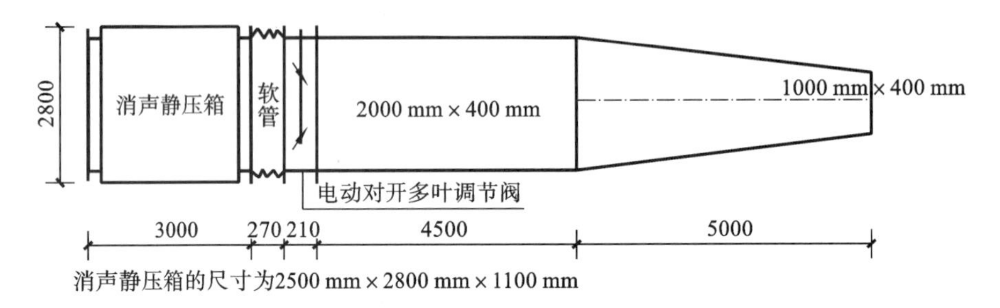

图 4-14　空调送风平面图

【解】 (1) 定额工程量。

①风管(2000 mm ×400 mm)的工程量计算：

$$S_3=(2.0+0.4)\times2\times L_3=(2.0+0.4)\times2\times4.5=21.60(m^2)$$

②渐缩形风管的工程量计算：

$$S_4=\frac{(2.0+0.4)\times2+(1.0+0.4)\times2}{2}\times L_4=19.00(m^2)$$

定额工程量计算见表 4-24。

表 4-24　定额工程量计算表【案例 4-12】

定额编号	项目名称	计量单位	工程量
C7-256	复合硬质面层保温板风管制作安装，长边长 2000 mm	10 m^2	2.16
C7-254	复合硬质面层保温板风管制作安装，长边长 1000 mm	10 m^2	1.9

(2) 清单工程量。

清单中风管的工程量同定额中风管的工程量。

清单工程量计算见表 4-25。

表 4-25　清单工程量计算表【案例 4-12】

项目编码	项目名称	项目特征描述	计量单位	工程量
030702007001	复合型风管制作安装	玻氧镁保温板矩形风管，2000 mm ×400 mm	m^2	21.6

续表

项目编码	项目名称	项目特征描述	计量单位	工程量
030701007002	复合型风管制作安装	玻氧镁保温板矩形风管,渐缩管	m^2	19.0

任务四　通风管道部件制作安装工程量计算

一、工程量计算规则

(1) 风管调节阀安装依据其类型、直径(圆形)或周长(方形),按设计图示数量计算,以“个”为计量单位。

(2) 柔性软风管阀门安装按设计图示数量计算,以“个”为计量单位。

(3) 铝合金和碳钢各种风口、散流器的安装依据类型、规格尺寸按设计图示数量计算,以“个”为计量单位。

(4) 塑料风管分布器、散流器的安装按其成品质量,以“100 kg”为计量单位。

(5) 铝质孔板风口安装按风口的周长(包括圆形和矩形),按实际图示数量计算,以“个”为计量单位。

(6) 不锈钢风口安装,按成品质量,以“100 kg”为计量单位。

(7) 消声器、消声静压箱、消声弯头制作,均按其成品质量以“100 kg”为计量单位。

(8) 微穿孔板消声器、管式消声器、阻抗式消声器成品安装按设计图示数量计算,以“节”为计量单位。

(9) 消声弯头、消声静压箱安装按设计图示数量计算,以“个”为计量单位。

(10) 静压箱制作安装按设计图示尺寸以展开面积计算,以“10 m”为计量单位。

(11) 通风管道风帽、罩类的制作安装均按其质量,以“10 kg”为计量单位;非标准风帽、罩类制作按成品质量,以“kg”为计量单位。风帽、罩类为成品安装时不再计算制作费用。

(12) 碳钢风帽滴水盘制作安装按设计图示尺寸以质量计算,以“kg”为计量单位。

(13) 碳钢风帽筝绳制作安装按设计图示规格长度以质量计算,以“100 kg”为计量单位。

(14) 碳钢风帽泛水制作安装按设计图示尺寸以展开面积计算,以“m^2”为计量单位。

(15) 塑料通风管道柔性接口及伸缩节制作安装应依据连接方式按设计图示尺寸以展开面积计算,以“m”为计量单位。

二、定额说明

(1) 本定额包括通风管道阀门安装,铝合金风口安装,碳钢风口安装,塑料风管部件安装,铝制孔板风口安装,不锈钢风口安装,消声、静压部件制作安装,碳钢风帽制作安装,铝板风帽制作安装，塑料风帽、伸缩节制作安装，玻璃钢风帽安装，碳钢罩类制作安装，塑料风罩制作安装等项目。

（2）有关说明如下。

①风管调节阀。

a. 密闭式对开多叶调节阀与手动式对开多叶调节阀执行同一子目。

b. 风管蝶阀安装项目适用于圆形、方形、矩形蝶阀安装，也适用于圆形、方形、矩形保温蝶阀安装；风管止回阀安装项目适用于圆形、方形、矩形风管止回阀安装。

c. 铝合金或其他材料制作的调节阀安装，执行本章碳钢调节阀相应子目。

d. 防火阀安装项目适用于圆形、方形及矩形防火阀、防火调节阀安装。

e. 排烟口、板式排烟口、多叶排烟口、排烟防火阀和（正压）多叶送风口，均系同一类防火阀门，执行同一子目。

f. 风管阀门安装不包括阀门的支吊架安装，发生时另行计算，执行“给排水、采暖、燃气工程”相应项目。

②铝合金风口。

a. 铝合金单层百叶风口项目，亦适用于防雨百叶风口、自垂式百叶风口、蛋格式风口和门铰式风口安装。

b. 防雨百叶风口设计要求加密封垫时，材料按实计算，其他不变。

③碳钢风口。

a. 轴流风机百叶风口按风机规格套项，不分圆形、矩形执行同一项目。

b. 送吸风口安装子目适用于单面送吸风口、双面送吸风口。

c. 散流器安装子目适用于圆形直片散流器、方形直片散流器、流线形散流器。

d. 网式风口安装项目适用于碳钢网式风口和不锈钢网式风口安装。

④铝制孔板风口如需电化处理，电化费另行计算。

⑤消声器、静压箱。

a. 管式消声器安装适用于各类管式消声器。管式消声器包括矿棉管式消声器、聚酯泡沫管式消声器、卡普隆纤维管式消声器。

b. 消声弯头是以弯头的周长划分步距，弯头周长是指弯头的断面周长。

c. 消声静压箱是以展开面积划分步距，消声静压箱的展开面积按其外表面积计算，不扣除接口开孔面积。

d. 消声静压箱、静压箱，须使用吊托支架时另行计算，执行“给排水、采暖、燃气工程”相应项目。

⑥风帽制作、风帽附件制作、罩类制作中包含了钢制件的除锈和刷油（防锈漆、面漆各两遍）。若风帽、罩类为外购成品，按册说明中制作和安装所占比率只计取安装费用。如安装后要求增刷一遍面漆，另执行“刷油、防腐蚀、绝热工程”相关项目。

（3）下列费用按系数分别计取。

①电动调节阀安装执行手动调节阀子目，人工乘以系数 1.05，其余不变。

②碳钢风口安装项目适用于带调节板活动百叶风口、单层百叶风口、双层百叶风口、三层百叶风口、联动百叶风口、135 型单层百叶风口、135 型双层百叶风口、135 型带导流

叶片百叶风口、活动金属百叶风口。风口的宽与长之比小于等于0.125时为条缝形风口，执行百叶风口相应项目，人工乘以系数1.1。

三、实务案例

【案例4-13】 某矩形通风管道(500 mm×350 mm)上安装有两个不锈钢蝶阀，试计算该阀门安装工程量。

【解】 (1) 清单工程量。

不锈钢蝶阀　　单位：个　　数量：2

清单工程量计算见表4-26。

表4-26　清单工程量计算表【案例4-13】

项目编码	项目名称	项目特征描述	计量单位	工程量
030703004001	不锈钢蝶阀	矩形不锈钢蝶阀	个	2

(2) 定额工程量。

矩形不锈钢蝶阀　　单位：个　　数量：2

定额工程量计算见表4-27。

表4-27　定额工程量计算表【案例4-13】

定额编号	项目名称	计量单位	工程量
C7-294	矩形钢制蝶阀，周长2400 mm以下	个	2

【案例4-14】 某办公楼空调系统需要安装15个175 mm×175 mm的铝合金方形散流器，试求其安装工程量。

【解】 (1) 清单工程量。

铝合金散流器　　单位：个　　数量：15

清单工程量计算见表4-28。

表4-28　清单工程量计算表【案例4-14】

项目编码	项目名称	项目特征描述	计量单位	工程量
030703011001	铝合金散流器	规格：175 mm×175 mm 形式：方形散流器	个	15

(2) 定额工程量。

铝合金散流器　　单位：个　　数量：15

定额工程量计算见表4-29。

表4-29　定额工程量计算表【案例4-14】

定额编号	项目名称	计量单位	工程量
C7-344	铝合金散流器，周长1000 mm以下	个	15

【案例 4-15】 某通风系统中需要制作安装 3 个尺寸为 360 mm×460 mm、长度为 1 m 的卡普隆纤维管式消声器，其质量为 32.93 kg/个，试计算其制作安装工程量。

【解】 (1) 清单工程量。

卡普隆纤维管式消声器　　单位：个　　数量：3

清单工程量计算见表 4-30。

表 4-30　清单工程量计算表【案例 4-15】

项目编码	项目名称	项目特征描述	计量单位	工程量
030703020001	消声器	卡普隆纤维管式消声器，质量为 32.93 kg/个	个	3

(2) 定额工程量。

该消声器制作的工程量为：

32.93×3=98.79(kg)=0.9879(100 kg)

卡普隆纤维管式消声器制作　　单位：100 kg　　数量：0.9879

卡普隆纤维管式消声器安装　　单位：100 kg　　数量：0.9879

定额工程量计算见表 4-31。

表 4-31　定额工程量计算表【案例 4-15】

定额编号	项目名称	计量单位	工程量
C7-442	卡普隆纤维管式消声器制作	100 kg	0.9879
C7-460	管式消声器安装，消声器周长<2400 mm	节	3

【案例 4-16】 某厂房屋顶需要制作安装 6 个质量为 10.14 kg 的镀锌钢板筒形风帽，以及 6 个质量为 4.44 kg 的滴水盘，试计算其工程量。

【解】 (1) 清单工程量。

镀锌钢板筒形风帽　　单位：个　　数量：6

清单工程量计算见表 4-32。

表 4-32　清单工程量计算表【案例 4-16】

项目编码	项目名称	项目特征描述	计量单位	工程量
030703012001	碳钢风帽	镀锌钢板筒形风帽	个	6

(2) 定额工程量。

首先计算风帽制作安装的工程量：

10.14×6=60.84(kg)=0.6084(100 kg)

其次计算滴水盘制作安装的工程量：

4.44×6=26.64(kg)=0.2664(100 kg)

镀锌钢板筒形风帽制作安装　　单位：100 kg　　数量：0.6084

滴水盘制作安装　　单位：100 kg　　数量：0.2664

定额工程量计算见表 4-33。

表 4-33　定额工程量计算表【案例 4-16】

定额编号	项目名称	计量单位	工程量
C7-481	镀锌钢板风帽，单个质量小于等于 20 kg	100 kg	0.6084
C7-484	滴水盘，单个质量小于等于 15 kg	100 kg	0.2664

【案例 4-17】 某建筑通风工程需要为 3 台通风机分别制作安装 C 式Ⅰ型皮带钢防护罩，按照设计要求，每一个防护罩质量为 6.2 kg，试求该防护罩制作安装的工程量。

【解】 (1) 清单工程量。

C 式Ⅰ型皮带防护罩　　单位：个　　数量：3

清单工程量计算见表 4-34。

表 4-34　清单工程量计算表【案例 4-17】

项目编码	项目名称	项目特征描述	计量单位	工程量
030703017001	碳钢罩类	C 式Ⅰ型皮带钢防护罩	个	3

(2) 定额工程量。

该防护罩制作安装的工程量为：

$$6.2\times3=18.6(\mathrm{kg})=0.186(100\ \mathrm{kg})$$

C 式Ⅰ型皮带钢防护罩制作安装　　单位：100 kg　　数量：0.186

定额工程量计算见表 4-35。

表 4-35　定额工程量计算表【案例 4-17】

定额编号	项目名称	计量单位	工程量
C7-504	C 式Ⅰ型皮带防护罩	100 kg	0.186

为方便读者计算相应工程量，本书将常见部件质量及尺寸列表如下(表 4-36、表 4-37)。

表 4-36　通风部件标准质量表

(一)

名称	带调节板活动百叶风口		单层百叶风口		双层百叶风口		三层百叶风口	
图号	T202-1		T202-2		T202-2		T202-3	
序号	尺寸(A×B)/mm	/(kg/个)	尺寸(A×B)/mm	/(kg/个)	尺寸(A×B)/mm	/(kg/个)	尺寸(A×B)/mm	/(kg/个)
1	300×150	1.45	200×150	0.88	200×150	1.73	250×180	3.66
2	350×175	1.79	300×150	1.19	300×150	2.52	290×180	4.22
3	450×225	2.47	300×185	1.40	300×185	2.85	330×210	5.14
4	500×250	2.94	330×240	1.70	330×240	3.48	370×210	5.84
5	600×300	3.60	400×240	1.94	400×240	4.46	410×250	6.41
6	—	—	470×285	2.48	470×285	5.66	450×280	8.01
7	—	—	530×330	3.05	530×330	7.22	490×320	9.04
8	—	—	550×375	3.59	550×375	8.01	570×320	10.10

续表

（二）

名称	联动百叶风口		矩形送风口		矩形空气分布器	
图号	T202-4		T203		T206-1	
序号	尺寸($A\times B$)/mm	/(kg/个)	尺寸($C\times H$)/mm	/(kg/个)	尺寸($A\times B$)/mm	/(kg/个)
1	200×150	1.49	60×52	2.22	300×150	4.95
2	250×195	1.88	80×69	2.84	400×200	6.61
3	300×195	2.06	100×87	3.36	500×250	10.32
4	300×240	2.35	120×104	4.46	600×300	12.42
5	350×240	2.55	140×121	5.40	700×350	17.71
6	350×285	2.83	160×139	6.29	—	—
7	400×330	3.52	180×156	7.36	—	—
8	500×330	4.07	200×173	8.65	—	—
9	500×375	4.50	—.	—	—	—

（三）

名称	风管插板式送吸风口				旋转吹风口		地上旋转吹风口	
图号	矩形 T208-1		圆形 T208-2		T209-1		T209-2	
序号	尺寸($B\times C$)/mm	/(kg/个)	尺寸($B\times C$)/mm	/(kg/个)	尺寸($D=A$)/mm	/(kg/个)	尺寸($D=A$)/mm	/(kg/个)
1	200×120	0.88	160×80	0.62	250	10.09	250	13.20
2	240×160	1.20	180×90	0.68	280	11.76	280	15.49
3	320×240	1.95	200×100	0.79	320	14.67	320	18.92
4	400×320	2.96	220×110	0.90	360	17.86	360	22.82
5	—	—	240×120	1.01	400	20.68	400	26.25
6	—	—	280×140	1.27	450	25.21	450	31.77
7	—	—	320×160	1.50	—	—	—	—
8	—	—	360×180	1.79	—	—	—	—
9	—	—	400×200	2.10	—	—	—	—
10	—	—	440×220	2.39	—	—	—	—
11	—	—	500×250	2.94	—	—	—	—
12	—	—	560×280	3.53	—	—	—	—

续表

（四）

名称	圆形直片散流器		方形直片散流器		流线形散流器	
图号	CT211-1		CT211-2		T211-4	
序号	尺寸(ϕ)/mm	/(kg/个)	尺寸($A\times A$)/mm	/(kg/个)	尺寸(d)/mm	/(kg/个)
1	120	3.01	120×120	2.34	160	3.97
2	140	3.29	160×160	2.73	200	5.45
3	180	4.39	200×200	3.91	250	7.94
4	220	5.02	250×250	5.29	320	10.28
5	250	5.54	320×320	7.43	—	—
6	280	7.42	400×400	8.89	—	—
7	320	8.22	500×500	12.23	—	—
8	360	9.04	—	—	—	—
9	400	10.88	—	—	—	—
10	450	11.98	—	—	—	—
11	500	13.07	—	—	—	—

（五）

名称	单面送吸风口				双面送吸风口			
图号	Ⅰ型 T212-1		Ⅰ型 T212-1		Ⅰ型 T212-2		Ⅰ型 T212-2	
序号	尺寸($A\times A$)/mm	/(kg/个)	尺寸(D)/mm	/(kg/个)	尺寸($A\times A$)/mm	/(kg/个)	尺寸(D)/mm	/(kg/个)
1	100×100		100	1.37	100×100		100	1.54
2	120×120	2.01	120	1.85	120×120	2.07	120	1.97
3	140×140		140	2.23	140×140		140	2.32
4	160×160	2.93	160	2.68	160×160	2.75	160	2.76
5	180×180		180	3.14	180×180		180	3.20
6	200×200	4.01	200	3.73	200×200	3.63	200	3.65
7	220×220		220	5.51	220×220		220	5.17
8	250×250	7.12	250	6.68	250×250	5.83	250	6.18
9	280×280		280	8.08	280×280		280	7.42
10	320×320	10.84	320	10.27	320×320	8.20	320	9.06
11	360×360		360	12.52	360×360		360	10.74
12	400×400	15.68	400	14.93	400×400	11.19	400	12.81
13	450×450		450	18.20	450×450		450	15.26
14	500×500	23.08	500	22.01	500×500	15.50	500	18.36

续表

（六）

名称	活动篦板式风口		网式风口				加热器上通阀	
图号	T261		三面 T262		矩形 T262		T101-1	
序号	尺寸（$A\times B$）/mm	/(kg/个)	尺寸（$A\times B$）/mm	/(kg/个)	尺寸（$A\times B$）/mm	/(kg/个)	尺寸（$A\times B$）/mm	/(kg/个)
1	235×200	1.06	250×200	5.27	200×150	0.56	650×250	13.00
2	325×200	1.39	300×200	5.95	250×200	0.73	1200×250	19.68
3	415×200	1.73	400×200	7.95	350×250	0.99	1100×300	19.71
4	415×250	1.97	500×250	10.97	450×300	1.27	1800×300	25.87
5	505×250	2.36	600×250	13.03	550×350	1.81	1200×400	23.16
6	595×250	2.71	620×300	14.19	600×400	2.05	1600×400	28.19
7	535×300	2.80	—	—	700×450	2.44	1800×400	33.78
8	655×300	3.35	—	—	800×500	2.83	—	—
9	775×300	3.70	—	—	—	—	—	—
10	655×400	4.08	—	—	—	—	—	—
11	775×400	4.75	—	—	—	—	—	—
12	895×400	5.42	—	—	—	—	—	—

（七）

名称	加热器旁通阀											
图号	T101-2											
序号	尺寸(SRZ)/mm		/(kg/个)	尺寸(SRZ)/mm		/(kg/个)	尺寸(SRZ)/mm		/(kg/个)	尺寸(SRZ)/mm		/(kg/个)
1	D 5×5Z X	1型	11.32	D 10×6Z X	1型	18.14	D 10×7Z X	1型	18.14	D 15×10Z X	1型	25.09
2		2型	13.98		2型	22.45		2型	22.45		2型	31.70
3		3型	14.72		3型	22.73		3型	22.91		3型	30.74
4		4型	18.20		4型	27.99		4型	27.99		4型	37.81
5	D 10×5Z X	1型	18.14	D 15×6Z X	1型	25.09	D 15×7Z X	1型	25.09	D 17×10Z X	1型	28.65
6		2型	22.45		2型	31.70		2型	31.70		2型	35.97
7		3型	22.73		3型	30.74		3型	30.74		3型	35.10
8		4型	27.99		4型	37.81		4型	37.81		4型	42.86
9	D 6×6Z X	1型	12.42	D 7×7Z X	1型	13.95	D 17×7Z X	1型	28.65	D 12×6Z X	1型	21.64
10		2型	15.62		2型	17.48		2型	35.97		2型	26.73
11		3型	16.21		3型	17.95		3型	35.10		3型	26.61
12		4型	20.08		4型	22.07		4型	42.96		4型	32.61

续表

（八）

名称	圆形瓣式启动阀				圆形蝶阀(拉链式)			
图号	T301-5				非保温 T302-1		保温 T302-2	
序号	尺寸(ϕA_1)/mm	/(kg/个)	尺寸(ϕA_1)/mm	/(kg/个)	尺寸(D)/mm	/(kg/个)	尺寸(D)/mm	/(kg/个)
1	400	15.06	900	54.80	200	3.63	200	3.85
2	420	16.02	910	53.25	220	3.93	220	4.17
3	450	17.59	1000	63.93	250	4.40	250	4.67
4	455	17.37	1004	65.48	280	4.90	280	5.22
5	500	20.23	1170	72.57	320	5.78	320	5.92
6	520	20.31	1200	82.68	360	6.53	360	6.68
7	550	22.23	1250	86.50	400	7.34	400	7.55
8	585	22.94	1300	89.16	450	8.37	450	8.51
9	600	29.67	—	—	500	13.22	500	11.32
10	620	28.35		—	560	16.07	560	13.78
11	650	30.21	—	—	630	18.55	630	15.65
12	715	35.37	—	—	700	22.54	700	19.32
13	750	38.29	—	—	800	26.62	800	22.49
14	780	41.55	—	—	900	32.91	900	28.12
15	800	42.38	—	—	1000	37.66	1000	31.77
16	840	44.21	—	—	1120	45.21	1120	38.42

（九）

名称	方形蝶阀(拉链式)				矩形蝶阀(拉链式)							
图号	非保温 T302-3		保温 T302-4		非保温 T302-5				保温 T302-6			
序号	尺寸($A \times A$)/mm	/(kg/个)	尺寸($A \times A$)/mm	/(kg/个)	尺寸($A \times B$)/mm	/(kg/个)	尺寸($A \times B$)/mm	/(kg/个)	尺寸($A \times B$)/mm	/(kg/个)	尺寸($A \times B$)/mm	/(kg/个)
1	120×120	3.04	120×120	3.20	200×250	5.17	320×630	17.44	200×250	5.33	320×630	15.55
2	160×160	3.78	160×160	3.97	200×320	5.85	320×800	22.43	200×320	6.03	320×800	20.07
3	200×200	4.54	200×200	4.78	200×400	6.68	400×500	15.74	200×400	6.87	400×500	13.95
4	250×250	5.68	250×250	5.86	200×500	9.74	400×630	19.27	200×500	9.96	400×630	17.09

续表

序号	尺寸(A×A)/mm	/(kg/个)	尺寸(A×A)/mm	/(kg/个)	尺寸(A×B)/mm	/(kg/个)	尺寸(A×B)/mm	/(kg/个)	尺寸(A×B)/mm	/(kg/个)	尺寸(A×B)/mm	/(kg/个)
5	320×320	7.25	320×320	7.44	250×320	6.45	400×800	24.58	250×320	6.64	400×800	21.91
6	400×400	10.07	400×400	10.28	250×400	7.31	500×630	21.58	250×400	7.51	500×630	18.97
7	500×500	19.14	500×500	16.70	250×500	10.58	500×800	27.40	250×500	10.81	500×800	24.20
8	630×630	27.08	630×630	23.63	250×630	13.29	630×800	30.87	250×630	13.53	630×800	27.12
9	800×800	37.75	800×800	32.67	320×400	12.46	—	—	320×400	11.19	—	—
10	1000×1000	49.55	1000×1000	42.42	320×500	14.18	—	—	320×500	12.64	—	—

(十)

名称	钢制蝶阀(手柄式)									
图号	圆形 T302-7				方形 T302-8		矩形 T302-9			
序号	尺寸(D)/mm	/(kg/个)	尺寸(D)/mm	/(kg/个)	尺寸(A×A)/mm	/(kg/个)	尺寸(A×B)/mm	/(kg/个)	尺寸(A×B)/mm	/(kg/个)
1	100	1.95	360	7.94	120×120	2.87	200×250	4.98	320×630	17.11
2	120	2.24	400	8.86	160×160	3.61	200×320	5.66	320×800	22.10
3	140	2.52	450	10.65	200×200	4.37	200×400	6.49	400×500	15.41
4	160	2.81	500	13.08	250×250	5.51	200×500	9.55	400×630	18.94
5	180	3.12	560	14.80	320×320	7.08	250×320	6.26	400×800	24.25
6	200	3.43	630	18.51	400×400	9.90	250×400	7.12	500×630	21.23
7	220	3.72	—	—	500×500	17.70	250×500	10.39	500×800	27.07
8	250	4.22	—	—	630×630	25.31	250×630	13.10	630×800	30.54
9	280	6.22	—	—	—	—	320×400	12.13	—	—
10	320	7.06	—	—	—	—	320×500	13.85	—	—

(十一)

名称	圆形风管止回阀				方形风管止回阀			
图号	垂直式 T303-1		水平式 T303-1		垂直式 T303-2		水平式 T303-2	
序号	尺寸(D)/mm	/(kg/个)	尺寸(D)/mm	/(kg/个)	尺寸(A×A)/mm	/(kg/个)	尺寸(A×A)/mm	/(kg/个)
1	220	5.53	220	5.69	200×200	6.74	200×200	6.73
2	250	6.22	250	6.41	250×250	8.34	250×250	8.37
3	280	6.95	280	7.17	320×320	10.58	320×320	10.70
4	320	7.93	320	8.26	400×400	13.24	400×400	13.43

续表

序号	尺寸(D)/mm	/(kg/个)	尺寸(D)/mm	/(kg/个)	尺寸(A×A)/mm	/(kg/个)	尺寸(A×A)/mm	/(kg/个)
5	360	8.98	360	9.33	500×500	19.43	500×500	19.81
6	400	9.97	400	10.36	630×630	26.60	630×630	27.72
7	450	11.25	450	11.73	800×800	36.13	800×800	37.33
8	500	13.69	500	14.19	—	—	—	—
9	560	15.42	560	16.14	—	—	—	—
10	630	17.42	630	18.26	—	—	—	—
11	700	20.81	700	21.85	—	—	—	—
12	800	24.12	800	25.68	—	—	—	—
13	900	29.53	900	31.13	—	—	—	—

（十二）

名称	密闭式斜插板阀								矩形风管三通调节阀			
图号	T305								手柄式 T306-1			
序号	尺寸(D)/mm	/(kg/个)	尺寸(D)/mm	/(kg/个)	尺寸(D)/mm	/(kg/个)	尺寸(D)/mm	/(kg/个)	尺寸(H×L)/mm	/(kg/个)	尺寸(H×L)/mm	/(kg/个)
1	80	2.70	145	5.60	210	9.90	275	14.50	120×180	1.69	250×375	2.80
2	85	2.90	150	5.80	215	10.20	280	14.90	160×180	1.87	320×375	3.25
3	90	3.10	155	6.10	220	10.50	285	15.30	200×180	1.98	400×375	3.74
4	95	3.30	160	6.40	225	10.90	290	15.70	250×180	2.17	500×375	4.37
5	100	3.50	165	6.60	230	11.20	300	16.50	160×240	2.00	630×375	5.22
6	105	3.80	170	6.90	235	11.60	310	17.20	200×240	2.17	320×480	3.70
7	110	3.90	175	7.10	240	11.90	320	18.10	250×240	2.36	400×480	4.30
8	115	4.20	180	7.40	245	12.30	330	19.00	320×240	2.70	500×480	5.06
9	120	4.40	185	7.74	250	12.70	340	19.90	200×300	2.30	630×480	6.04
10	125	4.60	190	8.00	255	13.00	—	—	250×300	2.54	400×600	4.87
11	130	4.80	195	8.30	260	13.30	—	—	320×300	2.95	500×600	5.82
12	135	5.10	200	9.20	265	13.70	—	—	400×300	3.36	630×600	6.98
13	140	5.30	205	9.50	270	14.10	—	—	500×300	3.93	630×750	8.17

续表

（十三）

名称	手动密闭式对开多叶阀							
图号	T308-1							
序号	尺寸 (A×B) /mm	/(kg/个)	尺寸 (A×B) /mm	/(kg/个)	尺寸 (A×B) /mm	/(kg/个)	尺寸 (A×B) /mm	/(kg/个)
1	160×320	8.90	400×400	13.10	1000×500	25.90	1250×800	52.10
2	200×320	9.30	500×400	14.20	1250×500	31.60	1600×800	65.40
3	250×320	9.80	630×400	16.50	1600×500	50.80	2000×800	75.50
4	320×320	10.50	800×400	19.10	250×630	16.10	1000×1000	51.10
5	400×320	11.70	1000×400	22.40	630×630	22.80	1250×1000	61.40
6	500×320	12.70	1250×400	27.40	800×630	33.10	1600×1000	76.80
7	630×320	14.70	200×500	12.80	1000×630	37.90	2000×1000	88.10
8	800×320	17.30	250×500	13.40	1250×630	45.50	1600×1250	90.40
9	1000×320	20.20	500×500	16.70	1600×630	57.70	2000×1250	103.20
10	200×400	10.60	630×500	19.30	800×800	37.90	—	—
11	250×400	11.10	800×500	22.40	1000×800	43.10	—	—

（十四）

名称	手动对开式多叶阀							
图号	T308-2							
序号	尺寸 (A×B) /mm	/(kg 个)	尺寸 (A×B) /mm	/(kg/个)	尺寸 (A×B) /mm	/(kg/个)	尺寸 (A×B) /mm	/(kg/个)
1	320×160	5.51	400×1000	15.42	630×250	9.80	800×1600	31.54
2	320×200	5.87	400×1250	18.05	630×320	10.57	800×2000	48.38
3	320×250	6.29	500×200	7.85	630×400	11.51	1000×800	23.91
4	320×320	6.90	500×250	8.27	630×500	12.63	1000×1000	28.31
5	320×800	10.99	500×320	9.02	630×630	14.07	1000×1250	30.17
6	320×1000	14.52	500×400	9.84	630×800	16.12	1000×1600	38.16
7	400×200	6.64	500×500	10.84	630×1000	19.83	1000×2000	57.73
8	400×250	7.13	500×800	13.98	630×1250	23.08	1250×1600	44.57
9	400×320	7.73	500×1000	17.45	630×1600	27.55	1250×2000	67.47
10	400×400	8.46	500×1250	20.27	800×800	18.86	1600×1600	52.45
11	400×800	12.17	500×1600	24.39	800×1250	26.50	1600×2000	78.23

续表

（十五）

名称	LWP 滤尘器支架			LWP 滤尘器安装(框架)				风机减震台座	
图号	T521-1、5			(立式、匣式)T521-2		(人字式)T521-3		CG327	
序号	尺寸		/(kg/个)	尺寸(A×H)/mm	/(kg/个)	尺寸(A×H)/mm	/(kg/个)	尺寸	/(kg/个)
1	清洗槽		53.11	528×588	8.99	1400×1100	49.25	2.8A	25.20
2	油槽		33.70	528×1111	12.90	2100×1100	73.71	3.2A	28.60
3	晾干架	Ⅰ型	59.02	528×1634	16.12	2800×1100	98.38	3.6A	30.40
4		Ⅱ型	83.95	528×2157	19.35	1400×1633	62.04	4A	34.00
5		Ⅲ型	105.32	1051×1111	22.03	2100×1633	92.85	4.5A	39.60
6	—		—	1051×1634	26.70	2800×1633	123.81	5A	47.80
7	—		—	1051×2157	31.32	1400×2156	73.57	6C	211.10
8	—		—	1574×1634	33.01	2100×2156	110.14	6D	188.80
9	—		—	1574×2157	37.64	2800×2156	146.90	8C	291.30
10	—		—	2108×2157	57.47	3500×2156	183.45	8D	310.10
11	—		—	2642×2157	78.79	3500×2679	215.33	10C	399.50
12	—		—	—	—	—	—	10D	310.10
13	—		—	—	—	—	—	12C	600.30
14	—		—	—	—	—	—	12D	415.70
15	—		—	—	—	—	—	16B	693.50

（十六）

名称	风管防火阀				片式消声器		矿棉管式消声器	
图号	圆形 T356-1		矩形 T356-2		T701-1		T701-2	
序号	尺寸(D)/mm	/(kg/个)	尺寸(D)/mm	/(kg/个)	尺寸(A)/mm	/(kg/个)	尺寸(A×B)/mm	/(kg/个)
1	360～560	5.11	320～500	5.42	900	972	320×320	32.98
2	630～1000	6.59	630～800	8.24	1300	1365	320×420	38.91
3	1120～1160	12.65	1000 以上	11.74	1700	1758	320×520	44.88
4	—	—	—	—	2500	2544	370×370	38.91
5	—	—	—	—	—	—	370×495	46.50
6	—	—	—	—	—	—	370×620	53.91
7	—	—	—	—	—	—	420×420	44.89
8	—	—	—	—	—	—	420×570	53.91
9	—	—	—	—	—	—	420×720	62.88

续表

（十七）

名称	聚酯泡沫管式消声器		卡普隆管式消声器		弧形声流式消声器		阻抗复合式消声器	
图号	T701-3		T701-4		T701-5		T701-6	
序号	尺寸（$A\times B$）/mm	/(kg/个)	尺寸（$A\times B$）/mm	/(kg/个)	尺寸（$A\times B$）/mm	/(kg/个)	尺寸（$A\times B$）/mm	/(kg/个)
1	300×300	17	360×360	28.44	800×800	629	800×500	82.68
2	300×400	20	360×460	32.93	1200×800	874	800×600	96.08
3	300×500	23	360×560	37.83	—	—	1000×600	120.56
4	350×350	20	410×410	32.93	—	—	1000×800	134.62
5	350×475	23	410×535	39.04	—	—	1200×800	111.20
6	350×600	27	410×660	45.01	—	—	1200×1000	124.19
7	400×400	23	460×460	37.83	—	—	1500×1000	155.10
8	400×550	27	460×610	45.01	—	—	1500×1400	214.82
9	400×700	31	460×760	52.10	—	—	1800×1330	252.54
10	—	—	—	—	—	—	2000×1500	347.65

（十八）

名称	塑料空气分布器							
图号	（网板式）T231-1		（活动百叶）T231-1		（矩形）T231-2		（圆形）T234-3	
序号	尺寸（$A_1\times H$）/mm	/(kg/个)	尺寸（$A_1\times H$）/mm	/(kg/个)	尺寸（$A\times H$）/mm	/(kg/个)	尺寸（D）/mm	/(kg/个)
1	250×385	1.90	250×385	2.79	300×450	2.89	160	2.62
2	300×480	2.52	300×480	4.19	400×600	4.54	200	3.09
3	350×580	3 33	350×580	5.62	500×710	6.84	250	5.26
4	450×770	6.15	450×770	11.10	600×900	10.33	320	7.29
5	500×870	7.64	500×870	14.16	700×1000	12.91	400	12.04
6	550×965	8.92	550×965	16.47	—	—	450	15.47

续表

（十九）

名称	塑料直片散流器		塑料插板式侧面风口					
图号	T235-1		Ⅰ型(圆形)T236-1		Ⅰ型(方形)T236-1		Ⅰ型 T236-1	
序号	尺寸(D)/mm	/(kg/个)	尺寸($A\times B$)/mm	/(kg/个)	尺寸($A\times B$)/mm	/(kg/个)	尺寸($A\times B_1$)/mm	/(kg/个)
1	160	1.97	160×80	0.33	200×120	0.42	360×188	1.93
2	200	2.62	180×90	0.37	240×160	0.54	400×208	2.22
3	250	3.41	200×100	0.41	320×140	1.03	440×228	2.51
4	320	4.46	220×110	0.46	400×320	1.64	500×258	3.00
5	400	9.34	240×120	0.51	—	—	560×288	3.53
6	450	10.51	280×140	0.61	—		—	—
7	500	11.67	320×160	0.78	—	—	—	—
8	560	13.31	360×180	1.12	—	—	—	—
9	—	—	400×200	1.33	—	—		—
10	—	—	440×220	1.52	—	—	—	—
11	—	—	500×250	1.81	—		—	—
12	—	—	560×280	2.12	—	—	—	—

（二十）

名称	塑料插板阀						塑料风机插板阀	
图号	(圆形)T353-1				(方形)T352-2		T351-1	
序号	尺寸(ϕ)/mm	/(kg/个)	尺寸(ϕ)/mm	/(kg/个)	尺寸($a\times a$)/mm	/(kg/个)	尺寸(D)/mm	/(kg/个)
1	100	0.33	495	6.77	130×130	0.43	195	2.01
2	115	0.39	545	7.94	150×150	0.50	228	2.42
3	130	0.46	595	9.10	180×180	0.63	260	2.87
4	140	0.51	—	—	200×200	0.72	292	3.34
5	150	0.56	—	—	210×210	0.78	325	4.99
6	165	0.62	—	—	240×240	0.96	390	6.62
7	195	1.10	—	—	250×250	1.00	455	8.05
8	215	1.23	—	—	280×280	1.18	520	10.11
9	235	1.41	—	—	350×350	3.13	—	—
10	265	1.66	—	—	400×400	3.73	—	—
11	285	1.83	—	—	450×450	4.49	—	—
12	320	3.17	—	—	500×500	6.00	—	—
13	375	3.95	—	—	520×520	6.42	—	—
14	440	5.03	—		600×600	7.81	—	—

续表

（二十一）

名称	塑料蝶阀(手柄式)				塑料蝶阀(拉链式)			
图号	(圆形)T354-1		(方形)T354-1		(圆形)T354-2		(方形)T354-2	
序号	尺寸(*D*)/mm	/(kg/个)	尺寸(*A*×*A*)/mm	/(kg/个)	尺寸(*D*)/mm	/(kg/个)	尺寸(*A*×*A*)/mm	/(kg/个)
1	100	0.86	120×120	1.13	200	1.75	200×200	2.13
2	120	0.97	160×160	1.49	220	1.89	250×250	2.78
3	140	1.09	200×200	2.15	250	2.26	320×320	4.36
4	160	1.25	250×250	2.87	280	2.66	400×400	7.09
5	180	1.41	320×320	4.48	320	3.22	500×500	10.72
6	200	1.78	400×400	7.21	360	4.81	630×630	17.40
7	220	1.98	500×500	10.84	400	5.71	—	—
8	250	2.35	—	—	450	7.17	—	—
9	280	2.75	—	—	500	8.54	—	—
10	320	3.31	—	—	560	11.41	—	—
11	360	4.93	—	—	630	13.91	—	—
12	400	5.83	—	—	—	—	—	—
13	450	7.29	—	—	—	—	—	—
14	500	8.66	—	—	—	—	—	—

（二十二）

名称	风管检查孔		铝制蝶阀							
图号	T604		圆形 T302-7		方形 T302-8		矩形 T302-9			
序号	尺寸(*B*×*D*)/mm	/(kg/个)	尺寸(*D*)/mm	/(kg/个)	尺寸(*A*×*A*)/mm	/(kg/个)	尺寸(*A*×*B*)/mm	/(kg/个)	尺寸(*A*×*B*)/mm	/(kg/个)
1	190×130	2.04	100	0.71	120×120	1.04	200×250	1.81	630×800	11.09
2	240×180	2.71	120	0.81	160×160	1.31	200×320	2.06	—	—
3	340×290	4.20	140	0.92	200×200	1.59	200×400	2.36	—	—
4	490×430	6.55	160	1.02	250×250	2.00	200×500	3.47	—	—
5	—	—	180	1.13	320×320	2.57	250×320	2.27	—	—
6		—	200	1.25	400×400	3.59	250×400	2.59	—	—
7	—	—	220	1.35	500×500	6.43	250×500	3.77	—	—
8	—	—	250	1.53	630×630	9.19	250×630	4.76	—	—

续表

序号	尺寸(B×D)/mm	/(kg/个)	尺寸(D)/mm	/(kg/个)	尺寸(A×A)/mm	/(kg/个)	尺寸(A×B)/mm	/(kg/个)	尺寸(A×B)/mm	/(kg/个)
9	—	—	280	2.26	—	—	320×400	4.40	—	—
10	—	—	320	2.56	—	—	320×500	5.03		—
11	—	—	360	2.88	—	—	320×630	6.21	—	—
12	—	—	400	3.22	—	—	320×800	8.02	—	—
13	—	—	450	3.87	—	—	400×500	5.60	—	—
14	—	—	500	4.75	—	—	400×630	6.88	—	—
15	—	—	560	5.37	—	—	400×800	8.81	—	—
16	—	—	630	6.72	—	—	500×630	7.71	—	—
17	—	—	—	—	—	—	500×800	9.83	—	—

（二十三）

名称	圆伞形风帽		锥形风帽		筒形风帽		筒形风帽滴水盘	
图号	T609		T610		T611		T611-1	
序号	尺寸(D)/mm	/(kg/个)	尺寸(D)/mm	/(kg/个)	尺寸(D)/mm	/(kg/个)	尺寸(D)/mm	/(kg/个)
1	200	3.17	200	11.23	200	8.93	200	4.16
2	220	3.59	220	12.86	280	14.74	280	5.66
3	250	4.28	250	15.17	400	26.54	400	7.14
4	280	5.09	280	17.93	500	53.68	500	12.97
5	320	6.27	320	21.96	630	78.75	630	16.03
6	360	7.66	360	26.28	700	94.00	700	18.48
7	400	9.03	400	31.27	800	103.75	800	26.24
8	450	11.79	450	40.71	900	159.54	900	29.64
9	500	13.97	500	48.26	1000	191.33	1000	33.33
10	560	16.92	560	58.63	—	—	—	—
11	630	21.32	630	73.09	—	—	—	—
12	700	25.54	700	87.68	—	—	—	—
13	800	40.83	800	114.77	—	—	—	—
14	900	50.55	900	142.68	—	—	—	—
15	1000	60.62	1000	172.05	—	—	—	—

续表

（二十四）

名称	塑料圆伞形风帽		塑料锥形风帽		塑料筒形风帽		铝板圆伞形风帽	
图号	T654-1		T654-2		T654-3		T609	
序号	尺寸(*D*)/mm	/(kg/个)	尺寸(*D*)/mm	/(kg/个)	尺寸(*D*)/mm	/(kg/个)	尺寸(*D*)/mm	/(kg/个)
1	200	2.28	200	4.97	200	5.03	200	1.12
2	220	2.64	220	5.74	220	5.98	220	1.27
3	250	3.41	250	7.02	250	7.87	250	1.53
4	280	4.20	280	9.78	280	9.61	280	1.82
5	320	5.89	320	12.17	320	12.23	320	2.25
6	360	7.79	360	15.18	360	17.18	360	2.75
7	400	9.24	400	18.55	400	22.57	400	3.25
8	450	12.77	450	22.37	450	28.15	450	4.22
9	500	16.25	500	27.69	500	37.72	500	5.01
10	560	19.44	560	35.90	560	49.50	560	6.09
11	630	26.87	630	53.17	630	61.96	630	7.68
12	700	36.58	700	64.89	700	82.21	700	9.22
13	800	45.59	800	82.55	800	105.45	800	14.74
14	900	57.98	900	102.86	900	132.04	900	18.27
15	—	—	—	—	—	—	1000	21.92

注：1. 矩形风管三通调节阀不分手柄式与拉链式，其质量相同。

2. 电动密闭式对开多叶调节阀质量，应在手动式质量的基础上每个加 5.5 kg。

3. 手动对开式多叶调节阀与电动式质量相同。

4. 风管防火阀不包括阀体质量，阀体质量应按设计图样以实计算。

5. 片式消声器不包括外壳及密闭门质量。

表 4-37　除尘设备标准质量表

（一）

名称	CLG 多管除尘器		CLS 水膜除尘器		CLT/A 旋风式除尘器					
图号	T501		T503		T505					
序号	型号	/(kg/个)	尺寸(*ϕ*)/mm	/(kg/个)	尺寸(*ϕ*)/mm		/(kg/个)	尺寸(*ϕ*)/mm		/(kg/个)
1	9 管	300	315	83	300	单筒	106	450	三筒	927
2	12 管	400	443	110		双筒	216		四筒	1053
3	16 管	500	570	190	350	单筒	132		六筒	1749
4	—	—	634	227		双筒	280	500	单筒	276

续表

序号	型号	/(kg/个)	尺寸(ϕ)/mm	/(kg/个)	尺寸(ϕ)/mm		/(kg/个)	尺寸(ϕ)/mm		/(kg/个)
5	—	—	730	288		三筒	540		双筒	584
6	—	—	793	337		四筒	615		三筒	1160
7	—	—	888	398	400	单筒	175		四筒	1320
8	—	—	—	—		双筒	358		六筒	2154
9	—	—	—	—		三筒	688	550	单筒	339
10	—	—	—	—		四筒	805		双筒	718
11	—	—	—	—		六筒	1428		三筒	1394
12	—	—	—	—	450	单筒	213		四筒	1603
13	—	—	—	—		双筒	449		六筒	2672

（二）

名称	CLT/A 旋风式除尘器			XLP 旋风式除尘器			卧式旋风水膜除尘器					
图号	T505			T513			CT531					
序号	尺寸(ϕ)/mm		/(kg/个)	尺寸(ϕ)/mm		/(kg/个)	尺寸(ϕ)/mm		/(kg/个)	尺寸 L/型号		/(kg/个)
1	600	单筒	432	750	单筒	645	300	A 型	52	檐板脱水	1420/1	193
2		双筒	887		双筒	1456		B 型	46		1430/2	231
3		三筒	1706		三筒	2708	420	A 型	94		1680/3	310
4		四筒	2059		四筒	3626		B 型	83		1980/4	405
5		六筒	3524		六筒	5577	540	A 型	151		2285/5	503
6	650	单筒	500	800	单筒	878		B 型	134		2620/6	621
7		双筒	1062		双筒	1915	700	A 型	252		3140/7	969
8		三筒	2050		三筒	3356		B 型	222		3850/8	1224
9		四筒	2609		四筒	4411	820	A 型	346		4155/9	1604
10		六筒	4156		六筒	6462		B 型	309		4740/10	2481
11	700	单筒	564	—	—	—	940	A 型	450		5320/11	2926
12		双筒	1244	—	—	—		B 型	397	旋风脱水	3150/7	893
13		三筒	2400	—	—	—	1060	A 型	601		3820/8	1125
14		四筒	3189	—	—	—		B 型	498		4235/9	1504
15		六筒	4883	—	—	—	—	—	—		4760/10	2264
16		—	—	—	—	—	—	—	—		5200/11	2636

续表

（三）

名称	CLK 扩散式除尘器		CCJ/A 机组式除尘器		MC 脉冲袋式除尘器	
图号	CT533		CT534		CT536	
序号	尺寸(*D*)/mm	/(kg/个)	型号	/(kg/个)	型号	/(kg/个)
1	150	31	CCJ/A-5	791	24—Ⅰ	904
2	200	49	CCJ/A-7	956	36—Ⅰ	1172
3	250	71	CCJ/A-10	1196	48—Ⅰ	1328
4	300	98	CCJ/A-14	2426	60—Ⅰ	1633
5	350	136	CCJ/A-20	3277	72—Ⅰ	1850
6	400	214	CCJ/A-30	3954	84—Ⅰ	2106
7	450	266	CCJ/A-40	4989	96—Ⅰ	2264
8	500	330	CCJ/A-60	6764	120—Ⅰ	2702
9	600	583	—	—	—	—
10	700	780	—	—	—	—

（四）

名称	XCX 型旋风式除尘器		XNX 型旋风式除尘器		XP 型旋风式除尘器	
图号	CT537		CT538		CT501	
序号	尺寸(ϕ)/mm	/(kg/个)	尺寸(ϕ)/mm	/(kg/个)	尺寸(ϕ)/mm	/(kg/个)
1	200	20	400	62	200	20
2	300	36	500	95	300	39
3	400	63	600	135	400	66
4	500	97	700	180	500	102
5	600	139	800	230	600	141
6	700	184	900	288	700	193
7	800	234	1000	456	800	250
8	900	292	1100	546	900	307
9	1000	464	1200	646	1000	379
10	1100	555	—	—	—	—
11	1200	653	—	—	—	—
12	1300	761	—	—	—	—

注：1．除尘器均不包括支架质量。

2．除尘器中分 X 型、Y 型或 Ⅰ 型、Ⅱ 型者，其质量按同一型号计算，不再细分。

任务五　多联机铜管系统安装工程量计算

一、工程量计算规则

(1) 多联机铜管安装、吹扫、气密性试验、真空试验工程量按设计图示中心线长度，以“10 m”或“100 m”为计量单位，不扣除阀门、管件(铜分歧管、弯头、直接)所占的长度。

(2) 多联机铜管加注冷媒工程量按冷媒液态管以设计图示中心线长度，以“100 m”为计量单位，不扣除阀门、管件(铜分歧管、弯头、直接)所占的长度。

(3) 多联机室外机组追加冷媒工程量按施工图设计室外机组制冷量计算，以“100 kW”为计量单位。

(4) 多联机铜管保温，按保温层体积，以“m^3”为计量单位。

二、定额说明

(1) 本定额包括多联机铜管安装、铜分歧管安装、铜管弯头安装、铜管氮气吹扫、铜管系统气密性试验、铜管系统真空干燥、铜管(液态管)加注冷媒、多联机室外机追加冷媒、铜管保温等项目。

(2) 多联机室外机执行本定额多联体空调机室外机安装相应项目，多联机室内机执行本定额风机盘管安装相应项目，多联式空调机系统的凝结水排放管道、管道支吊架执行“给排水、采暖、燃气工程”相应项目。

(3) 有关说明如下。

①多联机铜管及铜管件的焊接系采用充氮气保护氧乙炔气焊接，项目中已综合考虑了氮气、氧气和乙炔气的消耗量。

②多联机铜管弯头安装只计算铜管外径 φ22.2 及以上的成品弯头，φ20 以下的铜管按煨弯考虑，不得重复计算。

③铜管冷媒的加注和室外主机冷媒追加应在系统气密性试验和真空试验后确定系统无泄漏时，按相应的制造商的技术资料进行。多联机铜管加注冷媒只计算冷媒液态管(小管)的工程量。

④冷媒管道保温项目是按橡塑保温套考虑，保温套厚度按表 4-38 考虑。设计如采用其他绝热材料，如耐热聚乙烯泡沫管等，只要保温厚度相当，也可执行本定额相应项目；保温层外如设计考虑增设保护层，则执行“刷油、防腐蚀、绝热工程”相应项目。

表 4-38　多联机铜管保温套厚度表

管径/mm	6.4～23	24～42	43～70
保温厚度/mm	10	15	20

三、实务案例

【案例 4-18】 某厂房室外需要安装两台室外机向厂房提供空调媒体，已知两台室外机之间的距离为 10 m，最近一台室外机距室内风机盘管距离为 35 m，铜管外径为 22.2 mm。试计算其铜管安装、气密检查、氮气吹扫、干燥加注冷媒安装工程量。

【解】 (1) 清单工程量。

铜管安装　　单位：m　　数量：45

清单工程量计算见表 4-39。

表 4-39　清单工程量计算表【案例 4-18】

项目编码	项目名称	项目特征描述	计量单位	工程量
030701003001	室外机联络管安装	直径 22.2 mm，铜管安装、检验、清扫	m	45

(2) 定额工程量。

计算铜管长度：

$$10+35=45(\mathrm{m})$$

定额工程量计算见表 4-40。

表 4-40　定额工程量计算表【案例 4-18】

定额编号	项目名称	计量单位	工程量
C7-534	直径 22.2 mm 铜管安装	10 m	4.5
C7-563	直径 22.2 mm 铜管安装后氮气吹扫	100 m	0.45
C7-565	直径 22.2 mm 铜管安装后气密检验	100 m	0.45
C7-567	直径 22.2 mm 铜管安装后真空干燥	100 m	0.45
C7-569	直径 22.2 mm 铜管安装后加注冷媒	100 m	0.45

任务六　人防设施安装工程量计算

一、工程量计算规则

(1) 人防通风机安装按设计图示数量计算，以“台”为计量单位。

(2) LWP 型滤尘器制作安装按设计图示尺寸以面积计算，以“m^2”为计量单位。

(3) 探头式含磷毒气报警器及 γ 射线报警器安装按设计图示数量计算，以“台”为计量单位。

(4) 过滤吸收器、预滤器、除湿器等安装按设计图示数量计算，以“台”为计量单位。

(5) 测压装置安装按设计图示数量计算，以“套”为计量单位。

(6) 换气堵头、波导窗安装按设计图示数量计算，以“个”为计量单位。

(7) 人防排气阀、手动密闭阀安装按设计图示数量计算，以“个”为计量单位。

二、定额说明

(1) 本定额包括人防设备安装、人防阀门安装等项目。

(2) 有关说明如下。

①手摇(脚踏)电动两用风机安装，其支架按设备配套带有考虑；若需现场制作，执行“给排水、采暖、燃气工程”相应项目计算。

②LWP 型滤尘器、过滤吸收器、预滤器、除湿器安装项目不包括支架制作安装，支架制作安装执行“给排水、采暖、燃气工程”相应项目。

③探头式含磷毒气报警器安装包括探头固定和三角支架制作安装以及除锈刷漆，报警器保护孔按建筑预留考虑。

④γ 射线报警器探头安装项目，包含了钢套管和钢制框架的制作、除锈刷漆，地脚螺栓(M12×200，6 套)按与设备配套编制，包括安装孔孔底电缆穿管，但不包括电缆敷设。如设计电缆穿管长度大于 0.5 m，超过部分另行计算。

⑤人防排气阀安装包含了该阀门的密闭套管的制作安装和除锈，刷防锈漆、面漆各两遍。

⑥人防手动密闭阀安装项目包括了阀门除污锈和法兰制作及除锈刷漆工作的消耗量。

(3) 下列费用按系数分别计取。

①电动密闭阀安装执行手动密闭阀相应项目，人工乘以系数 1.05。

②人防排气阀的密闭穿墙套管按墙厚 0.3 m 编制，如设计墙体厚度大于 0.3 m，管材可以按实际计算，其余不变。

练习题

项目五　消防设备安装工程工程量计算

【知识目标】

掌握消防设备安装施工图的识读方法，掌握消防设备安装工程工程量的计算规则，掌握消防设备安装工程项目编码的确定方法，掌握消防设备安装工程的定额子目的套用方法。

【能力目标】

能根据施工图纸正确计算消防设备安装工程工程量。

任务一　消防工程施工图图例及识读技巧

消防系统施工图是消防工程施工的依据，对于工程施工技术人员来说，只有先读懂了施工图，才能安排施工任务，这是工程施工的前提。对于系统的操作或维护人员来说，读懂了图纸，才能更全面地理解系统的整个布局和结构，更有针对性地对系统进行操作与维护，确定故障所在位置与线路。

一、消防工程施工图的组成

消防工程施工图一般由如下部分组成：①图纸封面；②图纸目录；③设计说明；④系统图；⑤平面图；⑥安装大样图；⑦设备接线图。

二、消防工程施工图的图例符号

在消防工程施工图中，以设备的图例符号表示某个设备并形成符合规范的统一的标准。常用图形或文字符号如表 5-1～表 5-8 所示。

表 5-1　消防工程灭火器符号

名称	图形	名称	图形
清水灭火器		卤代烷灭火器	
推车式 ABC 类干粉灭火器		泡沫灭火器	

续表

名称	图形	名称	图形
二氧化碳灭火器		推车式卤代烷灭火器	
BC 类干粉灭火器		推车式泡沫灭火器	
水桶		ABC 类干粉灭火器	
推车式 BC 类干粉灭火器		沙桶	

表 5-2　消防工程辅助符号

名称	图形	名称	图形
水		阀门	
手动启动		泡沫或泡沫液	
出口		电铃	
无水		入口	
发声器		BC 类干粉	
热		扬声器	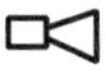
ABC 类干粉		烟	
电话		卤代烷	
火焰		光信号	
二氧化碳		易爆气体	

表 5-3　消防工程灭火设备安装处符号

名称	图形	名称	图形
二氧化碳瓶站		ABC 类干粉罐	
泡沫罐站		BC 类干粉灭火罐站	
消防泵站			

表 5-4　消防管路及配件符号

名称	图形	名称	图形
干式立管		消防水管线	FS
干式立管		消防水罐(池)	
干式立管		泡沫混合液管线	FP
报警阀		干式立管	
消火栓		开式喷头	
干式立管		消防泵	
闭式喷头	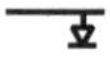	干式立管	
泡沫比例混合器		水泵结合器	
湿式立管		泡沫产生器	
泡沫混合器立管		泡沫液管	

表 5-5　消防工程固定灭火器系统符号

名称	图形	名称	图形
水灭火系统（全淹没）		ABC 类干粉灭火系统	
手动控制灭火系统		泡沫灭火系统（全淹没）	
卤代烷灭火系统		BC 类干粉灭火系统	
二氧化碳灭火系统			

表 5-6　消防工程自动报警设备符号

名称	图形	名称	图形
消防控制中心		火灾报警装置	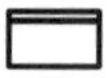

续表

名称	图形	名称	图形
温感探测器		感光探测器	
手动报警装置		烟感探测器	
气体探测器		报警电话	
火灾警铃		火灾报警扬声器	
火灾报警发声器		火灾光信号装置	

表 5-7　火灾报警系统常用图形符号

图形符号	名称及说明	备注
 ★	火灾报警控制器	需区分火灾报警装置，★用字母代替： C:集中型　Z:区域　G:通用　S:可燃气体
 ★	火灾控制、指示设备	需区分设备，★用字母代替
 CT	缆式线型定温探测器	
 !	感温探测器	
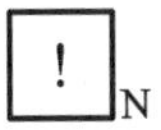 ! N	感温探测器	非编码地址
 N	感烟探测器	非编码地址
	感烟探测器	
 EX	感烟探测器	防爆型
 Λ	感光式火灾探测器	
	气体火灾探测器	点式
 !	复合式感温感烟探测器	

续表

图形符号	名称及说明	备注
	复合式感光感烟探测器	
	复合式感光感温探测器	点式
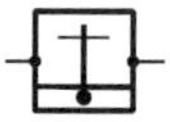	线型差定温探测器	
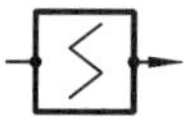	线型光束感烟探测器	发射部分
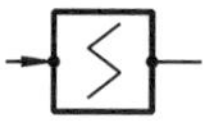	线型光束感烟探测器	接收部分
	手动火灾报警按钮	
	消火栓起泵按钮	
	带电话插孔消火栓起泵按钮	
	电话插孔	
	按钮盒	
	水流指示器	
 P	压力开关	
	火灾报警电话	对讲电话机
	火灾警铃	
	火灾报警器	
	火灾光信号装置	

续表

图形符号	名称及说明	备注
	火灾声光报警器	
	火灾报警扬声器	
IC	消防联动控制装置	
AFE	自动消防设备控制装置	
EEL	应急疏散指示标志	
EEL	应急疏散指示标志	向左
EEL	应急疏散指示标志	向右
EEL	应急疏散指示标志	向两边
EL	应急疏散照明	
	阀的一般符号	
	压力报警阀	
	电磁阀	
M	电动阀	
	消火栓	
SE	排烟口	
	防火阀	
	防烟防火阀	

续表

图形符号	名称及说明	备注
	增压送风口	
	专用电路上的事故照明灯	
	自带电源的事故照明灯	应急灯
	向上配线	
	向下配线	
	垂直通过配线	
	盒、一般符号	
	连接盒、接线盒	
	按钮	
	带指示灯按钮	

表 5-8　火灾自动报警设备常用附加文字符号

序号	文字符号	名称	序号	文字符号	名称
1	W	感温火灾探测器	8	WCD	差定温火灾探测器
2	Y	感烟火灾探测器	9	B	火灾报警控制器
3	G	感光火灾探测器	10	B—Q	区域火灾报警控制器
4	Q	可燃气体探测器	11	B—J	集中火灾报警控制器
5	F	复合式火灾探测器	12	B—T	通用火灾报警控制器
6	WD	定温火灾探测器	13	DY	电源
7	WC	差温火灾探测器			

三、消防工程施工图识读要点

(1) 熟悉图例。

(2) 熟悉设计施工总说明。

(3) 消防工程施工图由平面图和系统图组成，将平面图与系统图结合起来识读对整个消防系统有大概了解，然后再对消防系统的每一个功能分区具体分析，具体到每一个设备、每一个管段、每一个附件，这样由整体到局部对整个系统有清晰的把握。

粗读各层消防平面图首先要搞清楚如下两个问题。

①各层平面图中，哪些房间有消防器具和消防管道？消防控制室是如何布置的？楼地面标高是多少？有哪几种消防灭火系统？

②阅读各消防系统图，弄清楚各管段的管径、坡度和标高；阅读消防管道系统图，从消防引入管开始，按水流方向依次阅读。

四、识图案例

消防工程系统图和平面图样例如图 5-1、图 5-2 所示。

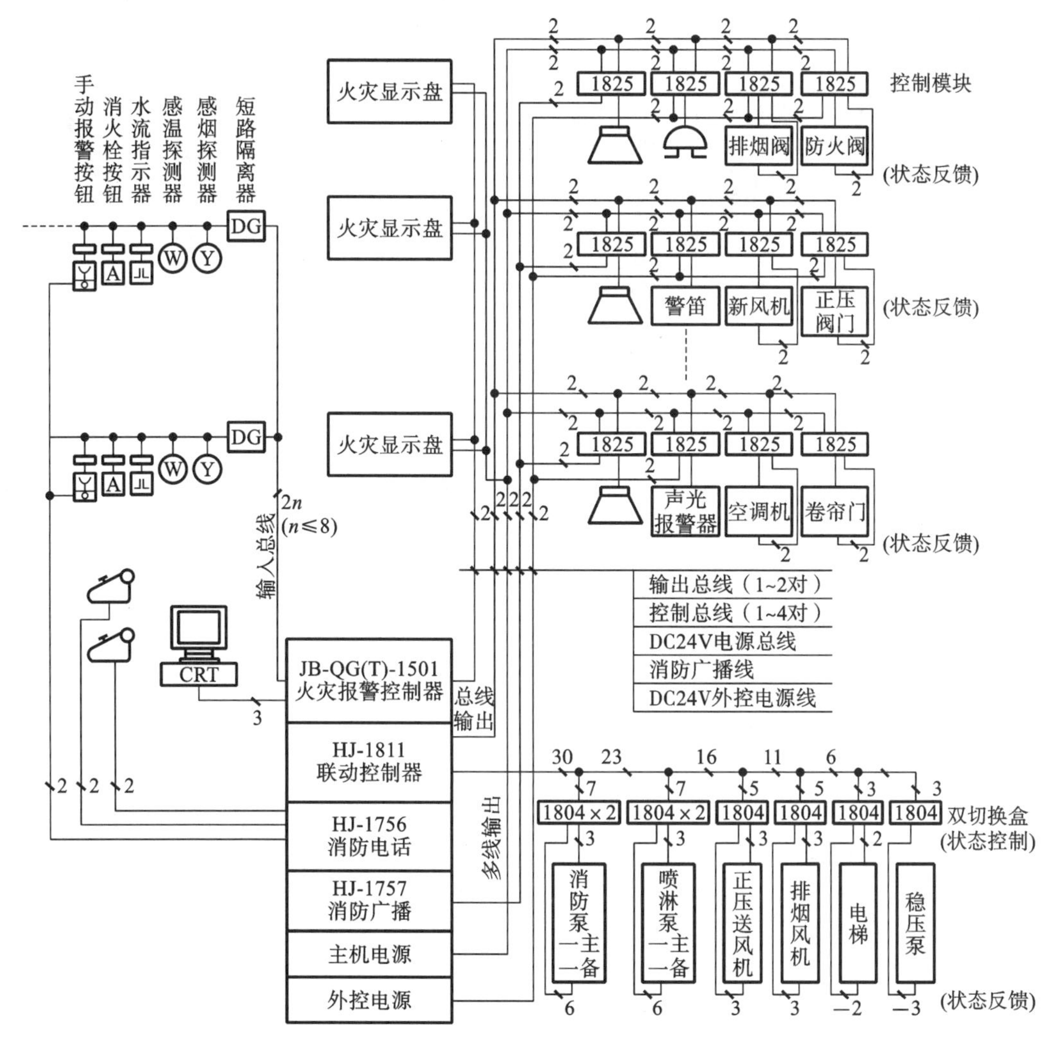

图 5-1　系统图样例

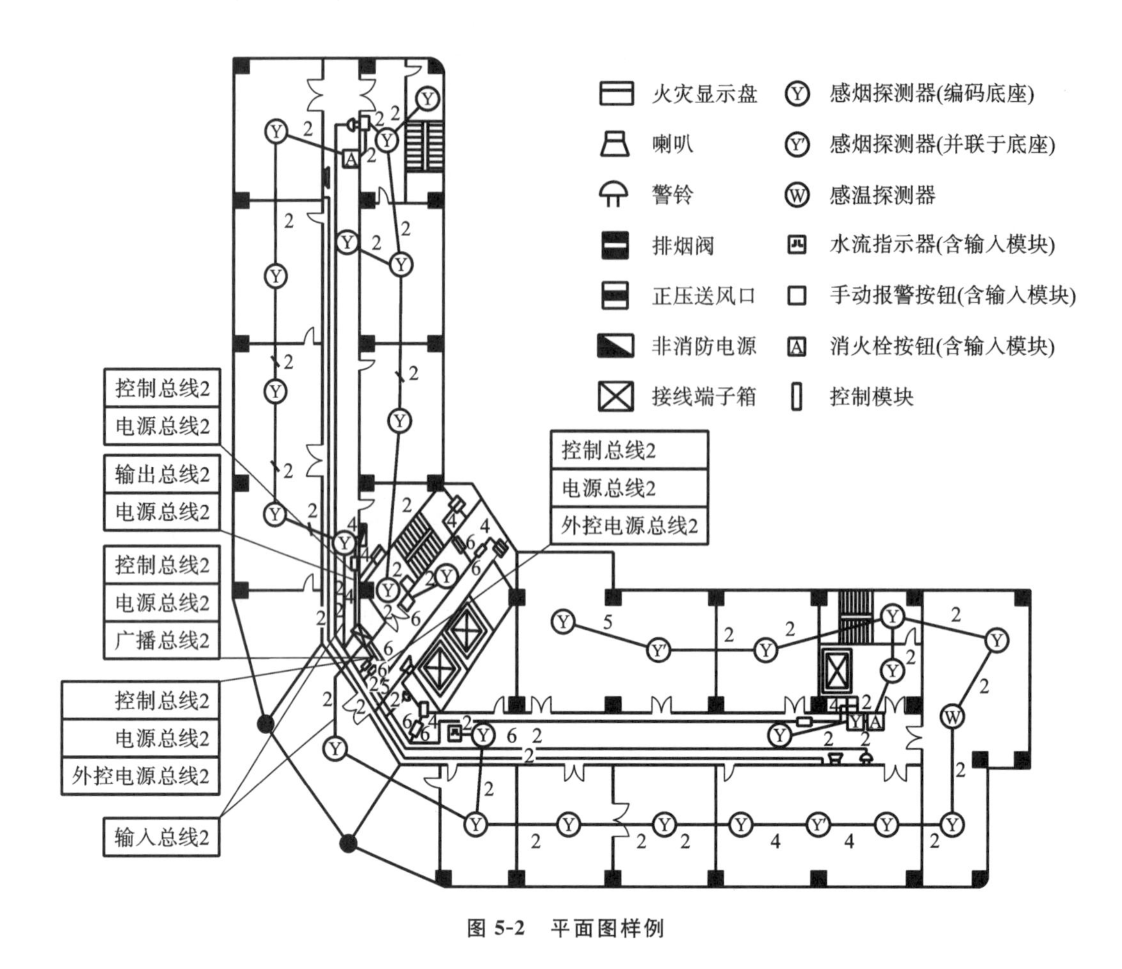

图 5-2　平面图样例

任务二　水灭火系统工程工程量计算

一、工程量计量原则

(1) 管道安装按设计图示管道中心线长度以"10 m"为计量单位。不扣除阀门、管件及各种组件所占长度。主材数量应按项目用量计算,管件含量见表 5-9。

表 5-9　镀锌钢管(螺纹连接)管件含量表　　计量单位:10 m

项目	名称	公称直径 (mm 以内)						
		25	32	40	50	70	80	100
管件含量	四通	0.02	1.20	0.53	0.69	0.73	0.95	0.47
	三通	2.29	3.24	4.02	4.13	3.04	2.95	2.12

续表

项目	名称	公称直径（mm 以内）						
		25	32	40	50	70	80	100
管件含量	弯头	4.92	0.98	1.69	1.78	1.87	1.47	1.16
	管箍	—	2.65	5.99	2.73	3.27	2.89	1.44
	小计	7.23	8.07	12.23	9.33	8.91	8.26	5.19

注：钢管沟槽连接管件数量按设计用量另计，但安装费已包括在有关管道安装费内。

（2）镀锌钢管安装也适用于镀锌、无缝钢管，其对应关系见表 5-10。

表 5-10　对应关系表

公称直径/mm	15	20	25	32	40	50	70	80	100	150	200
无缝钢管外径/mm	20	25	32	38	45	57	76	89	108	159	219

（3）洒水软管分规格以“10 根”为计量单位。

（4）喷头安装按设计图示数量计算，按安装方式以“10 个”为计量单位。

（5）细水雾喷头安装按设计图示数量计算，以“10 个”为计量单位。

（6）消防水炮按设计图示数量计算，以“台”为计量单位。

（7）湿式报警装置、细水雾分区控制阀组按设计图示数量计算，成套产品以“组”为计量单位。

（8）温感式水幕装置安装以“组”为计量单位。

（9）水流指示器按设计图示数量计算，按不同安装方式以“个”为计量单位。

（10）减压孔板按设计图示数量计算，以“个”为计量单位。

（11）末端试水装置按设计图示数量计算，以“组”为计量单位。

（12）集热板按设计图示数量计算，以“个”为计量单位。

（13）室内消火栓安装按设计图示数量计算，区分单栓和双栓，以“套”为计量单位，所带消防按钮的安装另行计算。

（14）室外消火栓、消防水泵接合器均按设计图示数量计算，分安装位置、安装方式以“套”为计量单位。如设计要求用短管，其本身价格可另行计算，其余不变。如安装与本配置不同，可按实际情况进行调整计算。

（15）灭火器按设计图示数量计算，按安装方式以“套”为计量单位。

（16）消防增压稳压设备按设计图示数量计算，以“套”为计量单位。

（17）成套产品的内容见表 5-11。

表 5-11　成套产品的内容

序号	项目名称	型号	包括内容
1	湿式报警装置	ZSS	湿式阀、蝶阀、装配管、供水压力表、装置压力表、试验阀、泄放试验阀、泄放试验管、试验管流量计、过滤器、延时器、水力警铃、报警截止阀、漏斗、压力开关等

续表

序号	项目名称	型号	包括内容
2	干湿两用报警装置	ZSL	两用阀、蝶阀、装配管、加速器、加速器压力表、供水压力表、试验阀、泄放试验阀(湿式)(干式)、挠性接头、泄放试验管、试验管流量计、排气阀、截止阀、漏斗、过滤器、延时器、水力警铃、压力开关等
3	电动雨淋报警装置	ZSY1	雨淋阀、蝶阀(2个)、装配管、压力表、泄放试验阀、流量表、截止阀、注水阀、止回阀、电磁阀、排水阀、手动应急球阀、报警试验阀、漏斗、压力开关、过滤器、水力警铃等
4	预作用报警装置	ZSU	干式报警阀、控制蝶阀(2个)、压力表(2块)、流量表、截止阀、排放阀、注水阀、止回阀、泄放阀、报警试验阀、液压切断阀、装配管、供水检验管、气压开关(2个)、试压电磁阀、应急手动试压器、漏斗、过滤器、水力警铃等
5	细水雾分区控制阀组	闭式	阀箱、单向阀、压力表、高压手动球阀、高压焊接式活接头、不锈钢软管、电气控制盒、流量开关、连接管道等
		开式	阀箱、高压电动截止阀、压力表、高压手动球阀、高压焊接式活接头、不锈钢软管、电气控制盒、压力信号器、连接管道等
6	室内消火栓	SN	消火栓箱、消火栓、水枪、水龙带、水龙带接扣、挂架、消防按钮
7	室外消火栓	地上式 SS 地下式 SX	地上式消火栓、法兰接管、弯管底座; 地下式消火栓、法兰接管、弯管底座或消火栓三通
8	消防水泵接合器	地上式 SQ 地下式 SQX 墙壁式 SQB	消防接口本体、止回阀、安全阀、闸阀、弯管底座、放水阀; 消防接口本体、止回阀、安全阀、闸阀、弯管底座、放水阀; 消防接口本体、止回阀、安全阀、闸阀、弯管底座、放水阀、标牌
9	消防增压稳压设备		隔膜式气压水罐、稳压泵(2台)、成套附件(包括止回阀、闸阀、软接头、Y形过滤器、管道、槽钢底座等)、电接点压力表等

二、定额说明

(1) 本定额包括水灭火系统的管道、喷头、消防水炮、湿式报警装置、细水雾分区控制阀组、水流指示器、温感式水幕装置、减压孔板、末端试水装置、集热板、消火栓、消防水泵接合器、灭火器、消防增压稳压设备等安装项目。

(2) 本定额适用于工业和民用建(构)筑物设置的水灭火系统的管道、各种组件、消火栓、灭火器、消防水炮、消防增压稳压设备的安装等项目。

(3) 管道安装。

①镀锌钢管法兰连接,管件是按成品、弯头两端是按接短管焊法兰考虑的,包括了直管、管件、法兰等全部安装工序内容,但管件、法兰及螺栓的主材数量应按设计规定另行计算。

②本定额也适用于镀锌无缝钢管的安装,钢管镀锌费用及场外运输费用另行计算。

(4) 喷头、报警装置及水流指示器安装均按管网系统试压、冲洗合格后安装考虑,项目中已包括丝堵、临时短管的安装、拆除及其摊销。

(5) 消防水炮及模拟末端装置安装项目中仅包括本体安装,不包括型钢底座制作安装和混凝土基础砌筑;型钢底座制作安装执行“给排水、采暖、燃气工程”相应项目;混凝土基础砌筑按相关规定执行相应项目。

(6) 温感式水幕装置安装中已包括给水三通至喷头、阀门间的管道、管件,以及阀门、喷头等全部安装内容。管道的主材数量按设计管道中心长度另加 2%损耗计算;喷头数量按设计数量另加 1%损耗计算。

(7) 消防增压稳压设备由设备本体、设备部件以及第一个法兰以内的管道组成。增压稳压设备安装中地脚螺栓是按设备带有考虑的,包括指导二次灌浆用工,但二次灌浆费用另行计算。

(8) 本定额不包括以下工作内容。

①阀门、法兰安装,各种套管的制作安装,泵房间管道安装及管道系统强度试验、严密性试验、水冲洗。

②消火栓管道、PVC 管道、不锈钢管道、室外给水管道安装及水箱制作安装。

③各种消防泵安装及设备二次灌浆等。

④各种仪表的安装及带电讯号的阀门、水流指示器、压力开关的接线、校线。

⑤各种设备支架的制作安装。

⑥管道、设备、法兰焊口除锈、刷油。

⑦系统调试。

(9) 其他有关规定。

①管道需二次安装时,只执行一次安装项目,其人工费按直管安装人工费乘以系数 2.0(二次安装指确实需要且实际发生管子吊装上去进行点焊预安装,然后拆下来,经镀锌后再二次安装的部分)。

②镀锌钢管弧形安装执行镀锌钢管安装相应项目,其人工费、机械费乘以系数 1.4。

③隐蔽型喷头安装按有吊顶喷头安装相应项目执行,其人工费乘以系数 1.3。

④固定式消防水炮安装按室外地上式消火栓相应项目执行。

⑤雨淋、干湿两用及预作用报警装置等其他报警装置按湿式报警装置安装相应项目执行,其人工费乘以系数 1.2。

⑥末端试水装置安装已包含末端试水阀安装,如需单独安装末端试水阀,按“给排水、

采暖、燃气工程”阀门安装相应项目执行。

⑦单个试验消火栓不带箱安装，按“给排水、采暖、燃气工程”阀门安装相应项目执行；试验消火栓带箱安装，按室内消火栓安装相应项目执行。

⑧室内消火栓暗装，按室内消火栓(明装)相应项目执行，其人工费乘以系数1.4。

⑨立柜式组合消防箱暗装，按立柜式组合消防箱(明装)相应项目执行，其人工费乘以系数1.4。

⑩室内消火栓带消防自救卷盘安装，按室内消火栓安装相应项目执行，其人工费乘以系数1.15。

⑪灭火器安装项目适用于5 kg以下灭火器的安装。箱体安装时每套含1台灭火器箱、2具灭火器；支架安装时每套含1副支架、1具灭火器。5 kg以上灭火器安装按灭火器安装相应项目执行，其人工费乘以系数1.1。

⑫系统调试项目按本定额相应项目执行。

三、实务案例

【案例5-1】 图5-3所示为某建筑物室内消防系统安装工程的底层消防平面图，消防给水由室外消防水池及消防水泵供水，消防管道布置成环状。建筑物每层设有3套消火栓装置，试计算其工程量。

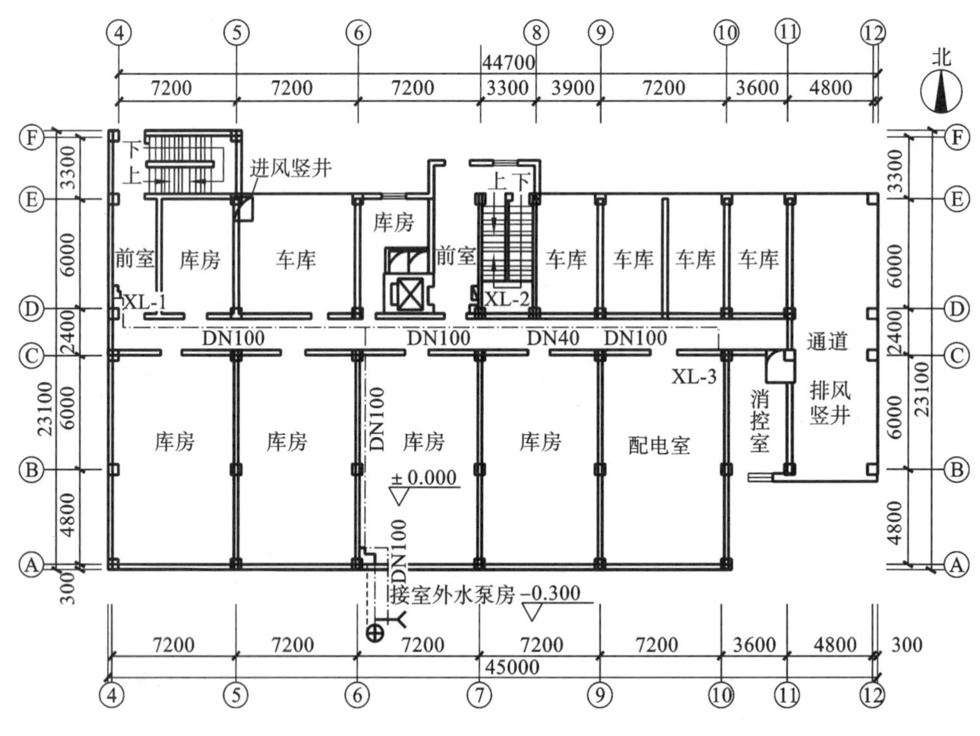

图5-3 消防平面图

【解】 (1) 管道铺设。

消防管 DN100 36.0+16.2+3.4+1.5=57.1(m)

消防管　DN80　　$3\times3=9(m)$

(2) 消防器材。

消火栓　DN65　　　3 套

消火栓箱　　　　　3 套

试验消火栓　　　　1 套

25 m^3 组合水箱　　1 台

水泵接合器 DN100　1 套

清单工程量计算见表 5-12。

表 5-12　清单工程量计算表【案例 5-1】

编号	项目编码	项目名称	项目特征描述	计量单位	工程量
1	030901002001	消防栓钢管 DN100	室内螺纹连接,明装	m	57.1
2	030901002002	消防栓钢管 DN80	室内螺纹连接,明装	m	9
3	030901010001	室内消防栓　双栓 DN65	室内螺纹连接,明装	套	2
4	030901010002	试验消防栓　单栓 DN65	室外螺纹连接,明装	套	2
5	031006015001	25 m^3 组合水箱	室内 25 m^3 组合水箱制作安装	台	2
6	030901012001	水泵接合器 DN100	墙面式	套	2

定额工程量计算见表 5-13。

表 5-13　定额工程量计算表【案例 5-1】

编号	定额编号	项目名称	计量单位	工程量
1	C10-240	消防栓钢管 DN100	10 m	5.71
2	C10-239	消防栓钢管 DN80	10 m	0.9
3	C9-141	室内消防栓　双栓 DN65	套	2
4	C9-140	试验消防栓　单栓 DN65	套	2
5	C10-1867	15 m^3 组合水箱	台	2
6	C9-152	水泵接合器 DN100	套	2

任务三　气体灭火系统工程量计算

一、工程量计量原则

(1) 管道安装按设计图示管道中心线长度,以“10 m”为计量单位。不扣除阀门、管件及各种组件所占长度。

(2) 气体驱动装置管道按设计图示管道中心线长度,以“10 m”为计量单位。

(3) 钢制管件连接以“10 件”为计量单位。

(4) 喷头安装按设计图示数量,以“10 个”为计量单位。

(5) 选择阀安装按设计图示数量,区分不同连接方式,以“个”为计量单位。

(6) 有管网储存装置、无管网气体灭火装置、气体称重检漏装置安装按设计图示数量计算,以“套”为计量单位。

(7) 感温自动灭火装置贮存容器按设计图示数量计算,以“套”为计量单位。

(8) 感温自动灭火装置释放管、火探管安装按设计图示管道中心线长度,以“m”为计量单位。

二、定额说明

(1) 本定额包括气体灭火系统中的管道管件、系统组件、气体称重检漏装置、系统组件试验等项目。

(2) 本定额中的无缝钢管、钢制管件、选择阀安装及系统组件试验等均适用于七氟丙烷、IG541、二氧化碳等气体灭火系统,高压气体灭火系统执行相应项目,人工、机械乘以系数 1.20。

(3) 管道及管件安装。

①管道安装包括无缝钢管的螺纹连接、法兰连接、气动驱动装置管道安装及钢制管件的螺纹连接。

②无缝钢管和钢制管件内外镀锌及场外运输费用另行计算。

③管道需二次安装时,只执行一次安装项目,其人工费按直管安装人工费乘以系数 2.0(二次安装指确实需要且实际发生管子吊装上去进行点焊预安装,然后拆下来,经镀锌后再二次安装的部分)。

④螺纹连接的不锈钢管、铜管及管件安装时,按无缝钢管和钢制管件安装相应项目乘以系数 1.20。

⑤无缝钢管螺纹连接项目中不包括钢制管件连接内容,应按设计用量执行钢制管件连接相应项目。

⑥无缝钢管法兰连接项目,管件是按成品、弯头两端是按接短管焊接法兰考虑的,项目包括了直管、管件、法兰等全部安装工序内容,但管件、法兰及螺栓的主材数量应按设计规定另行计算。

⑦气动驱动装置管道安装项目包括卡套连接件的安装,其主材按实际用量另行计算。

(4) 喷头安装项目包括管件安装、配合水压试验安装拆、除丝堵的工作内容。

(5) 有管网储存装置安装项目包括灭火剂储存容器和驱动气瓶的安装固定、支框架、系统组件(集流管,容器阀,气、液单向阀,高压软管)、安全阀等储存装置和阀驱动装置的安装,需氮气增压时,高纯氮气用量按实际发生情况另计。

(6) 无管网气体灭火装置安装项目包括灭火剂储存容器、瓶组柜、容器阀、电磁阀、信号反馈装置、高压软管、喷嘴、压力表、抱箍组件的安装。

(7) 气体称重检漏装置包括泄漏报警开关、配重及支架的安装。

(8) 本定额不包括以下工作内容。

①不锈钢管、铜管及管件的焊接或法兰连接，各种套管的制作安装。

②系统调试。

③管道支吊架的制作安装及防腐刷油。

三、实务案例

【案例 5-2】 车间作为一个防护区，净面积为 436.7 m^2，吊顶高 3.4 m。灭火系统采用高压 CO_2 全淹没灭火系统，CO_2 设计体积分数(以下简称浓度)为 62%，物质系数采用 2.25，CO_2 设计用量为 3196 kg，剩余量按设计用量的 8%计算。设置 74 个高压 CO_2 储存钢瓶，单瓶容量 70 L，一个启动钢瓶 40 L，充装系数为 0.67 kg/L。CO_2 喷射时间为 1 min。

(1) 控制方式。

设自动控制、手动控制和机械应急操作 3 种启动方式。

当采用火灾探测器时，灭火系统的自动控制应在接收到两个独立的火灾信号后才能启动。根据人员疏散要求，系统延迟启动，延迟时间不大于 30 s。

(2) 管材及其连接方式。

①管材采用内外镀锌防腐处理的无缝钢管，并应符合《输送流体用无缝钢管》(GB/T 8163—2018)的规定(本题未计钢管及管件内外镀锌及场外运输费)。

②DN≤80 mm 的管道采用螺纹连接，DN>80 mm 的管道采用法兰连接。

③挠性连接的软管必须能承受系统的工作压力和温度，采用不锈钢软管。

二氧化碳储存钢瓶的工作压力为 15 MPa，容器阀上应设置泄压装置，其泄压动作压力为 (19±0.95)MPa。集流管上设置泄压安全阀，泄压动作压力为(15±0.75)MPa。本例题如图 5-4、图 5-5 所示，工程量计算结果如表 5-14 所示。

表 5-14　工程量计算结果

工程名称：××车间气体灭火工程　　　　第 1 页 共 1 页

序号	分部分项工程名称	单位	工程量	计算公式
1	无缝钢管(法兰连接)DN100	m	23.70	1.0+13.6+9.1
2	无缝钢管(螺纹连接)DN80	m	12	12.0
3	无缝钢管(螺纹连接)DN50	m	19.2	9.6×2
4	无缝钢管(螺纹连接)DN40	m	24	6×4
5	无缝钢管(螺纹连接)DN25	m	47.4	4.8×7+3.4+2.4+16×0.5
6	气动管道 ϕ14×3.5 mm	m	12	
7	喷头安装 DN20	个	16	
8	贮存装置安装 70 L	套	74	
9	贮存装置安装 4 L	套	1	
10	CO_2 称重检漏装置安装	套	74	
11	气体灭火系统调试	个	1	
12	一般钢套管安装 DN100	个	1	

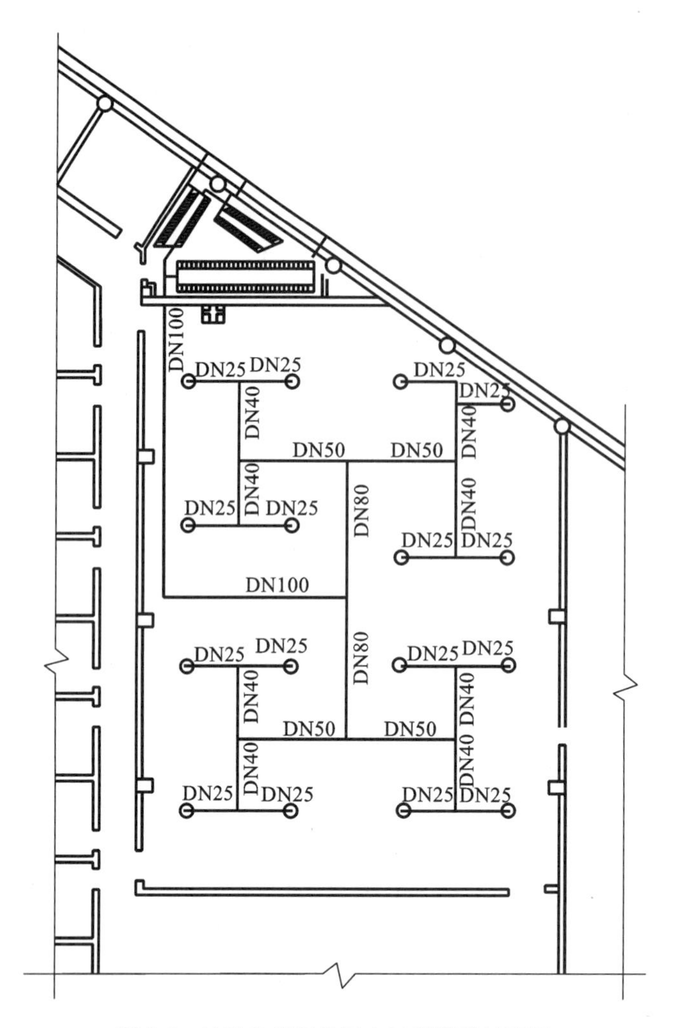

图 5-4 ××车间气体灭火工程管道平面图

【解】 清单工程量计算见表 5-15。

表 5-15 清单工程量计算表【案例 5-2】

编号	项目编码	项目名称	项目特征描述	计量单位	工程量
1	031001003001	无缝钢管 DN100(法兰)	室内,法兰连接,试压,吹扫	m	23.70
2	031001003002	无缝钢管 DN80(丝接)	室内,螺纹连接,试压,吹扫	m	12
3	031001003003	无缝钢管 DN50(丝接)	室内,螺纹连接,试压,吹扫	m	19.2
4	031001003004	无缝钢管 DN40(丝接)	室内,螺纹连接,试压,吹扫	m	24
5	031001003005	无缝钢管 DN25(丝接)	室内,螺纹连接,试压,吹扫	m	47.4
6	031003001001	气动管道 $\phi14\times3.5$ mm(丝接)	室内,螺纹连接,试压,吹扫	m	12
7	030902006001	喷头安装 DN20(丝接)	喷头 DN20 本体安装	个	16
8	030902007001	贮存装置安装 70 L	贮存装置 70 L 本体安装	套	74

续表

编号	项目编码	项目名称	项目特征描述	计量单位	工程量
9	030902007002	贮存装置安装 4 L	贮存装置 4 L 本体安装	套	1
10	030902008001	CO_2 称重检漏装置安装	CO_2 称重检漏装置本体安装	套	74
11	030905004001	气体灭火系统调试	管道,配件全调试	个	1
12	031002003001	一般钢管套管安装 DN100	室内预埋安装 DN100	个	1
13	031001001001	管道清扫	安装清扫设备,清扫	m	138.3

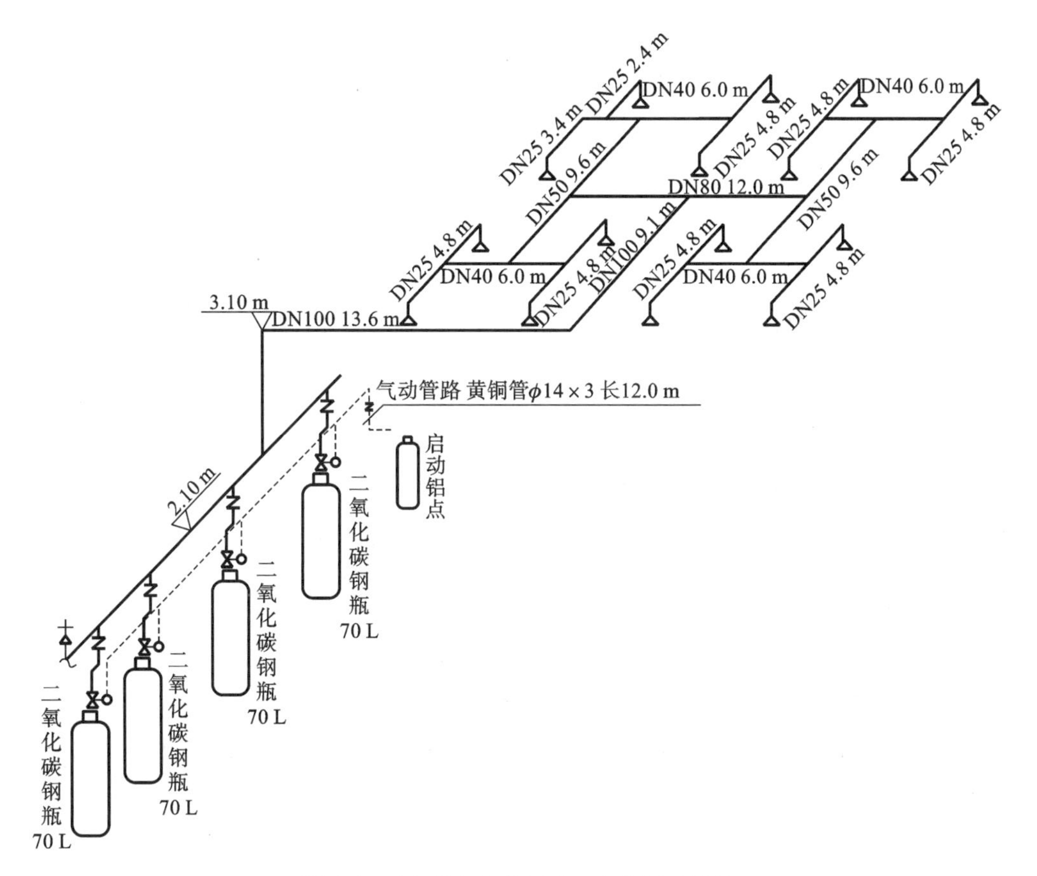

图 5-5　××车间气体灭火工程管道系统图

定额工程量计算见表 5-16。

表 5-16　定额工程量计算表【案例 5-2】

编号	定额编号	项目名称	计量单位	工程量
1	C9-168	无缝钢管 DN100	10 m	2.37
2	C9-167	无缝钢管 DN80	10 m	1.2
3	C9-165	无缝钢管 DN50	10 m	1.92
4	C9-164	无缝钢管 DN40	10 m	2.4

续表

编号	定额编号	项目名称	计量单位	工程量
5	C9-162	无缝钢管 DN25	10 m	4.74
6	C9-173	气动管道 ϕ14×3.5 mm(螺纹连接)	10 m	1.2
7	C9-183	喷头安装 DN20	10 个	1.6
8	C9-197	贮存装置安装 70 L	套	74
9	C9-195	贮存装置安装 4 L	套	1
10	C9-212	CO_2称重检漏装置安装	套	74
11	C9-256	气体灭火系统调试	个	1
12	C10-770	一般钢管套管安装 DN100	个	1
13	C10-574	管道,吹扫,冲洗	100 m	1.383

任务四　泡沫灭火系统工程工程量计算

一、工程量计量原则

泡沫发生器、泡沫比例混合器安装按设计图示数量计算,均按不同型号以“台”为计量单位,法兰和螺栓根据设计图纸要求另行计算。

二、定额说明

(1) 本定额包括泡沫发生器安装、泡沫比例混合器安装,共 2 节。

(2) 本定额适用于高、中、低倍数固定式或半固定式泡沫灭火系统的发生器及泡沫比例混合器安装。

(3) 泡沫发生器及泡沫比例混合器安装中包括整体安装、焊法兰、单体调试及配合管道试压时隔离本体所消耗的人工和材料。地脚螺栓按本体带有考虑。

(4) 本定额不包括以下内容。

①泡沫灭火系统的管道、管件、法兰、阀门等的安装及管道系统水冲洗、强度试验、严密性试验等执行“工业管道工程”相应项目。

②泡沫喷淋系统的管道、组件、气压水罐等安装可执行相应项目及有关规定。

③消防泵等机械设备安装及二次灌浆执行“机械设备安装工程”相应项目。

④泡沫液贮罐执行“静置设备与工艺金属结构制作安装工程”相应项目。

⑤设备、管道支吊架制作安装执行“给排水、采暖、燃气工程”相应项目。

⑥除锈、刷油、保温等均执行“刷油、防腐蚀、绝热工程”相应项目。

⑦泡沫液充装是按生产厂在施工现场充装考虑的,由施工单位充装时,应另行计算。

⑧泡沫灭火系统调试应按批准的施工方案另行计算。

三、实务案例

【案例 5-3】 某一泡沫灭火系统，采用PHF管线式负压比例混合器两台，角钢支架安装固定，支架重0.2 t，手工除轻锈，刷红丹防锈漆两遍。DN100的低压电弧焊碳钢管150 m，管道钢支架0.15 t，人工除中锈，刷红丹防锈漆两遍，试编制分部分项工程量清单。

【解】

(1) 清单工程量计算见表5-17。

表 5-17　清单工程量计算表【案例 5-3】

序号	项目编码	项目名称	项目特征描述	计量单位	工程数量
1	030903002001	不锈钢管安装 DN100	DN100 室内不锈钢管安装	m	150
2	030903007001	PHF 型管线式比例混合器	PHF 型管线式比例混合器安装	台	2
3	031002001001	管道钢支架安装（单件 50 kg 以内）	定位，安装	kg	150
4	031201003001	管道钢支架安装，人工除中锈，刷红丹防锈漆两遍	手工除锈、刷漆	kg	150

(2) 定额工程量计算见表5-18。

表 5-18　定额工程量计算表【案例 5-3】

编号	定额编号	项目名称	计量单位	工程量
1	C9-186	不锈钢管安装 DN100	10 m	15
2	C9-230	PHF 型管线式比例混合器	台	2
3	C9-858	管道钢支架安装	100 kg	1.5
4	C12-5	角钢支架除锈	100 kg	1.5
	C12-111	支架刷防锈漆第一遍	100 kg	1.5
	C12-112	支架刷防锈漆第二遍	100 kg	1.5

任务五　火灾自动报警系统工程量计算

一、工程量计算原则

(1) 火灾自动报警系统按设计图示数量计算。

(2) 点型探测器按设计图示数量计算，不分规格、型号、安装方式与位置，以“只”“对”

为计量单位。探测器安装包括了探头和底座的安装及本体调试,红外光速探测器是成对使用的,在计算时一对为两只。

(3) 线型探测器的安装方式按环绕、正弦和直线综合考虑,按设计图示长度计算,以“10 m”为计量单位,未包括探测器连接的一只模块和终端,其工程量按相应项目另行计算。

(4) 空气采样管依据图示设计长度计算,以“m”为计量单位;极早期空气采样报警器依据探测回路数按设计图示计算,以“台” 为计量单位。

(5) 按钮安装以“只”为计量单位,综合考虑了在轻质墙体和硬质墙体上的安装,执行时不做调整。

(6) 模块(接口)安装不区分安装方式,以“只”为计量单位。控制模块(接口)指仅能起控制作用的模块(接口),依据其给出控制信号的数量,分为单输出和多输出两种形式;报警模块不起控制作用,只能起监视、报警作用。

(7) 报警控制器、联动控制器、报警联动一体机按设计图示数量计算,区分不同点数、安装方式,以“台”为计量单位。

二、定额说明

(1) 本定额包括探测器(点型探测器、线型探测器、空气采样型探测器、电气火灾监控探测器、消防电源监控探测器)、按钮、模块(接口、防火门监控模块)、消防警铃/声光报警器、消防报警电话(插孔电话)、智能型应急照明灯具、重复显示器、区域报警控制箱、联动控制箱、远程控制器、火灾报警系统控制主机、联动控制主机、消防广播及电话主机(柜)、火灾报警控制微机、备用电源、报警联动控制一体机、火灾报警控制微机、图形显示及打印终端、智能型应急照明灯具等项目。

(2) 本定额包括以下工作内容。

①施工技术准备、施工机械准备、标准仪器准备、施工安全防护措施、安装位置的清理。

②设备和箱、机及元件的搬运、开箱、检查、清点,杂物回收、安装就位、接地,密封箱、机内的校线、接线、挂锡、编码、测试、清洗、记录整理等。

③本体调试。

(3) 箱、机是以成套装置编制的;柜式及琴台式安装均执行落地式安装相应子目。

(4) 本定额不包括以下工作内容。

①设备支架、底座、基础的制作与安装。

②构件加工、制作。

③火灾报警控制微机安装中消防系统应用软件开发内容。

(5) 复合型探测器、多功能探测器、防爆探测器按照感烟探测器子目执行,其二次测试按该子目人工费和仪器仪表乘以 1.2 系数。

(6) 普通事故照明及疏散指示控制装置安装执行“电气设备安装工程”相应项目;智能型应急照明灯具安装执行本章相应项目。

(7) 电气火灾监控、消防电源监控、防火门监控、智能型应急照明系统主机分别按照点位数执行“联动控制器安装”相应子目。

三、实务案例

【案例 5-4】 某商场一层高 4.5 m，吊顶高 4 m，其火灾报警系统组成如图 5-6 所示。

区域报警器 AR 支挂式，板面尺寸 520 mm×800 mm，安装高度 1.5 m。

防火卷帘开关安装及消防按钮开关安装高度 1.5 m。

SS 及 ST 和地址解码器，采用四总线制，配 BV-1 线，穿 PVC20 管，暗敷设在吊顶内。试计算工程量。

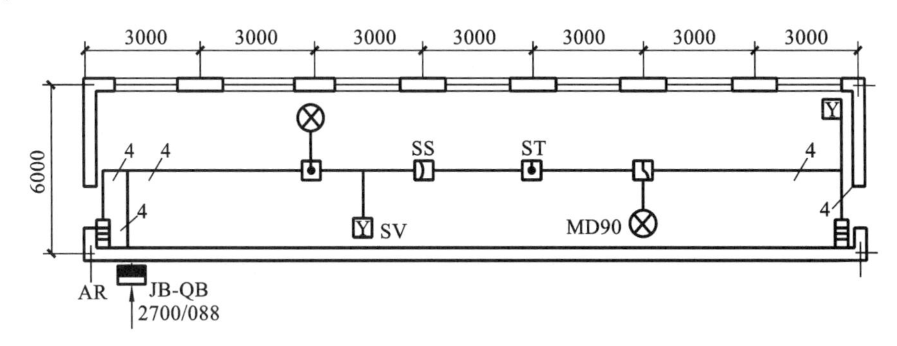

图 5-6　某商场火灾报警系统示意图

【解】

清单工程量计算见表 5-19。

表 5-19　清单工程量计算表【案例 5-4】

编号	项目编码	项目名称	项目特征描述	计量单位	工程量
1	030904009001	火灾区域报警器	区域报警器 AR 支挂式	套	1
2	030404027001	防火卷帘门开关安装		套	2
3	030404034001	卷帘门开关暗敷		个	2
4	030904003001	消防按钮安装	手动报警按钮	个	2
5	030411006001	按钮暗盒安装		个	2
6	030904001001	感温探测器安装	有吊顶	个	2
7	030904001002	感烟探测器安装	有吊顶	个	2
8	030412003001	探测器显示灯		套	3
9	030411001001	PVC20 管吊顶内暗敷		m	34.5
10	030411004001	管内穿线 BV-1		m	231.7
11	030411066002	探测器及显示灯头盒安装		个	6
12	030411066003	接线盒安装		个	9
13	030411001002	塑料波纹管 Φ20		m	3

定额工程量计算见表 5-20。

表 5-20 定额工程量计算表【案例 5-4】

编号	定额编号	项目名称	计量单位	工程量
1	C9-24	火灾区域报警器(支柱式 200 点以内)	套	1
2	C4-350	防火卷帘门开关安装	套	2
3	C4-357	卷帘门开关暗敷	个	2
4	C9-15	消防按钮安装	个	2
5	C4-1636	按钮暗盒安装	个	2
6	C9-4	感温探测器安装	个	2
7	C9-2	感烟探测器安装	个	2
8	C4-1641	探测器显示灯	10 套	0.3
9	C4-1322	PVC20 管吊顶内暗敷	10 m	3.45
10	C4-1422	管内穿线 BV-1	100 m	2.317
11	C9-6	探测器及显示灯头盒安装(火焰)	个	6
12	C4-1635	接线盒安装	个	9
13	C4-1322	塑料波纹管 Φ20	10 m	0.3

任务六 消防系统调试工程工程量计算

一、工程量计量原则

(1) 自动报警系统调试区分不同点数,根据集中报警器台数按系统计算。自动报警系统包括各种探测器、报警器、报警按钮、报警控制器组成的报警系统,其点数按具有地址编码的器件数量计算。火灾事故广播、消防通信系统调试按消防广播喇叭及音箱、电话插孔和消防通信分机的数量以“10 只”为计量单位。

(2) 水灭火系统控制装置调试按报警阀控制的喷头数量计算工程量,每一台报警阀为一个独立系统,以“系统”为计量单位;消火栓灭火系统按消火栓启泵按钮数量以“点”为计量单位;消防水炮控制装置系统调试按水炮数量以“点”为计量单位。

(3) 防火控制装置调试按设计图示数量以“处”为计量单位。

(4) 电气火灾监控系统、消防电源监控系统、防火门监控系统装置调试按模块点数计算,以“点”为计量单位。

(5) 气体灭火系统装置调试按调试、检验和验收所消耗的试验容量总数计算,以“个”为计量单位。以七氟丙烷、IG541、二氧化碳等组成的气体灭火系统调试,按装置的瓶头阀以点计算。

(6) 智能应急照明系统调试根据各类型带有地址编码的智能应急照明灯具数量以“10 处”为计量单位。

二、定额说明

(1) 本定额包括自动报警系统装置调试，水灭火系统控制装置调试，火灾事故广播、消防通信、消防电梯系统装置调试，防火控制装置调试，电气火灾监控、消防电源监控、防火门监控系统装置调试，气体灭火系统装置调试，智能型应急照明系统调试等项目。

(2) 系统调试是指消防灭火系统安装完毕且连通，并达到国家有关消防施工、验收规范、标准所进行的全系统的检测、调整和试验。

(3) 自动报警系统装置包括各种探测器、手动报警按钮和报警控制器。灭火系统控制装置包括消火栓、自动喷水、气体灭火等固定灭火系统的控制装置。

(4) 气体灭火系统调试试验时采取的安全措施，应按施工组织设计另行计算。

(5) 配电箱消防强切调试按正压送风阀、排烟阀、防火阀控制系统装置调试项目执行。

三、案例分析

【案例 5-5】 某 10 层办公楼，消防工程的部分工程项目如下。

(1) 消火栓灭火系统：墙壁式消防水泵结合器 DN120＝4 套，室内消火栓(单栓，铝合金箱)DN60＝35 套；手动对夹式蝶阀(D71X-6)DN120，有 6 个，镀锌钢管安装(法兰)DN120＝300 m，(管道穿墙及楼板采用一般钢套管，DN125＝8 m)，DN50＝60 m；管道角钢支架＝585 kg。

(2) 自动喷淋灭火系统：水流指示器 DN120＝14 个，湿式报警装置 DN120＝2 组。

(3) 火灾自动报警系统：点型感烟探测器(总线制)＝160 个，消火栓按钮＝36 个。

【解】 部分工程项目的工程量计算如下。

(1) 室内消火栓镀锌钢管安装(法兰)DN120 管件安装　　300 m

一般钢套管制作安装 DN125＝8 m

(2) 室内消火栓镀锌钢管安装(丝接)DN50 管件安装　　60 m

(3) 手动对夹式蝶阀 D71X-6 DN120　　6 个

(4) 湿式报警装置 DN120　　2 组

(5) 水流指示器安装 DN120　　14 个

(6) 室内消火栓安装 DN60(单栓，铝合金箱)　　35 套

(7) 墙壁式消防水泵结合器 DN120　　4 套

(8) 点型感烟探测器(总线制)　　160 个

探头、底座安装，铰接线、探测器调试

(9) 消火栓按钮安装　　36 个

(10) 自动报警系统装置调试(256 点以下)　　1 系统

(11) 水灭火系统控制装置调试(200点以下)　　　　1系统

清单工程量计算见表5-21。

表5-21　清单工程量计算表【案例5-5】

编号	项目编码	项目名称	项目特征描述	计量单位	工程量
1	030901002001	室内消火栓镀锌钢管安装(沟槽)DN100	室内沟槽DN100管安装,固定	m	300
2	030901002002	室内消火栓镀锌钢管安装(丝接)DN50管件安装	室内丝接DN50管安装,固定	m	60
3	031002003001	一般钢套管制作安装DN125=8 m	室内预埋安装,固定	m	8
4	031003001001	手动对夹式蝶阀D71X-6	本体安装	个	6
5	030901004001	湿式报警装置DN120	本体安装	组	2
6	030901012001	水泵接合器DN120	墙面式本体安装	套	4
7	030901006001	水流指示器安装DN120	本体安装	个	14
8	030901010001	室内消火栓安装DN60	单栓,铝合金箱安装,固定	套	35
9	030904001001	点型感烟探测器	总线制,吊顶内安装,固定	个	160
10	030904003001	消火栓按钮安装	本体安装,固定	个	36
11	030905001001	自动报警系统装置调试(256点以下)	调校,试运行	系统	1
12	030905002001	水灭火系统控制装置调试(200点以下)	调校,试运行	系统	1
13	031001001001	管道冲洗	全管道	m	368
14	031001001002	管道压力实验	全管道	m	368

定额工程量计算见表5-22。

表5-22　定额工程量计算表【案例5-5】

编号	定额编号	项目名称	计量单位	工程量
1	C10-241	室内消火栓镀锌钢管安装(沟槽)DN100	10 m	30.0
2	C10-232	室内消火栓镀锌钢管安装(丝接)DN50管件安装	10 m	6.0
3	C10-785	一般钢套管制作安装DN100=8 m	10 m	0.8
4	C10-1133	手动对夹式蝶阀D71X-6 DN120	10个	0.6
5	C9-106	湿式报警装置DN120	组	2
6	C9-150	水泵接合器DN120	套	4
7	C9-122	水流指示器安装DN120	个	14
8	C9-140	室内消火栓安装DN60	套	35
9	C9-2	点型感烟探测器	只	160

续表

编号	定额编号	项目名称	计量单位	工程量
10	C9-15	消火栓按钮安装	个	36
11	C9-233	自动报警系统装置调试(256 点以下)	系统	1
12	C9-241	水灭火系统控制装置调试(200 点以下)	系统	1
13	C10-574	管道冲洗	100 m	3.68
14	C10-592	管道压力实验	100 m	3.68

练习题

项目六　给排水、采暖、燃气工程工程量计量

【知识目标】

掌握给排水、采暖、燃气工程施工图的识读方法，掌握给排水、采暖、燃气工程工程量的计算规则，掌握消防设备给排水、采暖、燃气工程项目编码的确定方法，掌握给排水、采暖、燃气工程的定额子目的套用方法。

【能力目标】

能根据施工图纸正确计算给排水、采暖、燃气工程工程量。

任务一　给排水、采暖、燃气工程施工图图例及识读技巧

一、常见图例

给排水、采暖、燃气工程施工图常见图例见表 6-1～表 6-3。

表 6-1　给排水工程施工图常见图例

图例	名称	图例	名称
	给水管道		存水弯
	排水管道		检查口
	交叉管		清扫口
	四通连接		通气帽
	坡向		雨水斗
	法兰连接		浴盆
	承插连接		蹲式大便器

续表

图例	名称	图例	名称
	螺纹连接		坐式大便器
	活接头		洗脸盆
	管堵		斗式小便器
	法兰堵盖		阀门井、检查井
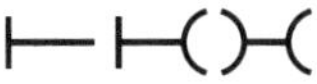	管接头		淋浴喷头
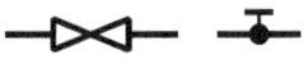	截止阀		放水龙头
	浮球阀		圆形地漏

表 6-2　采暖工程施工图常见图例

图例	名称	图例	名称
	供水（汽）管		疏水器
	回（凝结）水管		散热器三通阀
	流向		减压阀
	安全阀		暖风机
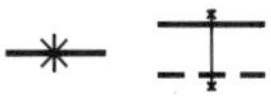	固定支架		散热器
	保温管	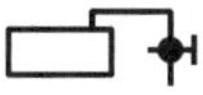	集气罐
	方形伸缩器	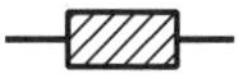	过滤器
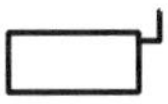	散热器放风门		止回阀
	套管伸缩器		手动排气阀

表 6-3　燃气工程施工图常见图例

图例	名称	图例	名称
	地下煤气管道		法兰

续表

图例	名称	图例	名称
	地上煤气管道		法兰堵板
	管帽		管堵
	法兰连接管道		灶具
	螺纹连接管道		凝水器
	焊接连接管道		自力式调压器
	有导管煤气管道		扁形过滤器
	丝堵		罗茨表
	活接头		皮膜表
	煤气气流方向		开放式弹簧安全阀

二、识读技巧

1. 整套图纸的识读

当你接收到一套给排水、采暖、燃气工程施工图时，应首先查阅图纸目录，了解工程名称、结构形式、设计单位、图纸数量、编号、名称、图幅，并核查图纸实际数量与编号是否与图纸目录相符。还要了解图纸目录提供的标准图种类与代号，了解这些标准图所反映的施工内容。

在阅读基本图式前，建议先阅读施工说明和设备材料表。实步了解工程概况，系统的分类方式，主要技术参数，选用的材料、设备，具体的施工方法等，结合自己所掌握的专业知识，对整个工程有一个概括性的认识。

(1) 识读平面图：一般从底层开始，首先要了解建筑构造的基本情况，了解整个建筑的构造尺寸、轴线分布等。其次识读设备的设置位置，结合设备材料表，搞清楚设备的种类及数量，它们放置的位置及相关尺寸。管道识读要搞清楚管道相对建筑物进、出口位置，管道的平面走向、立管的位置，与设备的连接位置和方法。对绘制细致的平面图，还可了解阀门，附件的种类及安装方法、管径等。对于输送多种介质和具有不同使用目的的管道要注意管道线型的区分，注意管道上弯和下弯的标注符号。对多种管线细心辨认，逐步将其细分清楚。

(2) 识读流程图：主要识读设备的种类、用途、数量以及编号。以设备为中心弄清楚设备所连接管道的来龙去脉，进一步了解介质的流向及系统工作原理。这项工作可以帮助我们理解和确定施工方法。流程图虽不能表示管道的实际走向和长度，但它反映的管道连接关系、管道规格、尺寸、材质，有助于我们识读平面图和剖面图。流程图还有一个特点，即全面、完整地反映了整个系统各管道上所安装的阀门的种类与数量，反映了检测调控所涉及的仪表装置的种类、控制点位置和安装方法，这对于统计和核对阀门类、仪表类材质的种类与数量提供了方便。

(3) 识读轴测(系统)图：对室内给水排水工程、采暖供热工程、通风空调工程常采用轴测图图样绘制系统图，它综合了流程图和剖面图共有的特点。对它的识读，主要能了解设备的种类、数量及安装位置，管道的空间走向、连接关系及管径、坡向，管道在高度方向的尺寸，各种阀门、管件、附件、仪表等的种类、数量、安装位置以及相互关系。

(4) 识读剖面图：管道剖面图的目的在于反映管道、管件与设备的高底方向上的安装与连接关系。识读剖面图主要了解：设备安装在高度方向的特征；管道连接以及管道与设备连接在高度方向的方法、管道与设备相对建筑结构之间的关系和尺寸，垂直安装的阀门、附件、仪表等的安装高度与安装方向。

对于以上 4 种基本图样的识读，有助于全面认识整个图纸所表现的空间产品，再通过识读相应的大样图、节点图、标准图，了解施工的具体细节，对整个工程情况做到心中有数。

在具体识读时，每个人都有自己的读图习惯。但一般来说，识读图纸先从平面图开始，了解建筑物和设备安装的情况，然后识读流程图或轴测图，对整个管网有一个全面的了解。然后从平面图开始对管道的施工细节做详细识读，利用相应的详图和设计说明，弄清楚每一个局部区域，弄清楚图纸所反映的全部施工内容。

当建筑物的占地面积较大时，用一张图纸不能将一个区域的管道施工内容表达完整，这就可能出现管道被断开的情况。此时可采用“顺藤摸瓜”的方法按图纸上标注的虚线、代号或说明在相应的图纸上找到对应的断开点。

在一张图纸上有多种管线线型时，建议按线型分成单个系统识读，这样的识读相对容易并易于建立清晰的立体形象。

2. 单张图纸的识读

识读单张图纸首先要搞清楚你识读的是什么图，因为每一类图纸反映的信息和作用是不一样的。先看标题栏，了解图纸的名称、比例等，还要注意每幅图形下面的文字说明和比例。在一张图上，各图形并非是按相同比例绘制的。然后根据方向标弄清建筑方位。

识读图形，一般要先熟悉图例所表现的设备种类和安装方法、位置，对管线的识读要根据识读目的确定起始点，然后顺藤摸瓜识读管道的走向，对管道的转弯符号和断口符号要特别给予注意。同时根据图纸绘制的深度，尽可能了解管径、流向、管道安装尺寸、标高、材质等信息；识读时对线型与管道编号要特别注意。

识读附件和技术数据，了解管道和设备上所安装的阀门、阀件、其他设备、仪表设备等的种类、安装位置、相互关系等，了解这些设备以及安装中所标注的主要技术数据(如承受压力、温度、测量范围等)。

识读图上所标注的各类符号，如剖切符号、坡度、支架符号、节点符号、详图索引符号等。一张图纸不能完整反映全部施工内容，识读中必然会提出许多问题，这些问题可以根据图纸的提示从另外的图纸中找到答案。有时也可能出现图形绘制错误，这也需要利用相关图纸以及施工经验去判断、修正。

总之，给排水、采暖、燃气工程施工图的识读是一项细致的工作，需要耐心，还需要有一定的专业知识作为基础。初学的人一般都会感到图纸上线条多而复杂，其实，只要我们掌握了视图和轴测图的制图规律，掌握了各类图的特点和它们所反映的内容，掌握了各种设备、阀门、附件的图例，掌握了管道线型的表述方法，在实践中，从易到难，从简单到复杂，就一定能掌握管道施工图识读的技巧。

任务二　给排水、采暖管道安装计量

一、工程量计算原则

（1）各类管道安装按室内外、材质、连接形式、规格分别列项，以“10 m”为计量单位。

（2）各类管道安装工程量，均按设计管道中心线长度计算，以“10 m”为计量单位，不扣除阀门、管件、附件（包括器具组成）及井类所占长度。

（3）室内给排水管道与卫生器具连接的分界。

①给水管道工程量计算至卫生器具（含附件）前与管道系统连接的第一个连接件（如角阀、三通、弯头、管箍等）止。

②排水管道工程量自卫生器具出口处的地面或墙面的设计尺寸算起；与地漏连接的排水管道自地面设计尺寸算起，不扣除地漏所占长度；洗涤盆、化验盆、洗脸盆、挂式小便器的出口是指排水附件的出口（即楼、地面），连接洗涤盆、洗脸盆、化验盆下水中的排水管不是因设计要求而做至地面以上的，超出地面长度不予计算。

（4）管道消毒冲洗、水压试验按设计图示数量计算，分规格以“100 m”为计量单位。

二、定额说明

（1）本定额包括室外管道安装，室内管道安装，管道消毒冲洗、水压试验等项目。

（2）本定额适用于室内外生活用给排水管道的安装，包括钢管、不锈钢管、铜管、铸铁管、塑料管、复合管等不同材质的管道安装。

（3）管道的界限划分。

①给水管道。

a. 室内外给水管道以建筑物外墙皮 1.5 m 为界，建筑物入口处设阀门者以阀门为界。

b. 与市政管道的界限以水表井为界，无水表井者，以与市政管道碰头点为界。

②排水管道。

a. 室内外排水管道，以出户第一个排水检查井为界。

b. 室外管道与市政管道，以其与市政管道的碰头点为界。

③采暖热源管道。

a. 室内外管道，以入口处阀门或建筑物外墙皮 1.5 m 为界，设有采暖入口装置者以入口装置循环管三通为界。

b. 与工业管道的界线，以锅炉房或泵站外墙皮 1.5 m 为界。

c. 工厂车间内采暖管道，以采暖系统与工业热力管道的碰头点为界。

④室外管道安装不分地上地下，均执行同一子目。

(4) 管道的适用范围。

①给水管道适用于生活饮用水、热水、中水及压力排水等管道安装。

②塑料管安装适用于 PVC-U、PVC、PP-C、PP-R、PE、PB 等各种塑料材质类管道安装。

③室内外镀锌钢管(螺纹连接)亦适用于室内外焊接钢管(螺纹连接)安装。

④钢塑复合管安装适用于内涂塑、内外涂塑、内衬塑、外覆塑内衬塑复合管道安装。

⑤钢管(沟槽连接)适用于镀锌钢管、焊接钢管及无缝钢管等沟槽连接的管道安装，不锈钢管、铜管可参照执行。

(5) 有关说明如下。

①管道安装项目中，均包括相应的管件安装工作内容，各种管件数量系综合取定，执行相应项目时，成品管件数量可参照“管道管件数量取定表”计算，也可按实计算。项目中其他消耗量均不做调整。管件含量中不含与螺纹阀门连接的活接头、对丝，其用量包含在螺纹阀门安装项目中。

②钢管焊接项目中均综合考虑了成品管件和现场煨制弯管、摔制异径管、挖眼接三通。

③室内直埋塑料给水管，是指敷设于室内地坪下或墙内的塑料给水管段。

④管道安装项目中，除 DN32 以内室内镀锌钢管(螺纹连接)和室内直埋塑料给水管项目中已包括管卡安装外，均不包括管道支架、管卡、托钩的制作安装，管道穿墙、穿楼板套管的制作安装，预留孔洞、堵洞、打洞、凿槽等工作内容，发生时，应按相应项目另行计算。

⑤室内各种排水管道安装项目中，已包括管道安装所需要的透气帽、管卡的安装，数量为综合取定，不得调整。

⑥管道安装项目中，给水管道包括了各局部管段的水压试验及水冲洗的工作内容；排(雨)水管道安装项目，包括灌水(闭水)及通球试验。但整个给水系统的水压试验、消毒冲洗，或有关部门要求进行管网水压试验、消毒冲洗的，应按相应项目另行计算。

⑦雨水管系统中的雨水斗安装按本定额相应项目执行。

三、实务案例

【案例 6-1】 某住宅楼采暖系统某管道安装形式如图 6-1 所示，试计算其工程量(管道采用的是 DN25 焊接钢管，单管顺流式连接)。

【解】

(1) 管道长度计算(DN25 焊接钢管)。

[12.0−(−0.800)](标高差)+0.3(水平埋管长度 1)+0.8(水平埋管长度 2)−0.5(散热器进出水管中心距)×4(层数)=11.9(m)

(2) 清单工程量与定额工程量。

①清单工程量。

钢管 DN25　项目编码:031001002,计量单位:m

工程数量:11.9/1(计量单位)=11.9

清单工程量计算见表 6-4。

表 6-4　清单工程量计算表【案例 6-1】

项目编码	项目名称	项目特征描述	计量单位	工程量
031001002001	焊接钢管	DN25 焊接钢管,单管顺流式连接,室内	m	11.9

②定额工程量。

室内焊接钢管安装(螺纹连接)　定额编号:C10-229,定额单位:10 m

工程量:11.9/10(计量单位)=1.19

定额工程量计算见表 6-5。

表 6-5　定额工程量计算表【案例 6-1】

定额编号	项目名称	计量单位	工程量
C10-229	焊接钢管	10 m	1.19

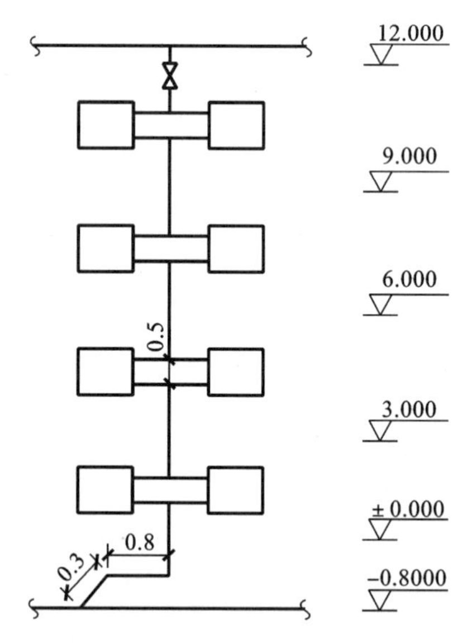

图 6-1　采暖系统某管道安装形式

【案例 6-2】　如图 6-2 所示某住宅楼排水系统中排水干管的一部分(干管为 DN50 铸铁管),试计算其工程量(清单与定额)。

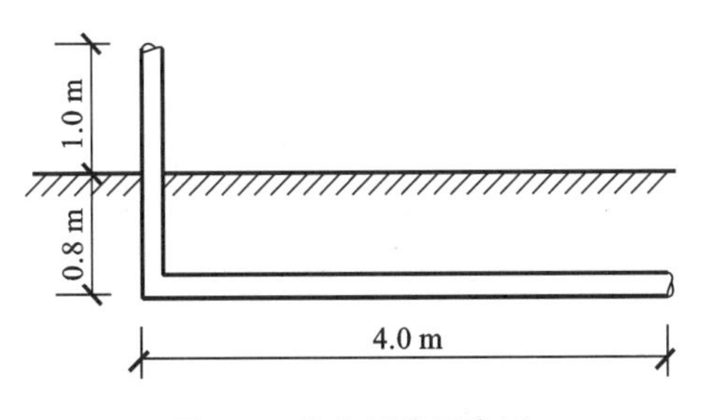

图 6-2　排水干管示意图

【解】 (1) 清单工程量。

承插铸铁排水管 DN50：

1.0(排水立管地上部分)+0.8(排水立管埋地部分)+4.0(排水横管埋地部分)=5.8(m)

工程数量:5.8/1(计量单位)=5.8

清单工程量计算见表 6-6。

表 6-6　清单工程量计算表【案例 6-2】

项目编码	项目名称	项目特征描述	计量单位	工程量
031001005001	承插铸铁管	承插铸铁排水管,DN50	m	5.8

(2) 定额工程量。

工程数量:5.8/10(计量单位)=0.58

定额工程量计算见表 6-7。

表 6-7　定额工程量计算表【案例 6-2】

定额编号	项目名称	计量单位	工程量
C10-471	焊接钢管	10 m	0.58

说明:铸铁管道的连接,一般不能采用螺纹连接或焊接的方式,因此在浇铸时要做成承插口或法兰盘的形式,以便于装拆、连接紧密。给水管内介质是有压流,因而管壁较厚,而排水管承担的是无压流,管壁较薄,因而在定额中加以注明"承插铸铁给水管"和"承插铸铁排水管"。

【案例 6-3】 如图 6-3 所示为某厨房给水系统部分管道,采用镀锌钢管,螺纹连接,试计算镀锌钢管的工程量。

【解】 (1) 清单工程量。

螺纹连接镀锌钢管　项目编码:031001001,计量单位:m

①DN25:2.0 m(节点 3 到节点 5)

②DN20:3+0.5+0.5(节点 3 到节点 2)=4(m)

③DN15:1.5+0.7(节点 3 到节点 4)+0.5+0.6+0.6(节点 2 到节点 0′,节点 2 到节点 1 再到节点 0)=3.9(m)

清单工程量计算见表 6-8。

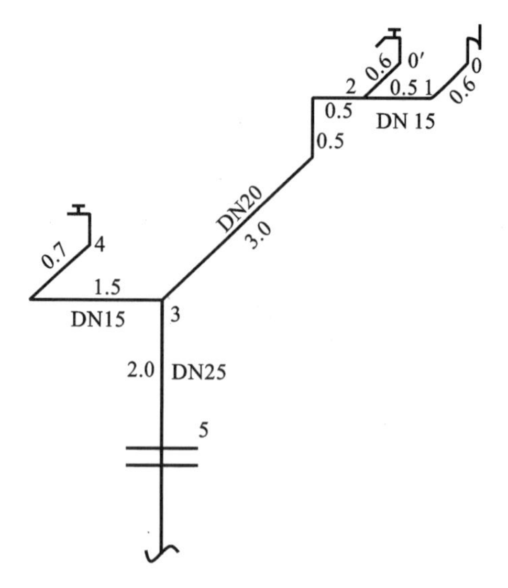

图 6-3　某厨房给水系统示意图

表 6-8　清单工程量计算表【案例 6-3】

项目编码	项目名称	项目特征描述	计量单位	工程量
031001001001	镀锌钢管	DN25 镀锌钢管，螺纹连接	m	2.0
031001001002	镀锌钢管	DN20 镀锌钢管，螺纹连接	m	4
031001001003	镀锌钢管	DN15 镀锌钢管，螺纹连接	m	3.9

（2）定额工程量。

定额工程量计算见表 6-9。

表 6-9　定额工程量计算表【案例 6-3】

定额编号	项目名称	计量单位	工程量
C10-229	DN25 镀锌钢管	10 m	0.2
C10-228	DN25 镀锌钢管	10 m	0.4
C10-227	DN25 镀锌钢管	10 m	0.39

任务三　支架及其他安装工程工程量计算

一、工程量计算原则

（1）法兰安装均区分不同公称直径，以“副”为计量单位；塑钢转换法兰按套圈式钢法兰规格以公称直径列项，以“副”为计量单位，一副塑钢转换法兰安装包含两套塑钢转换法兰及配套的垫片和带帽垫螺栓。

(2) 各种软接头按不同连接方式、公称直径,以“个”为计量单位。

(3) 给水嵌铜管件、阻火圈、止水环和塑料排水管消声器均按公称外径或公称直径,以“10 个”为计量单位。

(4) 水锤消除器按不同连接方式、公称直径,以“个”为计量单位。

(5) 消能弯、“H” 管按公称外径,以“个”为计量单位。

(6) 各种套管(除人防穿密闭套管外)均按工作介质管道的公称直径,以“个”为计量单位;人防穿密闭套管按不同类型及套管直径,以“个”为计量单位。

(7) 管道保护管制作安装区分碳钢和塑料保护管,按保护管的公称直径或公称外径,以“10 m”为计量单位。

(8) 管道支架。

①一般管架、木垫式管架、弹簧式管架、设备支架制作安装,按单件质量以“100 kg” 为计量单位。

②成品管卡安装,按工作介质管道的公称直径,以“个”为计量单位。

③通丝杆吊架制作安装,根据丝杆吊架的直径和杆长区分,以“10 套”为计量单位。项目中杆长为综合取定,通丝杆和管卡按照实际长度和材质计取材料费用。丝杆超过规定长度时,按实计取材料费用,其他不变。

④装配式管道支架制作安装,根据支吊架类型区分,以“100 kg” 为计量单位。

(9) 凿槽打洞。

①剔堵墙槽区分砖结构、混凝土结构,按墙槽的宽度及深度区分,以“10 m” 为计量单位。

②预留孔洞区分混凝土楼板和混凝土墙体,按公称直径以“10 个”为计量单位。

③堵洞,按孔洞的公称直径以“10 个”为计量单位。

④打堵洞眼,区分轻质墙和砖墙,按洞口尺寸以“10 个”为计量单位。

⑤机械钻孔,区分混凝土楼板和墙体,按钻孔直径以“10 个”为计量单位。

二、定额说明

(1) 本定额包括法兰安装,软接头(软管)安装,管道器具安装,套管制作安装,管道支架制作安装,凿槽、打洞等项目。

(2) 法兰、软接头安装。

①法兰安装项目中包含了一副法兰用的螺栓和石棉橡胶板的用量,但沟槽法兰只带一片法兰的石棉橡胶板。

②塑钢转换法兰由钢制法兰套圈和塑料短管接头组成,一套塑钢转换法兰包括一片套圈式钢制法兰和一个带凸沿的塑料短管接头。

③各种法兰连接用垫片均按石棉橡胶板考虑,如工程要求采用其他材质,材料可按实调整,其余不变。

④法兰式软接头安装项目适用于金属、橡胶等可挠曲接头安装。

(3) 管道器具。

管道器具包含了给排水管道上安装的具有辅助功能的器件,如塑料给水管上用于转换连接的给水嵌铜管件,排水立管上的阻火圈、消能弯、“H”管,卫生器具接管上的止水环和给水管上加装的水锤消除器、消声器等。

水锤消除器安装(法兰连接)子目中包含了法兰的安装。

(4) 套管制作安装。

①套管制作安装适用于管道穿墙、楼板时使用。套管制作安装按介质管道的公称直径或公称外径执行相应项目。

②套管制作安装包括了配合土建预留孔洞或预埋套管及浇筑混凝土时旁站工作内容,也包括堵洞工作内容,套管内填料按油麻编制,与设计不符时,填料可以换算,其他不变。

③防火墙套管安装项目内包括了套管内充填填料和封堵墙壁的工作内容,加填料和封堵墙壁需使用岩棉、防火泥等具有一定防火功能的材料;成品防火套管安装项目是指具有一定防火功能的成品套管的安装,对堵洞材料没有严格防火功能要求。

④管道保护管,是指在管道系统中,为避免外力(荷载)直接作用在介质管道上,造成管道受损,影响正常使用而设置的保护性管段。管道保护管制作安装按保护管本身的公称直径或公称外径执行相应项目。管道保护管口径应按被保护管外径规格大两级选用。碳钢保护管安装项目包括了除锈、刷防锈漆工作内容。

(5) 管道支架制作安装。

①管道支架制作安装项目,适用于单件质量 100 kg 以内的室内外管道的管架制作与安装。单件质量大于 100 kg 时,执行“静置设备与工艺金属结构制作安装”中相应项目。

②木垫式管架工程量中不包括木垫质量,但木垫的安装已包含在项目内。

③弹簧式管架中的弹簧减震器、滚珠等成品件重量应计入安装工程量,其材料数量按实计入。

④成品管卡安装项目,适用于与各类管道配套的立、支管成品管卡的安装。

⑤通丝杆吊架由通丝杆、拉爆头和管卡组成,适用于质量较轻的管道敷设时作承重吊架用,如多联机的铜管管路、电气的小管径配管配线管路等。

⑥装配式型钢支架依据《装配式管道支吊架(含抗震支吊架)》(18R417-2)编制,厂家按尺寸定制轻型槽钢和各种连接件、固定件,并经过镀锌处理,施工单位在施工现场只须组装安装,支架无须焊接、除锈、刷漆处理。

(6) 凿槽打洞。

①剔堵墙槽是按在砖砌体或混凝土砌体上开凿沟槽考虑,若在加气混凝土等轻质墙体上剔槽,按砖结构凿墙槽相应项目执行,人工费乘以系数 0.8。

②预留孔洞是指管道穿墙、过楼板,或消火栓箱、配电箱等箱体在砌筑时不能埋入时所发生的工作内容,包含制作和拆除模板等工作内容。

③堵洞是指管道穿墙、楼板所预留的孔洞,因没有安装管道(箱体)而空置的洞口的封堵。

④预留孔洞及堵洞系按圆孔考虑,如需预留(堵)方孔,可按周长折算后执行相应

项目。

⑤打堵洞眼按矩形孔洞考虑，综合考虑了盲孔和透孔因素，执行项目时不作调整。

a.轻质墙打洞堵眼，按墙体厚度等综合考虑，轻质墙体厚度不同时，执行项目不作调整。

b.砖墙打堵洞眼，墙体厚度按 240 mm 以内考虑，实际墙体厚度为 370 mm 时，执行相应项目乘以系数 1.3。

(7) 机械钻孔。

①混凝土楼板钻孔，楼板厚度按 220 mm 以内综合取定。当楼板厚度超过 220 mm 时，执行相应项目乘以系数 1.2。

②混凝土墙体钻孔，墙体厚度按 240 mm、300 mm 两种厚度考虑。混凝土墙体厚度超过 300 mm 时，可按墙体厚度进行换算。

③若在砖墙上钻圆形孔洞，执行混凝土墙体钻孔相应项目乘以系数 0.4。

三、实务案例

【案例 6-4】 某学校室外供暖管道(地沟敷设)中有 Φ133 mm ×4.5 mm 的镀锌钢管管道一段，管沟起止长度为 100 m，管道的供、回水管分上下两层安装，中间设置方形伸缩器一个，该段管道每 6 m 间距安装单管托架一个，其中包括设置固定支架两处，支架采用 L100×8 角钢制作，管段两端设托架，方形伸缩器增设托架一个，每处固定支架可减少托架两个，固定支架单个重 110 kg，托架单个重 105 kg，试计算支、托架制作、安装工程量。

【解】 (1) 清单工程量。

①托架工程量(以质量计)：(100/6＋1＋1－2×2)×105≈15(个)×105＝1575(kg)

②固定支架工程量(以质量计)：2×110＝220(kg)

清单工程量计算见表 6-10。

表 6-10　清单工程量计算表【案例 6-4】

项目编码	项目名称	项目特征描述	计量单位	工程量
031002001001	管道支架制作安装	托架	kg	1575
031002001002	管道支架制作安装	固定支架	kg	220

(2) 定额工程量。

定额工程量计算见表 6-11。

表 6-11　定额工程量计算表【案例 6-4】

定额编号	项目名称	计量单位	工程量
C10-877	管道支架制作安装，管道托架	100 kg	15.75
C10-877	管道支架制作安装，管道固定支架	100 kg	2.20

任务四　管道附件安装工程工程量计算

一、工程量计算原则

(1) 各种阀门安装均按不同种类、连接方式、公称直径，以“个”为计量单位。

(2) 过滤器安装按不同种类、不同规格，以“个”为计量单位；除污器组成安装，按不同构成、不同规格，以“组”为计量单位。

(3) 浮标液面计、水位标尺区分不同型号，以“组”为计量单位。

(4) 各种减压器、疏水器、水表、热量表和倒流防止器组成安装，按照不同的结构、连接方式、公称直径，以“组”为计量单位。减压器安装按高压侧的直径计算。

(5) 各种补偿器按不同材质、连接方式、组成结构、公称直径或公称外径，以“个”为计量单位。

(6) 成品水表箱安装按表箱半周长，以设计图示数量计算，以“台”为计量单位。

(7) 住宅成品分水器安装和管件分水器制作安装，按分支管数量区分，依设计图示数量计算，以“个”为计量单位。

二、定额说明

(1) 本定额包括螺纹阀门安装，塑料阀门安装，法兰阀门安装，过滤器安装，浮标液面计、水位标尺制作安装，减压器组成安装，疏水器组成安装，补偿(伸缩)器制作安装，水表、热量表组成安装和倒流防止器组成安装等项目。

(2) 阀门安装均综合考虑了标准、规范要求的强度试验、严密性试验工作内容。采用气压试验时，项目中除人工费外，其他相关消耗量可进行调整。

(3) 螺纹阀门安装适用于各种内外螺纹连接的阀门安装。

(4) 螺纹三通阀安装按相应的螺纹阀门安装项目乘以系数 1.3。

(5) 电磁阀、温控阀安装项目包括了配合动作调试工作内容，不可重复计算。

(6) 与螺纹阀门配套的连接件，如设计与定额不符，可以按设计进行调整。

(7) 法兰阀门(不带法兰)安装项目，不包括法兰，但包括了一侧法兰所用的垫片和螺柱的用量；法兰阀门(法兰连接)和法兰式附件安装项目，均包括了两侧所用的法兰、垫片和带帽垫螺栓的消耗量，不可重复计算。

(8) 对夹式蝶阀、法兰液压式水位控制阀、法兰电磁阀、法兰浮球阀安装项目均配置了法兰。法兰浮球阀安装还包括了连杆和浮球的安装。

(9) 沟槽阀门安装包括了两片沟槽法兰和两个卡箍连接口。

(10) 各种法兰连接用垫片均按石棉橡胶板考虑，如工程要求采用其他材质，垫片可按实调整，其他不变。

(11) 安全阀安装执行相应的阀门安装项目,安装后进行压力调整的,其人工费乘以系数2.0。

(12) 除污器组成安装适用于立式、卧式和旋流式除污器组成安装。

(13) 低压器具。

①减压器、疏水器安装均按组成安装考虑,单独安装的减压器、疏水器执行阀门安装相应项目。减压器组成安装接单阀和双阀设置,单阀是指该组成只有一个减压阀,双阀是指该组成有旁通管,安装了两个减压阀。

②补偿器安装项目包括方形补偿器制作安装和成品补偿器安装。

a.塑料管方形补偿器制作安装由塑料管及塑料弯头现场熔接或粘接组成安装;钢管制方形补偿器制作安装分为两种,即用钢管与弯头现场焊制的方形补偿器和用钢管现场煨制的方形补偿器。方形补偿器安装包括了预拉伸工作。

b.成品补偿器安装项目包括塑料成品补偿器和金属成品补偿器。塑料成品补偿器系购置的成品塑料管道用成品补偿器有塑料材质或金属材质的,不论使用何种物质,均执行同一项目;金属成品补偿器有钢管成品方形补偿器和其他形式的补偿器(如球形、填料式、波纹式补偿器),项目也适用于不锈钢波纹补偿器的安装。成品补偿器安装项目中均包括了补偿量的调整和预拉(压)量的工作。

(14) 水表、热量表。

①DN50以内的螺纹水表安装,普通水表、IC卡(智能)水表安装均带阀门,水表组成是表前后各装一个阀门,并加装了止回阀和软接头。IC卡(智能)水表安装项目还包括配合电气接线与调试。

②法兰水表组成安装,包括了阀门、橡胶挠性接头、止回阀和所用法兰;带旁通管的水表组成安装还包括了三通、弯头等成品管件。如果在工程中仅单独安装法兰水表,可使用法兰阀门安装的相应项目。

③热量表组成安装,按连接方式的不同,分为采暖入口热量表和户用热量表安装。如实际组成与此不同,可以按法兰、阀门等附件安装相应项目计算或调整。

④成品水表箱安装仅为箱体安装,不含箱内水表。

⑤成品分水器安装适用于铜质分水器、不锈钢分水器和聚丁烯分水器(电熔连接),不论何种分水器,除分水器本体及配套供应的附件外,其他均不得调整。

⑥管件组成分水器制作安装(热熔连接),组成的管件均为国标管件。按分支管数量设置有二分水器、三分水器、四分水器、六分水器和八分水器等子目。

(15) 倒流防止器组成安装,按组成的方式不同分为带水表与不带水表安装两种形式,均包括了组成的阀门、过滤器、可挠曲接头、管件、短管等。

三、实务案例

【案例6-5】 某食堂给水管道平面图如图6-4所示,安装系统图如图6-5所示,给水管道采用镀锌钢管,螺纹连接,阀门均采用截止阀,螺纹连接,试计算阀门安装工程量。

【解】 (1) 清单工程量。

①DN32螺纹阀门:2个

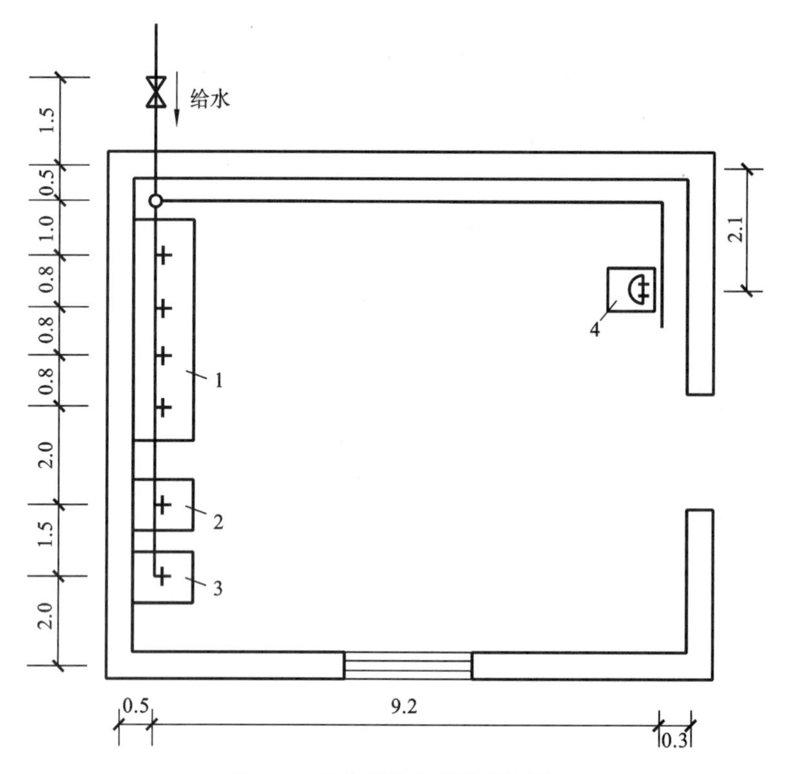

图 6-4　某食堂给水管道平面图

1—洗菜槽；2、3—洗涤盆；4—洗手盆

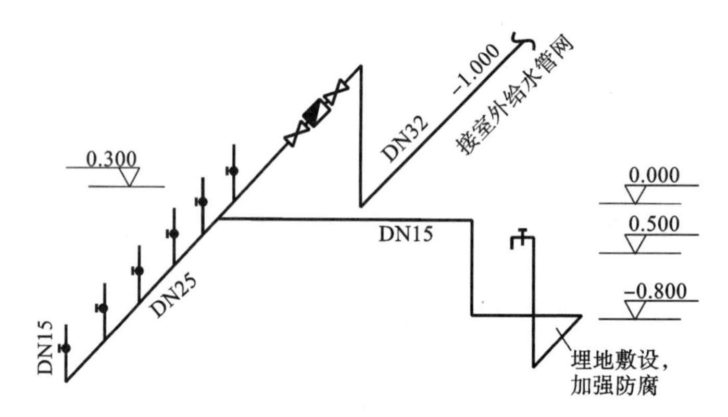

图 6-5　某食堂给水管道安装系统图

②DN15 螺纹阀门：6 个

清单工程量计算见表 6-12。

表 6-12　清单工程量计算表【案例 6-5】

项目编码	项目名称	项目特征描述	计量单位	工程量
031003001001	螺纹阀门	DN32 截止阀，螺纹连接	个	2
031003001002	螺纹阀门	DN15 截止阀，螺纹连接	个	6

(2) 定额工程量。

定额工程量计算见表 6-13。

表 6-13　定额工程量计算表【案例 6-5】

定额编号	项目名称	计量单位	工程量
C10-972	DN32 截止阀,螺纹连接	个	2
C10-969	DN15 截止阀,螺纹连接	个	6

【案例 6-6】 如图 6-6 所示为一活塞式减压阀安装示意图,螺纹连接,直径为 DN32,试计算其工程量。

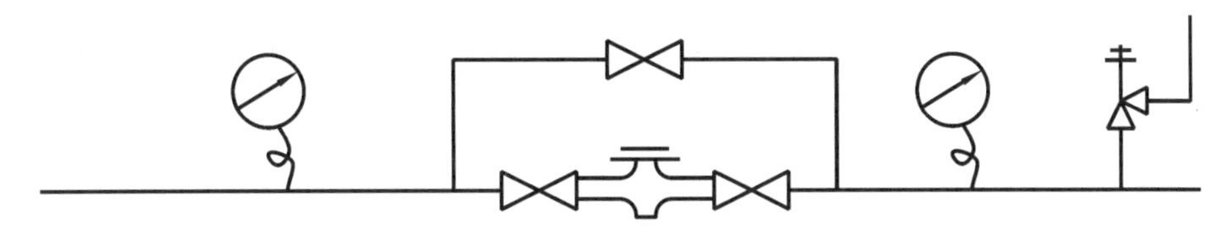

图 6-6　活塞式减压阀安装

【解】 (1) 清单工程量。

减压阀　　单位:组　　数量:1

清单工程量计算见表 6-14。

表 6-14　清单工程量计算表【案例 6-6】

项目编码	项目名称	项目特征描述	计量单位	工程量
031003006001	螺纹减压器	DN32 活塞式减压阀,螺纹连接	组	1

(2) 定额工程量。

减压阀　　单位:组　　数量:1

定额工程量计算见表 6-15。

表 6-15　定额工程量计算表【案例 6-6】

定额编号	项目名称	计量单位	工程量
C10-1221	螺纹减压器安装,DN32	组	1

【案例 6-7】 如图 6-7 所示为某疏水器安装示意图,螺纹连接,直径为 DN32,试计算其工程量。

【解】 (1) 清单工程量。

疏水器　　单位:组　　数量:1

清单工程量计算见表 6-16。

表 6-16　清单工程量计算表【案例 6-7】

项目编码	项目名称	项目特征描述	计量单位	工程量
031003007001	疏水器	DN32 疏水器,螺纹连接	组	1

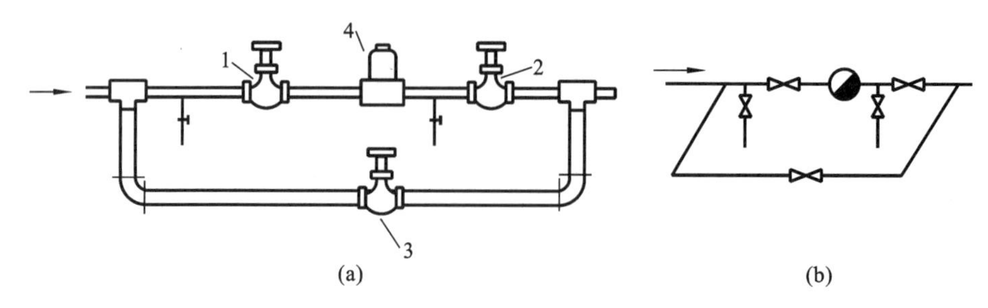

图 6-7　某疏水器安装示意图

(a)平面图;(b)简图

1、2、3—阀门;4—疏水器

(2) 定额工程量。

疏水器　　单位:组　　数量:1

定额工程量计算见表 6-17。

表 6-17　定额工程量计算表【案例 6-7】

定额编号	项目名称	计量单位	工程量
C41-1249	螺纹连接疏水器(有旁通管)安装,DN32	组	1

【案例 6-8】 如图 6-4、图 6-5 所示,图中水表为普通螺纹水表,试计算水表安装工程量。

【解】 (1) 清单工程量。

螺纹水表　　单位:组　　数量:1

清单工程量计算见表 6-18。

表 6-18　清单工程量计算表【案例 6-8】

项目编码	项目名称	项目特征描述	计量单位	工程量
031003013001	水表	室外,DN32,螺纹连接	组	1

(2) 定额工程量。

螺纹水表　　单位:组　　数量:1

定额工程量计算见表 6-19。

表 6-19　定额工程量计算表【案例 6-8】

定额编号	项目名称	计量单位	工程量
C10-1346	螺纹水表安装,DN32	组	1

任务五 卫生器具安装工程量计算

一、工程量计算原则

(1) 各种卫生器具均按设计图示数量计算,以“10 组”或“10 套”为计量单位。

(2) 大、小便槽自动冲洗水箱安装按容积大小,依设计图示数量计算,以“10 套”为计量单位。

(3) 大、小便槽自动冲洗水箱制作不分规格,以“100 kg”为计量单位。

(4) 湿蒸房按使用人数划分,以“座”为计量单位。

(5) 各种给排水附件(含同层排水器件),按设计图示数量计算,以“10 组”或“10 个”为计量单位。

(6) 小便槽冲洗管制作安装,按设计图示长度计算,以“10 m” 为计量单位。不扣除管件所占长度。

二、定额说明

(1) 本定额包括浴盆、净身盆安装,洗脸盆安装,洗涤盆、化验盆安装,大便器安装,小便器安装,成品拖布池、烘手器安装,淋浴器安装,整体淋浴室、桑拿浴房安装,大小便槽自动冲洗水箱制作安装,给排水附件安装,小便槽冲洗管制作安装等项目。

(2) 卫生器具安装是参照《国家建筑标准设计图集》09S304 卫生设备安装中的相关标准图编制的,各类卫生器具安装项目除另有标注外,均适用于各种材质的卫生器具。

(3) 各类卫生器具安装项目包括卫生器具本体、配套附件、成品支托架安装。各类卫生器具配套附件是指给水附件(水嘴、金属软管、阀门、冲洗管、喷头等)和排水附件(下水口、排水栓、存水弯、与地面或墙面排水口之间的排水连接管等)。

(4) 各类卫生器具所用附件已列出消耗量,如随设备或器具配套供应,其消耗量不得重复计算。各类卫生器具的支托架如需现场制作,执行设备支架制作安装相应项目另行计算。

(5) 冷热水带喷头浴盆,其管道阀件若采用埋入式安装,混合水管及管件消耗量应另行计算。按摩浴盆安装,包括配套小型循环设备(过滤器、水泵、按摩泵、气泵等)安装,其循环管路材料、配件等均按成套供货考虑。

(6) 卫生器具使用液压脚踏开关时,执行相应项目,其人工费乘以系数 1.3,液压脚踏装置材料消耗量另行计算。如水嘴、喷头等配件随液压阀成套供应,应扣除项目中所列的相应材料,不得重复计算。卫生器具所用脚踏装置包括配套的控制器、液压脚踏开关、液压连接软管等配套附件。

(7) 蹲式大便器和排水栓安装项目中不包括存水弯，存水弯安装执行相应项目另行计算。

(8) 大、小便器冲洗管均按成套供货考虑，大便器安装已包括了柔性接头或胶皮碗；大、小便槽自动冲洗水箱安装项目中，已包括了水箱、自动冲洗阀和冲洗管以及成品支托架、管卡等安装。

(9) 卫生间采用同层排水设计的，其中塑料管执行一般塑料管安装项目，同层排水所增加的器件按本章相应项目按实计算。同层排水器件是指排水汇合器、积水处理器、旋流四通和多功能地漏。

(10) 与卫生器具配套的电气安装，按“电气设备安装工程”相应项目执行。

(11) 各类卫生器具安装所需卫生器具底部填充的干砂、混凝土基础、砖砌体、瓷砖粘贴、台式面盆的台板、浴厕配件安装，按相应项目计算。

三、实务案例

【案例 6-9】 如图 6-8 所示为洗涤盆示意图，试计算其工程量。

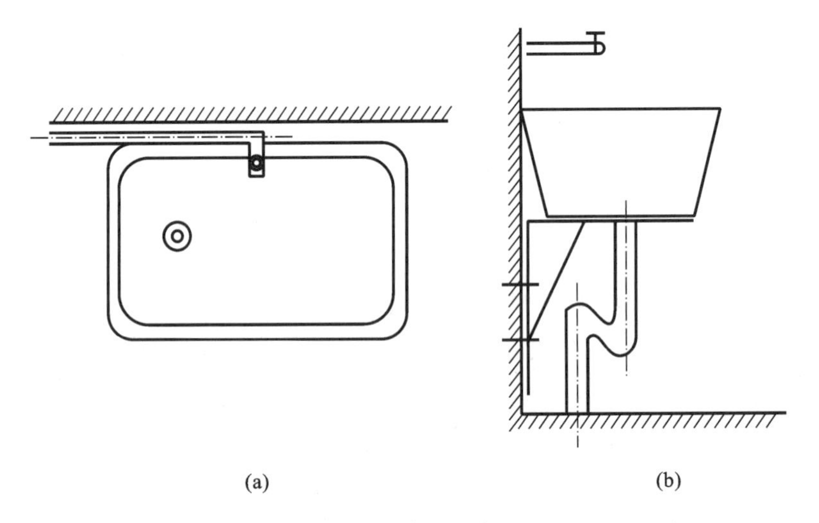

图 6-8 洗涤盆示意图

(a)平面图；(b)侧面图

【解】 (1) 清单工程量。

洗涤盆　　单位：组　　数量：1

清单工程量计算见表 6-20。

表 6-20 清单工程量计算表【案例 6-9】

项目编码	项目名称	项目特征描述	计量单位	工程量
031004004001	洗涤盆	按实际情况	组	1

(2) 定额工程量。

洗涤盆　　单位:10 组　　数量:0.1

定额工程量计算见表 6-21。

表 6-21　定额工程量计算表【案例 6-9】

定额编号	项目名称	计量单位	工程量
C10-1449	洗涤盆安装	10 组	0.1

说明:洗涤盆的规格有多种,安装时根据安装图安装。洗涤盆安装定额中已考虑了水嘴,不再另外套用定额。

【案例 6-10】　如图 6-9 所示为淋浴器示意图,采用钢管连接,试计算其工程量。

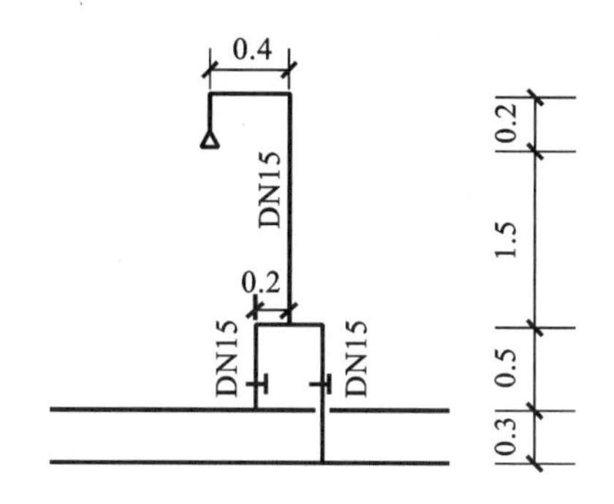

图 6-9　淋浴器示意图

【解】　(1) 清单工程量。

淋浴器　　单位:套　　数量:1

清单工程量计算见表 6-22。

表 6-22　清单工程量计算表【案例 6-10】

项目编码	项目名称	项目特征描述	计量单位	工程量
031004010001	淋浴器	钢管连接淋浴器,DN15 镀锌钢管,莲蓬头 1 个,DN15 截止阀 2 个	套	1

(2) 定额工程量。

淋浴器　　单位:10 组　　数量:0.1

定额工程量计算见表 6-23。

表 6-23　定额工程量计算表【案例 6-10】

定额编号	项目名称	计量单位	工程量
C10-1486	钢管组成淋浴器(冷热水)	10 组	0.1

说明:定额中已包括管道及附件,可不另外计算。

任务六　供暖器具安装工程量计算

一、工程量计算原则

（1）铸铁散热器安装，分落地式、挂式安装。铸铁散热器组对安装以“10 片”为计量单位；成组铸铁散热器安装按每组片数以“组”为计量单位。

（2）钢柱式散热器安装按每组片数以“组”为计量单位；闭式散热器安装以“片”为计量单位；其他成品散热器安装以“组”为计量单位。

（3）艺术造型散热器按与墙面的正投影（高×长）面积计算，以“组”为计量单位。不规则形状以正投影轮廓的最大高度乘以最大长度计算面积。

（4）光排管散热器制作分 A 型、B 型，区分排管公称直径，按图示散热器长度以“10 m”为计量单位，其中联管、支撑管不计入排管工程量；光排管散热器安装不分 A 型、B 型，按排管公称直径和光排管散热器长度，以“组”为计量单位。

（5）暖风机安装按设备质量划分档距，以“台”为计量单位。

（6）地板辐射采暖的塑料管道依据管道外径，按设计图示中心线长度计算，以“10 m”为计量单位。保护层（铝箔）、隔热板、钢丝网按设计图示尺寸计算铺设面积，以“10 m^2”为计量单位。边界保温带按设计图示长度以“10 m”为计量单位。

（7）热媒集配装置按带箱、不带箱列项，依分支管环路数以“组”为计量单位。

二、定额说明

（1）本定额包括铸铁散热器安装、钢制散热器安装、其他成品散热器安装、光排管散热器制作安装、暖风机安装、地板辐射采暖等项目。

（2）散热器安装项目，除另有说明外，各型散热器均包括散热器成品支托架（钩、卡）安装和安装前的水压试验以及各局部管段系统的水压试验。

（3）各型散热器不分明装、暗装，均按材质、类型执行相应项目。

（4）各型散热器的成品支托架（钩、卡）安装，是按采用膨胀螺栓固定编制的，如工程要求与标准不同时，可按照相应项目进行调整。

（5）铸铁散热器按柱型（柱翼型）编制，区分落地、挂式两种安装方式。成组铸铁散热器、光排管散热器如发生现场进行除锈刷漆，执行“刷油、防腐蚀、绝热工程”相应项目。

（6）钢制板式散热器安装不论是否带对流片，均按安装形式和规格执行同一项目。钢制卫浴散热器执行钢制单板板式散热器安装项目。钢制扁管散热器分别执行单板、双板钢制板式散热器安装项目，其人工费乘以系数 1.2。

（7）钢制翅片管散热器安装包括随散热器供应的成品对流罩，如工程不要求安装对流罩，每组扣减人工费 3.75 元。

(8) 钢制板式散热器、金属复合散热器、艺术造型散热器的固定组件，按随散热器配套供应编制，如散热器未配套，应按实计算相应的材料消耗量。

(9) 光排管散热器制作项目已包括联管、支撑管的所用人工与材料。光排管散热器安装不区分 A 型、B 型，均执行同一子目。

(10) 手动放气阀执行手动放风阀安装项目。如随散热器已配套安装就位，不得重复计算。

(11) 暖风机安装项目不包括支架制作安装，支架制作安装按相应项目执行。

(12) 地板辐射采暖的塑料管敷设项目包括固定管道的塑料卡钉(管卡)安装，局部套管敷设及地面浇筑的配合用工。如工程要求固定管道的方式不同，固定管道的材料可以按设计要求进行调整，其他不变。

(13) 地板辐射采暖的隔热板项目中的塑料薄膜，是指在接触土壤或室外空气的楼板与绝热层之间所铺设的塑料薄膜防潮层。当隔热板带有保护层(铝箔)，无须铺设塑料薄膜时，应扣除塑料薄膜消耗量。地板辐射采暖塑料管道在跨越建筑物伸缩缝、沉降缝时所铺设的塑料板条，应按照边界保温带安装项目计算，塑料板条材料消耗量可按设计规格尺寸进行调整。

(14) 成组热媒集配装置包括成品集分水器和配套供应的固定支架及与分支管连接的部件。固定支架如不随分集水器配套供应，需现场制作时，执行相应项目另行计算。

三、实务案例

【案例 6-11】 如图 6-10 所示为光排管散热器示意图，$L_1=200$ mm，排管直径＝DN50。试计算其工程量。

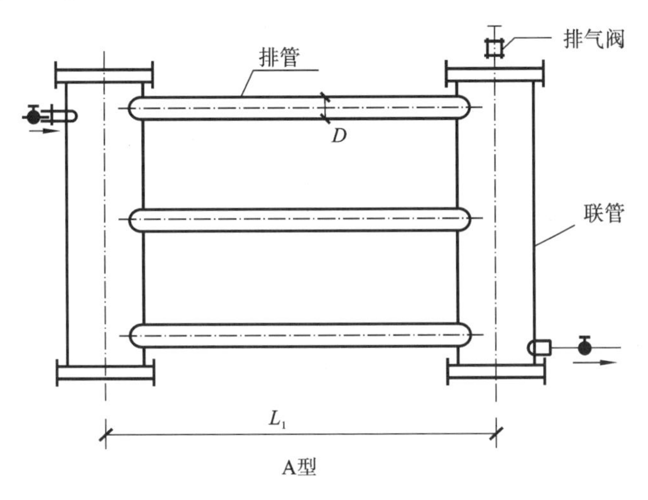

图 6-10　光排管散热器示意图

【解】 (1) 清单工程量。

光排管散热器　　单位：m　　数量：$(nL_1)=200\times3=600$(mm)＝0.6(m)

说明：光排管散热器制作安装以“m”为计量单位，已包括联管长度，不得另行计算，n 为排管数量。

清单工程量计算见表6-24。

表6-24 清单工程量计算表【案例6-11】

项目编码	项目名称	项目特征描述	计量单位	工程量
031005004001	光排管散热器	按实际情况	m	0.6

（2）定额工程量。

光排管散热器制作安装　　单位：10 m　　数量：0.06

定额工程量计算见表6-25。

表6-25 定额工程量计算表【案例6-11】

定额编号	项目名称	计量单位	工程量
C10-1618	光排管散热器制作安装	10 m	0.06

说明：光排管散热器制作安装清单项目中工作内容包括除锈、刷油，定额工作内容不包括除锈、刷油，如需除锈、刷油，可增加定额子目。由于除锈、刷油有单独的清单编码，也可单独作为清单项目列项。为了后期组表方便，笔者在此处只列出一个定额子目，除锈、刷油另外列项。

任务七　医疗气体设备及附件安装工程计量

一、工程量计算原则

（1）各种医疗设备及附件均按设计图示数量计算。

（2）制氧机按氧产量、储氧罐按储液氧量，以“台”为计量单位。

（3）气体汇流排按左右两侧钢瓶数量，以“套”为计量单位。

（4）刷手池按水嘴数量，以“组”为计量单位。

（5）集污罐、医用真空罐、气水分离器、储气罐均按罐体直径，以“台”为计量单位。

（6）集水器、二级稳压箱、干燥机以“台”为计量单位。

（7）气体终端、空气过滤器以“个”为计量单位。

（8）医疗设备带以“m”为计量单位。

二、定额说明

（1）本定额包括医疗气体设备安装、医疗气体设备附件安装等项目。

①医疗气体设备安装包括制氧机、二级稳压箱、气水分离器、空气过滤器、医用真空罐、储气罐、液氧罐、集污罐、干燥机等项目。

②医疗气体设备附件安装包括气体汇流排、医疗设备带、气体终端、集水器、刷手池等项目。

（2）本定额设备安装项目包括随本体配备的管道和附件安装，不包括与设备外接的第一片法兰或第一个连接口以外的工程量，发生时应另行计算。设备安装项目中支架、地脚螺栓随设备配备考虑，如需现场加工，应另行计算。

（3）气体汇流排安装项目适用于氧气、二氧化碳、氮气、笑气、氩气、压缩空气等汇流排的安装。

（4）刷手池安装项目，按刷手池自带全部配件及密封材料编制，本定额中只包括刷手池安装、连接上下水管。

（5）干燥机安装项目，适用于吸附式和冷冻式干燥机安装。

（6）空气过滤器安装项目，适用于压缩空气预过滤器、精过滤器、超精过滤器等安装。

（7）设备单机无负荷试运转及水压试验所用的水、电、气的用量应另行计算。

（8）本定额安装项目均不包括试压、脱脂、阀门研磨及无损探伤检验、设备氮气置换等工作内容，如设计有要求，应另行计算。

（9）设备地脚螺栓预埋、基础灌浆执行“机械设备安装工程”相应项目。

四、实务案例

【案例 6-12】 某医疗系统中安装一个制氧机，产氧量 20 m^3/h，试计算工程量。

【解】 （1）清单工程量。

制氧机　　单位：台　　数量：1

清单工程量计算见表 6-26。

表 6-26　清单工程量计算表【案例 6-12】

项目编码	项目名称	项目特征描述	计量单位	工程量
031006015001	制氧机	搬运，安装，调试	台	1

（2）定额工程量。

制氧机安装　　单位：台　　数量：1

定额工程量计算见表 6-27。

表 6-27　定额工程量计算表【案例 6-12】

定额编号	项目名称	计量单位	工程量
C10-1698	制氧机安装，调试	台	1

任务八　燃气管道、附件安装计量

一、工程量计算原则

（1）各类燃气管道安装按室内外、管道材质、连接形式和规格分别列项，以“10 m”为计量单位。其中铜管、塑料管、复合管按公称外径(dn)表示,其他管道均按公称直径(DN)表示。

(2) 各类燃气管道安装工程量,均按设计管道中心线长度,以“10 m”为计量单位,不扣除阀门、管件、附件及井类所占长度。

(3) 氮气置换按管道直径区分,以“100 m”为计量单位。

(4) 警示牌、示踪线安装,以“100 m”为计量单位。

(5) 地面警告标志桩安装,以“10 个”为计量单位。

(6) 燃气调压器、调压箱(柜)按不同进口管径,以“台”为计量单位。

(7) 燃气专用阀、燃气管道调长器、噪整器安装,区分连接方式、不同管径,以“个”或“组”为计量单位。

(8) 燃气不锈钢软管(螺纹连接)安装,按不同管径,以“根”为计量单位。

(9) 燃气开水炉、采暖炉、沸水器、消毒器、热水器以“台”为计量单位。

(10) 燃气表安装按不同规格、型号,以“块”为计量单位。

(11) 燃气流量计按不同管径,以“台”为计量单位。流量计控制器按不同管径,以“个”为计量单位。

(12) 燃气灶分民用、公用灶具,按灶具型式和进气管直径区分,以“台”为计量单位。

(13) 气嘴安装以“个”为计量单位。

(14) 燃气凝水缸按不同材质、压力、管径,以“套”为计量单位。

(15) 燃气管道防护罩以设计图示数量计算,以“支”为计量单位;燃气管道钢制防爬刺按被保护管道的管径区分,以“m”为计量单位。

二、定额说明

(1) 本定额包括室外燃气管道安装,室内燃气管道安装,氮气置换、警示标志安装,燃气调压设备安装,燃气专用阀、调长器安装,燃气加热设备安装,燃气流量计、灶具安装,燃气凝水缸、入口保护装置安装等项目。

(2) 室内外燃气管道界限的划分。

①地下引入室内的管道以室内第一个阀门为界。

②地上引入的管道以墙外三通为界。但一栋建筑物的供气干管有多处分支接入室内的,执行室内燃气管道安装相应项目(仅计算至与室外管道相连的三通、弯头或阀门处)。

③室外管道安装,不区分地上、地下,均执行同一项目。

(3) 燃气管道安装项目适用于工作压力小于或等于 0.4 MPa(中压 A)的燃气系统。如燃气用的铸铁管道工作压力大于 0.2 MPa,安装人工乘以系数 1.3。

(4) 燃气管道安装。

①燃气管道安装项目中,均包括管道及管件安装、强度试验、严密性试验、空气吹扫等内容。各种管件均按成品管件安装考虑,其数量系综合取定,执行项目时,管件可依据设计文件及施工方案或参照“管道管件数量取定表”计算,项目中的其他消耗量均不做调整。本定额管件含量中不含与螺纹阀门配套的活接头、对丝,其用量已含在螺纹阀门安装项目中。

②燃气管道安装项目中均不包括管道支架、管卡、托钩等的制作安装，以及管道穿墙、穿楼板套管的制作安装和预留孔洞、堵洞、凿槽、打洞等工作内容，发生时执行相应项目另行计算。

③已验收合格未及时投入使用的管道，使用前需做强度试验、严密性试验、空气吹扫的，执行“工业管道工程”相关项目。

④燃气检漏管安装执行相应材质的管道安装项目。

⑤成品防腐管道需做电火花检测的，可另行计算。

⑥室外新建燃气管道与已有气源燃气管道的碰头连接，按相应项目计算。

(5) 燃气调压器与燃气专用阀安装。

①燃气调压箱安装按壁挂式和落地式分别列项，其中落地式区分单路进口和双路进口。调压箱安装不包括支架制作安装、保护台和底座的砌筑，发生时执行其他相应项目另行计算。

②燃气管道调长器安装项目适用于法兰式波纹补偿器和套筒式补偿器的安装。

③调长器安装、调长器与阀门联装包含了所用法兰、螺栓和垫片。调长器与阀门联装项目，其所用法兰、螺栓和垫片等的消耗量按联装考虑，适用于法兰式补偿器与法兰阀门联装，若不是联装，则应分别执行调长器和法兰阀门安装项目。

④噪整器安装项目中包含了两端的法兰及螺栓和垫片的消耗量。若噪整器与法兰阀门联装，法兰、垫片及螺栓应扣减，其余不变。

⑤户内家用可燃气体检测报警器与电磁阀成套安装的，执行螺纹电磁阀安装相应项目，人工费乘以系数1.3。

(6) 燃气器具。

①各种燃气炉和热水器具安装项目，均包括本体及随炉(器)具配套附件的安装。壁挂式采暖炉考虑了随设备配套的托盘、挂装支架的安装。

②燃气表(螺纹连接)安装项目，适用于螺纹连接的民用或公用燃气表；IC卡燃气表安装，执行燃气表(螺纹连接)相应项目，其人工费乘以系数1.1。

③燃气表(螺纹连接)安装项目中有两个表接头，如燃气表配套含有表接头时，应扣除项目中所列表接头消耗量，不得重复计取。燃气表安装项目中不包括燃气表的托架制作安装，发生时根据工程要求另行计算。

④燃气流量计适用于法兰连接的腰轮(罗茨)燃气流量计、涡轮燃气流量计安装。

⑤法兰式燃气流量计、流量计控制器安装项目均包括了与法兰连接一侧的螺栓和垫片。

⑥流量计控制器如出厂时已安装在燃气流量计上，则不得执行流量计控制器安装项目。

⑦各种材质凝水缸安装，均按中压、低压分别列项。凝水缸安装项目包括凝水缸本体、抽水管及其管件、附件安装以及与管道系统的连接。低压凝水缸还包括混凝土基座及铸铁护罩的安装。中压凝水缸不包括井室部分、凝水缸的防腐处理，发生时执行其他相应项目另行计算。

⑧燃气管道引入口防护罩安装按玻璃钢保护罩编制，若使用其他材质的保护罩，材料可以换算，其他不变。

三、实务案例

【案例6-13】 如图6-11(a)所示为某一五层住宅楼厨房燃气管道安装平面图，图6-11(b)为系统图。管道材质为镀锌钢管，螺纹连接。试计算室内燃气系统工程量(从立管计起)。

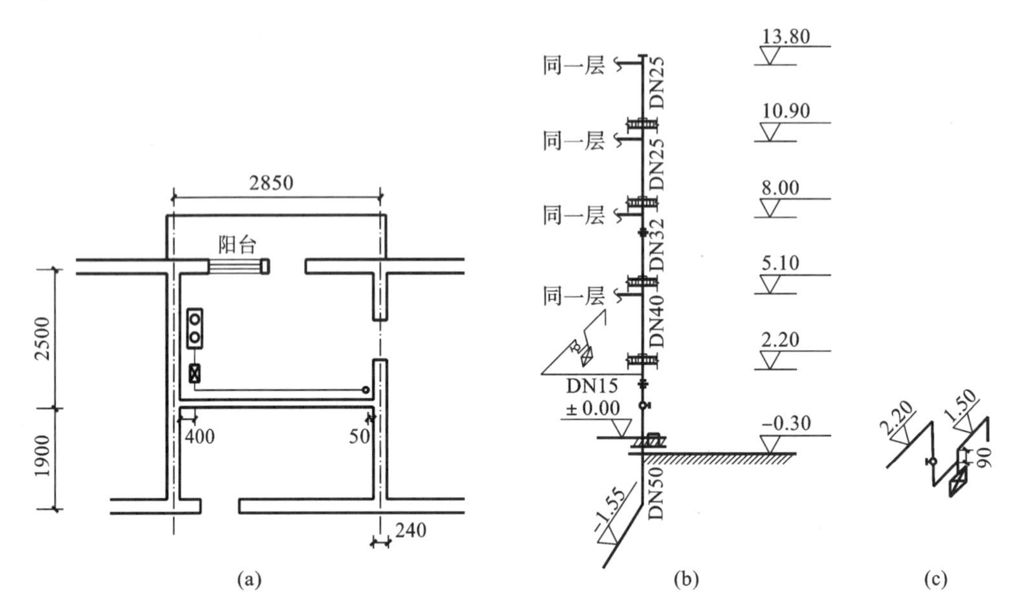

图6-11　燃气管道示意图

(a)平面图；(b)系统图；(c)安装详图

【解】 1)定额工程量

(1) 管道安装工程量(镀锌钢管)。

①DN50：埋地立管－0.3－(－1.55)＝1.25(m)

室内立管(2.2＋0.3)＝2.5(m)

②DN40：5.1－2.2＝2.9(m)

③DN32：8.0－5.1＝2.9(m)

④DN25：2.9×2＝5.8(m)

⑤DN15：2.85－0.24(内墙厚度)－0.05－0.4＋2.2－1.5＝2.86(m)

DN15支管的总长度为2.86×5＝14.3(m)

注：灶具安装项目内包括从阀门至灶具的管道，阀门安装高度一般为1.50 m，因此室内DN15支立管的长度为2.2－1.5＝0.7(m)

(2) 户用JZR2双眼燃气灶　　5台

(3) 旋塞阀　　DN50　　1个(立管处)

旋塞阀　　DN15　　5个(支管处)

(4) 煤气表(1.5 m^3/h) 5 块

(5) 钢套管(穿楼板用)

DN80(DN50)1 个 DN70(DN40)1 个

DN50(DN32)1 个 DN40(DN25)1 个

定额工程量计算见表 6-28。

表 6-28 定额工程量计算【案例 6-13】

定额编号	项目名称	计量单位	工程量
C10-2011	镀锌钢管,螺纹连接,DN15	10 m	1.43
C10-2013	镀锌钢管,螺纹连接,DN25	10 m	0.58
C10-2014	镀锌钢管,螺纹连接,DN32	10 m	0.29
C10-2015	镀锌钢管,螺纹连接,DN40	10 m	0.29
C10-2016	镀锌钢管,螺纹连接,DN50	10 m	0.375
C10-768	钢制套管制作安装,公称直径≤50	10 个	0.4
C10-969	螺纹阀安装,DN15	个	5
C10-974	螺纹阀安装,DN50	个	1
C10-2208	民用燃气表,DN15	块	5
C10-2235	户用 JZR2 双眼燃气灶(内嵌式)	台	5

2) 清单工程量

清单工程量与定额工程量相同。清单工程量计算见表 6-29。

表 6-29 清单工程量计算表【案例 6-13】

项目编码	项目名称	项目特征描述	计量单位	工程量
031001001001	镀锌钢管	燃气管道,螺纹连接,DN15	m	14.3
031001001002	镀锌钢管	燃气管道,螺纹连接,DN25	m	5.8
031001001003	镀锌钢管	燃气管道,螺纹连接,DN32	m	2.9
031001001004	镀锌钢管	燃气管道,螺纹连接,DN40	m	2.9
031001001005	镀锌钢管	燃气管道,螺纹连接,DN50	m	3.75
031002003001	套管	钢套管,直径≤50	个	4
031003001001	螺纹阀门	螺纹旋塞阀,DN15	个	5
031003001001	螺纹阀门	螺纹旋塞阀,DN50	个	1
031007005001	燃气表	DN15	块	5
031007006001	燃气灶具	户用 JZR2 双眼燃气灶(内嵌式)	台	5

练习题

项目七 刷油、防腐蚀、绝热工程计量

【知识目标】

掌握刷油、防腐蚀、绝热工程施工图的识读方法，掌握刷油、防腐蚀、绝热工程工程量的计算规则，掌握刷油、防腐蚀、绝热工程项目编码的确定方法，掌握刷油、防腐蚀、绝热工程的定额子目的套用方法。

【能力目标】

能根据施工图纸正确计算刷油、防腐蚀、绝热工程工程量。

任务一 刷油、防腐蚀、绝热工程定额概述

(1) 本定额适用于设备、管道、金属结构的刷油、防腐蚀、绝热工程，包括除锈工程、刷油工程、防腐蚀涂料工程、绝热工程、手工糊衬玻璃钢工程、橡胶板及塑料板衬里工程、衬铅及搪铅工程、喷镀(涂)工程、块材衬里工程、管道补口补伤工程、阴极保护及牺牲阳极等项目。

(2) 本定额编制的主要技术依据如下。

①《工业设备及管道防腐蚀工程施工规范》GB 50726—2011；

②《工业设备及管道防腐蚀工程施工质量验收规范》GB 50727—2011；

③《工业设备及管道绝热工程施工规范》GB 50126—2008；

④《工业设备及管道绝热工程施工质量验收标准》GB/T 50185—2019；

⑤《石油化工绝热工程施工质量验收规范》GB 50645—2011；

⑥《涂覆涂料前钢材表面处理 表面清洁度的目视评定 第1部分：未涂覆过的钢材表面和全面清除原有涂层后的钢材表面的锈蚀等级和处理等级》GB/T 8923.1—2011；

⑦《涂覆涂料前钢材表面处理 表面清洁度的目视评定 第2部分：已涂覆过的钢材表面局部清除原有涂层后的处理等级》GB/T 8923.2—2008；

⑧《橡胶衬里 第1部分：设备防腐衬里》GB 18241.1—2014；

⑨《乙烯基酯树脂防腐蚀工程技术规范》GB/T 50590—2010；

⑩《钢结构防火涂料》GB/T 14906—2018；

⑪《砖板衬里化工设备》HG/T 20676—1990；

⑫《橡胶衬里化工设备设计规范》HG/T 20677—2013；

⑬《耐酸砖》GB/T 8488—2008；

⑭《绝热用岩棉、矿渣棉及其制品》GB/T 11835—2016；

⑮《管道与设备绝热—保温》08K507-1、08R418-1；

⑯《管道与设备绝热—保冷》08K507-2、08R418-2；

⑰《柔性泡沫橡塑绝热制品》GB/T 17794—2008；

⑱《通用安装工程工程量计算规范》GB 50856—2013；

⑲《通用安装工程消耗量定额》TY02-31—2015；

⑳《湖南省安装工程消耗量标准(基价表)》2014。

(3) 关于下列各项费用的规定。

①脚手架搭拆费：按下列系数计算，其中人工占35%。

a. 除锈工程、刷油工程、防腐蚀工程：按人工费的7%计算；

b. 绝热工程：按人工费的10%计算。

②操作高度增加费：当操作物离楼地面高度超过6 m时，超过部分工程量其人工费和机械费分别乘以下列系数计算(表7-1)。

表7-1　超高作业降效增加费系数

高度	小于20 m	小于40 m	小于60 m	小于80 m	80 m以上
系数	1.2	1.4	1.6	1.8	2.0

③安装与生产同时进行的施工增加费，按人工费的10%计算。

④在有害身体健康的环境中施工增加费，按人工费的10%计算。

⑤在管道间(井)、管廊内的刷油、防腐蚀、绝热项目，其人工费乘以系数1.2。

⑥厂区外1 km以外至10 km以内的刷油、防腐蚀、绝热项目，其人工费和机械费乘以系数1.1。

(4) 金属结构。

①大型型钢：H型钢结构及任何一边大于300 mm的型钢，以“10 m^2”为计量单位。

②管廊：除管廊上的平台、栏杆、梯子以及大型型钢以外的钢结构均为管廊，以“100 kg”为计量单位。

③一般钢结构：除大型型钢和管廊以外的其他钢结构，如平台、栏杆、梯子、管道支吊架及其他金属构件等，以“100 kg”为计量单位。

④由钢管组成的金属结构，执行管道相应子目，其人工乘以系数1.2。

⑤本定额中按“100 kg”计量的项目，执行子目时乘以下列系数(表7-2)。

表7-2　系数表

类型	系数	类型	系数	类型	系数
单件质量≤20 kg	1	20 kg<单件质量≤50 kg	0.94	50 kg<单件质量≤100 kg	0.8
100 kg<单件质量≤500 kg	0.65	单件质量>500 kg	0.4	通廊结构	0.36
走台梯子	0.6	操作平台	0.48	单轨吊梁	0.29

任务二 除锈、刷油工程量计算

一、工程量计算原则

见本项目附件。

二、定额说明

(1) 除锈工程包括手工除锈、动力工具除锈、喷射除锈、化学除锈等项目。

(2) 各种管件、阀件及设备上人孔、管口凹凸部分的除锈已综合考虑在项目内,不另行计算。

(3) 除锈区分标准。

①手工、动力工具除锈锈蚀标准分为轻锈、中锈两种。

轻锈:已发生锈蚀,并且部分氧化皮已经剥落的钢材表面。

中锈:氧化皮已锈蚀而剥落,或者可以刮除,并且有少量点蚀的钢材表面。

②手工、动力工具除锈过的钢材表面分为St2和St3两个标准。

St2标准:钢材表面应无可见的油脂和污垢,并且没有附着不牢的氧化皮、铁锈和油漆涂层等附着物。

St3标准:钢材表面应无可见的油脂和污垢,并且没有附着不牢的氧化皮、铁锈和油漆涂层等附着物。除锈应比St2标准更为彻底,底材显露出部分的表面应具有金属光泽。

③喷射除锈过的钢材表面分为Sa2、Sa2.5和Sa3三个标准。

Sa2级:彻底的喷射或抛射除锈。钢材表面应无可见的油脂、污垢,并且氧化皮、铁锈和油漆层等附着物已基本清除,其残留物应是牢固附着的。

Sa2.5级:非常彻底的喷射或抛射除锈。钢材表面应无可见的油脂、污垢、氧化皮、铁锈和油漆层等附着物,任何残留的痕迹应仅是点状或条纹状的轻微色斑。

Sa3级:使钢材表观洁净的喷射或抛射除锈。钢材表面应无可见的油脂、污垢、氧化皮、铁锈和油漆层等附着物,该表面应显示均匀的金属色泽。

(4) 刷油工程包括管道刷油,设备与矩形管道刷油,金属结构刷油,铸铁管、暖气片刷油,灰面刷油,玻璃布、白布面刷油,麻布面、石棉布面刷油,气柜刷油,玛蹄脂面刷油,喷漆等项目。

(5) 各种管件、阀件和设备上人孔、管口凹凸部分的刷油已综合考虑在项目内,不另行计算。

(6) 本章金属面刷油不包括除锈工作内容。

(7) 关于下列各项费用的规定。

①手工和动力工具除锈按St2标准确定。若变更级别标准(如按St3标准),执行相

应项目乘以系数 1.1。

②喷射除锈按 Sa2.5 级标准确定。若变更级别标准，Sa3 级项目乘以系数 1.1，Sa2 级项目乘以系数 0.9。

③本定额不包括除微锈(标准：氧化皮完全紧附，仅有少量锈点)，发生时执行除轻锈相应项目乘以系数 0.2。

④对于镀锌铁皮制作的通风管道、保温盒的除油污、除尘，执行人工除轻锈相应项目，人工、材料乘以系数 0.2。

⑤标志、色环等零星刷油，执行相应项目，其人工乘以系数 2.0。

⑥刷油工程按安装地点就地刷(喷)油漆考虑，如安装前集中刷(喷)油漆，执行相应项目，其人工乘以系数 0.7(暖气片除外)。

(8) 本定额主材与稀干料可以换算，但人工费和材料消耗量不变。

三、实务案例

【案例 7-1】 某工程采用管道外径为 133 mm 的无缝钢管，管道上有轻锈，管道长度为 160 m。管道除锈后刷防锈漆两遍，试计算管道除锈、刷油工程量。

【解】 (1) 管道除锈工程量。

$$S=\pi DL=3.14\times 0.133\times 160=66.82(\text{m}^2)$$

(2) 管道刷油工程量。

根据计算公式，管道刷防锈漆第一遍，第二遍工程量同管道除锈工程量。

定额工程量计算见表 7-3。

表 7-3　定额工程量计算表【案例 7-1】

定额编号	项目名称	计量单位	工程量
C12-1	管道手工除锈，轻锈	10 m^2	6.682
C12-53	管道刷油，防锈漆，第一遍	10 m^2	6.682
C12-54	管道刷油，防锈漆，第二遍	10 m^2	6.682

刷油工程的工作内容已包括除锈工作，所以只列出一个清单项，工程量请注意单位换算。

清单工程量计算见表 7-4。

表 7-4　清单工程量计算表【案例 7-1】

项目编码	项目名称	项目特征描述	计量单位	工程量
031201001001	管道除锈	轻锈，刷防锈漆二道	m^2	66.82
031201001002	管道刷油			

【案例 7-2】 某采暖工程采用 M132 型铸铁散热器 230 片，散热器除锈后刷防锈漆一遍，再刷银粉漆两遍。铸铁散热器单片散热面积见表 7-5。试计算散热器除锈、刷油工程量。

表 7-5　铸铁散热器单片散热面积

铸铁散热器	单片散热面积/(m^2/片)	铸铁散热器	单片散热面积/(m^2/片)
长翼型(大 60)	1.2	M132	0.24
长翼型(小 60)	0.9	四柱 640	0.20
圆翼型 D80	1.8	四柱 760	0.24
圆翼型 D50	1.5	四柱 813	0.28

【解】　查表 7-5,M132 型铸铁散热器单片散热面积为 0.24 m^2/片。

散热器除锈工程量:$S=230\times0.24=55.20(m^2)$

散热器刷防锈漆第一遍工程量:55.20 m^2

散热器刷银粉漆第一遍、第二遍工程量:55.20 m^2

定额工程量计算见表 7-6。

表 7-6　定额工程量计算表【案例 7-2】

定额编号	项目名称	计量单位	工程量
C12-16	散热器动力工具除锈,轻锈	10 m^2	5.52
C12-180	铸铁散热器片刷油,防锈漆,第一遍	10 m^2	5.52
C12-182	铸铁散热器片刷油,银粉漆,第一遍	10 m^2	5.52
C12-183	铸铁散热器片刷油,银粉漆,第二遍	10 m^2	5.52

清单工程量计算见表 7-7。

表 7-7　清单工程量计算表【案例 7-2】

项目编码	项目名称	项目特征描述	计量单位	工程量
031201002001	设备与矩形管道除锈	轻锈	m^2	55.20
031201002002	设备与矩形管道刷油	刷防锈漆一道,银粉漆二道	m^2	55.20

任务三　防腐蚀涂料工程工程量计算

一、工程量计算原则

见本项目附件。

二、定额说明

(1) 本定额包括漆酚树脂漆、聚氨酯漆、环氧-酚醛树脂漆、冷固环氧树脂漆、环氧-呋喃树脂漆、酚醛树脂漆、氯磺化聚乙烯漆、过氯乙烯漆、环氧银粉漆、KJ-130 涂料、红丹环氧防锈漆、环氧磁漆、弹性聚氨酯漆、乙烯基酯树脂涂料、DT-22 型凉凉隔热胶、环氧玻璃鳞片防锈漆、FVC 防腐涂料、H-3 改性树脂防腐涂料、HC-1 型改性树脂玻璃鳞片重防腐涂料、HLC-1 型凉水塔专用玻璃鳞片重防腐涂料、无溶剂环氧涂料、氯化橡胶类厚浆型防锈漆、环氧富锌漆、环氧云铁中间漆、沥青防腐漆、管道环氧树脂漆、环氧煤沥青防腐漆、聚氯乙烯缠绕带、H87 防腐涂料、H8701 防腐涂料、硅酸锌防腐蚀涂料、NSJ 特种防腐涂料、NSJ-Ⅰ特种涂料、通用型仿瓷涂料、TO 树脂漆涂料、防静电涂料、无机富锌漆、IPN 8710 防腐蚀涂料等项目。

(2) 本定额不包括除锈工作内容。

(3) 涂料配合比与实际设计配合比不同时，可根据设计要求进行换算，其人工、机械不变。

(4) 聚合热固化是采用蒸汽及红外线间接聚合固化考虑的，如采用其他方法，应按施工方案另行计算。

(5) 本定额未包括的新品种涂料，应按相近项目执行，其人工、机械不变。

(6) 标志、色环等零星刷涂，执行相应项目，其人工乘以系数 2.0。

三、实务案例

【案例 7-3】 某工程管道，采用外径为 133 mm 的钢管，管道长度为 100 m，上装有 5 个阀门，采用聚氨酯漆防腐，涂刷底漆两道，中间漆、面漆各一道。试计算防腐涂料工程量。

【解】

(1) 定额工程量。

①管道除锈工程量。

$$S = \pi DL = 3.14 \times 0.133 \times 100 = 41.76(\text{m}^2)$$

②防腐涂料工程量。

防腐涂料工程量计算中，应加上阀门的面积。

$$S_{总} = S_{管} + S_{阀门} = 41.76 + \pi \times D \times 2.5D \times K$$
$$= 41.76 + 3.14 \times 0.133 \times 2.5 \times 0.133 \times 1.05 = 41.91(\text{m}^2)$$

由上式可知，涂刷底漆面积为 41.91 m^2；中间漆面积为 41.91 m^2；面漆面积为 41.91 m^2。

定额工程量计算见表 7-8。

表 7-8　定额工程量计算表【案例 7-3】

定额编号	项目名称	计量单位	工程量
C12-16	管道手工除锈，轻锈	10 m^2	4.171
C12-370	管道防腐蚀涂料，底漆两道	10 m^2	4.191
C12-371	管道防腐蚀涂料，中间漆一道	10 m^2	4.191
C12-372	管道防腐蚀涂料，面漆一道	10 m^2	4.191

(2) 清单工程量。

防腐蚀涂料工程的工作内容已包括除锈工作,所以只列出一个清单项,工程量请注意单位换算。

清单工程量计算见表7-9。

表7-9 清单工程量计算表【案例7-3】

项目编码	项目名称	项目特征描述	计量单位	工程量
031202002001	管道防腐蚀	轻锈,刷聚氨酯涂料,底漆两道,中间漆一道,面漆一道	m^2	41.91

任务四 手工糊衬玻璃钢工程量计算

一、工程量计算原则

见本项目附件。

二、定额说明

(1) 本定额包括环氧树脂玻璃钢、环氧-酚醛玻璃钢、环氧-呋喃玻璃钢、酚醛树脂玻璃钢、环氧-煤焦油玻璃钢、酚醛-呋喃玻璃钢、YJ型呋喃树脂玻璃钢、聚酯树脂玻璃钢、漆酚树脂玻璃钢、TO树脂玻璃钢、乙烯基酯树脂玻璃钢等项目。

(2) 本定额适用于碳钢设备手工糊衬玻璃钢和塑料管道玻璃钢增强工程。

(3) 施工工序:材料运输、填料干燥过筛、设备表面清洗、塑料管道表面打毛、清洗、胶液配制、刷涂、腻子配制、刮涂、玻璃丝布脱脂、下料、贴衬。

(4) 本定额施工工序中不包括金属表面除锈。

(5) 有关说明如下。

①如设计要求或施工条件不同,所用胶液配合比中固化剂、稀释剂等材料品种与项目不同,以各种胶液中树脂用量为基数进行换算。

②塑料管道玻璃钢增强所用玻璃布是按宽200～250 mm、厚度0.2～0.5 mm考虑的。

③玻璃钢聚合是按间接聚合法考虑的,如需要采用其他方法聚合,应按施工方案另行计算。

④环氧-酚醛玻璃钢、环氧-呋喃玻璃钢、酚醛树脂玻璃钢、环氧-煤焦油玻璃钢、酚醛-呋喃玻璃钢、YJ型呋喃树脂玻璃钢、聚酯树脂玻璃钢,以上碳钢设备底漆一遍和刮涂腻子,执行环氧树脂玻璃钢中相应项目。

⑤本定额是按手工糊衬方法考虑的,不适用于手工糊制或机械成型的玻璃钢制品工程。

⑥管道玻璃钢增强执行乙烯基酯树脂玻璃钢相应项目，人工费乘以系数 1.3。

三、实务案例

【案例 7-4】 某工程管道，采用外径为 110 mm 的塑料管，管道长度为 100 m，外表面采用环氧树脂玻璃钢增强。试计算糊衬玻璃钢工程工程量。

【解】

(1) 定额工程量。

$$S = \pi DL = 3.14 \times 0.11 \times 100 = 34.54(\mathrm{m}^2)$$

定额工程量计算见表 7-10。

表 7-10　定额工程量计算表【案例 7-4】

定额编号	项目名称	计量单位	工程量
C12-1261	塑料管道环氧树脂玻璃钢增强，底漆一遍	10 m^2	3.454
C12-1263	塑料管道环氧树脂玻璃钢增强，缠布一层	10 m^2	3.454
C12-1264	塑料管道环氧树脂玻璃钢增强，面漆一遍	10 m^2	3.454

(2) 清单工程量。

清单工程量计算见表 7-11。

表 7-11　清单工程量计算表【案例 7-4】

项目编码	项目名称	项目特征描述	计量单位	工程量
031203002001	管道防腐蚀	塑料管道糊衬环氧树脂玻璃钢增强，底漆一道，缠布，面漆一道	m^2	34.54

任务五　橡胶板及塑料板衬里工程量计算

一、工程量计算原则

见本项目附件。

二、定额说明

(1) 本定额包括热硫化硬橡胶衬里，热硫化软橡胶衬里，热硫化软、硬胶板复合衬里，预硫化橡胶衬里，自然硫化橡胶衬里，5 m 长管段热硫化橡胶衬里，软聚氯乙烯板衬里等项目。

(2) 本定额橡胶板及塑料板用量包括：

①有效面积需用量(不扣除人孔)；

②搭接面积需用量；

③法兰翻边及下料时的合理损耗量。

(3) 本定额不包括除锈工作内容。

(4) 关于下列各项费用的规定。

①热硫化橡胶板的硫化方法，按间接硫化处理考虑，需要直接硫化处理时，其人工费乘以系数1.25，所需材料、机械费用按施工方案另行计算。

②带有超过总面积15%衬里零件的贮槽、塔类设备，其人工费乘以系数1.4。

③软聚氯乙烯板衬里工程，搭接缝均按胶接考虑，若采用焊接，其人工费乘以系数1.8，过氯乙烯树脂用量乘以系数0.5，聚氯乙烯塑料焊条用量为5.19 kg/10 m^2。

三、实务案例

【案例7-5】 某钢制塔内设备，高度为1.4 m，内表面积为335 m^2，内表面采用热硫化橡胶板衬里，层数为两层。试计算热硫化橡胶板衬里工程工程量。

【解】

(1) 定额工程量计算。

定额工程量计算见表7-12。

表7-12 定额工程量计算表【案例7-5】

定额编号	项目名称	计量单位	工程量
C12-16	设备内部金属面除轻锈	10 m^2	33.5
C12-748	塔内设备热硫化橡胶板衬里两层	10 m^2	33.5

(2) 清单工程量。

清单工程量计算见表7-13。

表7-13 清单工程量计算表【案例7-5】

项目编码	项目名称	项目特征描述	计量单位	工程量
031204001001	塔、槽内设备衬里	1.轻锈；2.热硫化橡胶板衬里；3.两层	m^2	335

任务六 衬铅及搪铅工程量计算

一、工程量计算原则

见本项目附件。

二、定额说明

(1) 本定额包括衬铅和搪铅等项目。

（2）本定额适用于金属设备、型钢等表面衬铅、搪铅工程。

（3）铅板焊接采用氢＋氧焰，搪铅采用氧＋乙炔焰。

（4）本定额不包括金属表面除锈工作内容。

（5）关于下列各项费用的规定。

①设备衬铅不分直径大小，均按卧放在滚动器上施工，对已经安装好的设备进行挂衬铅板施工时，其人工费乘以系数1.39，材料、机械消耗量不得调整。

②设备、型钢表面衬铅，铅板厚度按3 mm考虑，若铅板厚度大于3 mm，其人工费乘以系数1.29，材料按实际进行计算。

③本定额不包括滚动器、胎具等的制作安装费，需要时按施工方案另行计算。

三、实务案例

【案例7-6】 某钢制酸储罐，$D=1.5$ m，$L=2$ m，罐壁厚度为4 mm，内表面采用压板法衬铅处理。试计算衬铅工程工程量。

【解】

（1）定额工程量计算。

$$S=\pi\times D\times L+\left(\frac{D}{2}\right)^2\times\pi\times1.6\times N=3.14\times1.5\times2+\left(\frac{1.5}{2}\right)^2\times3.14\times1.6\times2$$

$$=15.072(\mathrm{m}^2)$$

定额工程量计算见表7-14。

表7-14　定额工程量计算表【案例7-6】

定额编号	项目名称	计量单位	工程量
C12-13	设备内部金属面除轻锈	10 m²	1.5072
C12-1368	设备内压板法衬铅	10 m²	1.5072

（2）清单工程量。

清单工程量计算见表7-15。

表7-15　清单工程量计算表【案例7-6】

项目编码	项目名称	项目特征描述	计量单位	工程量
031205001001	设备衬铅	1.轻锈；2.压板法衬铅	m²	15.072

任务七　喷镀（涂）工程量计算

一、工程量计算原则

见本项目附件。

二、定额说明

(1) 本定额包括喷铝、喷钢、喷锌、喷铜、喷塑、水泥砂浆内喷涂等项目。
(2) 本定额不包括除锈工作内容。
(3) 施工工具:喷镀采用国产 SQP-1(高速、中速)气喷枪;喷塑采用塑料粉末喷枪。
(4) 喷镀和喷塑采用氧乙炔焰。

三、实务案例

【案例 7-7】 某工业管道上装有型钢所做支架 10 副,支架防腐采用喷锌处理,支架单个重 8.5 kg,喷锌层厚度为 0.15 mm,试计算喷锌工程工程量。

【解】

(1) 定额工程量。

$$8.5\times 10=85(\text{kg})$$

定额工程量计算见表 7-16。

表 7-16　定额工程量计算表【案例 7-7】

定额编号	项目名称	计量单位	工程量
C12-1382	型钢喷锌 0.15 mm 厚	100 kg	0.85

(2) 清单工程量。

清单工程量计算见表 7-17。

表 7-17　清单工程量计算表【案例 7-7】

项目编码	项目名称	项目特征描述	计量单位	工程量
031206003001	型钢喷镀(涂)	1.轻锈;2.喷锌;3.厚度 0.15 mm	kg	85

任务八　耐酸砖及板衬里工程量计算

一、工程量计算原则

见本项目附件。

二、定额说明

(1) 本定额包括硅质胶泥砌块材、树脂胶泥砌块材、聚酯树脂胶泥砌块材、环氧-煤焦油胶泥砌块材、酚醛树脂胶泥砌浸渍石墨板、硅质胶泥抹面、表面涂刮鳞片胶泥、衬石墨管接、铺衬石棉板、耐酸砖板衬砌体热处理等项目。

(2) 本定额不包括金属设备表面除锈工作。

(3) 有关说明如下。

①块材包括耐酸瓷砖、板，耐酸耐温砖、耐酸碳砖、浸渍石墨板等。

②树脂胶泥包括环氧树脂、酚醛树酯、呋喃树脂、环氧-酚醛树脂、环氧-呋喃树脂、硅胶泥等。

③聚酯树脂胶泥包括乙烯基酯树脂胶泥等。

④调制胶泥不区分机械和手工操作，均执行本定额相应项目。

⑤衬砌砖、板按规范进行自然养护考虑，若采用其他方法养护，其工程量应按施工方案另行计算。

⑥立式设备人孔等部位发生旋拱施工时，每 10 m^2 应增加木材0.01 m^3、铁钉0.20 kg。

⑦块材每 10 m^2 理论用量按下式计算。

$$M=\frac{10}{(A+E)\times(B+E)}$$

式中：M——每 10 m^2 块数；

A——块材长边长；

B——块材短边长；

E——灰缝宽度。

⑧胶泥理论用量：V=结合层胶泥用量+灰缝胶泥用量(m^3)。

⑨树脂耐酸胶泥砌耐酸砖、板需要勾缝时，其勾缝所用人工、树脂胶泥的消耗量按相应项目的人工、树脂胶泥消耗量的10%计算。

三、实务案例

【案例 7-8】 一圆形、卧式、直径为 2 m 的耐酸板内贴 200×100×20 耐酸瓷片，共计 25 m^2。试计算其工程量。

【解】 (1) 定额工程量。

定额工程量计算见表 7-18。

表 7-18 定额工程量计算表【案例 7-8】

定额编号	项目名称	计量单位	工程量
C12-1774	圆形，卧式，耐酸板内贴	10 m^2	2.5

(2) 清单工程量。

清单工程量计算见表 7-19。

表 7-19 清单工程量计算表【案例 7-8】

项目编码	项目名称	项目特征描述	计量单位	工程量
031206003001	圆形，卧式，耐酸板内贴	1. 轻锈；2. 胶泥内贴	m^2	25

任务九　绝热工程工程量计算

一、工程量计算原则

见本项目附件。

二、定额说明

（1）本定额包括硬质瓦块安装，泡沫玻璃瓦块安装，纤维类制品安装，泡沫塑料瓦块安装，毡类制品安装，棉席（被）类制品安装，纤维类散状材料安装，聚氨酯泡沫喷涂发泡安装，聚氨酯泡沫喷涂发泡补口安装，硅酸盐类涂抹材料安装，带铝箔离心玻璃棉安装，橡塑管壳及板、聚乙烯闭孔泡沫（PEF）管壳及板安装（管道），橡塑板、聚乙烯闭孔泡沫（PEF）板安装（设备），橡塑板、聚乙烯闭孔泡沫（PEF）板安装（风管），橡塑板、聚乙烯闭孔泡沫（PEF）板安装（阀门、法兰），复合保温膏安装，硬质聚苯乙烯泡沫板（风管）、复合硅酸铝绳安装，防潮层、保护层安装，防火涂料、金属保温盒，托盘、钩钉制作安装，瓦楞板、冷粘胶带保护层等项目。

（2）关于下列各项费用的规定。

①镀锌铁皮保护层厚度按 0.8 mm 以下综合考虑，若厚度大于 0.8 mm，其人工费乘以系数 1.2；卧式设备保护层安装，其人工费乘以系数 1.05。

②铝皮保护层执行镀锌铁皮保护层安装相应项目，主材可以换算，厚度按 1 mm 以下综合考虑；若厚度大于 1 mm，其人工费乘以系数 1.2。

③采用不锈钢薄板作保护层，执行金属保护层相应项目，其人工费乘以系数 1.25，钻头消耗量乘以系数 2.0，机械乘以系数 1.15。

④管道绝热均按现场安装后绝热施工考虑，若先绝热后安装，其人工费乘以系数 0.9。

（3）有关说明如下。

①伴热管道、设备绝热工程量计算方法：主绝热管道或设备的直径加伴热管道的直径，再加 10～20 mm 的间隙作为计算直径，即 $D=D_{主}+D_{伴}+(10\sim20\ \mathrm{mm})$。

②管道绝热工程，除法兰、阀门单独执行相应项目外，其他管件均已考虑在内；设备绝热工程，除法兰、人孔单独执行相应项目外，其封头已考虑在内。

③绝热工程中：

a. 纤维类制品包括矿棉、岩棉、玻璃棉、超细玻璃棉、离心玻璃棉、复合铝箔超细玻璃棉、泡沫石棉制品等；

b. 泡沫类制品包括聚苯乙烯泡沫塑料、聚氨酯泡沫塑料等；

c. 毡类制品包括岩棉毡、矿棉毡、玻璃棉毡制品等。

④保温卷材安装执行相同材质的板材安装项目，其人工、铁线消耗量不变，但卷材用量损耗率按 3.1%考虑。

⑤复合成品材料安装执行相同材质瓦块(或管壳)安装项目。复合材料分别安装时应按分层计算。

⑥本定额子目绝热层按一层安装考虑。根据绝热工程施工及验收技术规范，保温层厚度大于 100 mm，保冷层厚度大于 75 mm 时，若分为两层安装的，其工程量可按两层计算并分别执行相应项目。如厚 140 mm 的保温层要分两层安装，分别为 60 mm 和 80 mm，则该两层分别计算工程量，按单层 60 mm 和 80 mm 分别执行相应项目。根据设计要求分为两层安装或实际施工只能分为两层安装的，其工程量可按两层分别计算并执行相应项目。

⑦绝热层厚度介于两个厚度之间时，按大厚度的子目规格执行。如绝热层厚度为 45 mm，则应执行 $\delta=50$ mm 的子目。

⑧聚氨酯泡沫塑料发泡安装，是按无模具直喷施工考虑的。若采用有模具浇注安装，其模具(制作安装)费另行计算；由于批量不同，相差悬殊的，可另行协商，分次数摊销。发泡效果受环境温度条件影响较大，因此本项目以成品 m^3 计算。本项目按环境温度 20～25 ℃考虑，当环境温度不一致时，发泡液消耗量可以调整：温度为 15～20 ℃时发泡液消耗量为 68 kg/m^3；温度为 25～35 ℃时发泡液消耗量为 56 kg/m^3；环境温度低于 15 ℃时应采用措施，其费用另计。

三、实务案例

【案例 7-9】 某大楼 3 层空调工程共有 DN50 空调冷水管道 100 m，DN20 管道 100 m，均已安装完毕。现要求对冷水管用泡沫玻璃瓦块保温，保温层厚度为 4 cm，保温层的保护层为玻璃丝布，保护层外刷调和漆一道。管道公称直径与外径对照表见表 7-20。试计算保温防腐工程量。

【解】 方法一(公式法)：

(1) 保温层安装工程量。

表 7-20　管道公称直径与外径对照表

公称直径 DN/mm	15	20	25	32	40	50
外径 OD/mm	21.3	26.7	33.4	42.2	48.3	60.3
公称直径 DN/mm	65	80	100	125	150	200
外径 OD/mm	73.0	88.9	114.3	139.8	168.3	219.1

①DN50 管道。

$$V_1=\pi\times(D_1+1.033\delta)\times1.033\delta\times L_1=3.1415\times(0.0603+1.033\times0.04)\times1.033\times0.04\times100=1.32(m^3)$$

②DN20 管道。

$$V_2=\pi\times(D_2+1.033\delta)\times1.033\delta\times L_2=3.1415\times(0.0267+1.033\times0.04)\times1.033\times0.04\times100=0.88(m^3)$$

(2) 保护层安装工程量。

①DN50 管道。

$S_1 = \pi \times (D_1 + 2.1\delta + 0.0082) \times L_1 = 3.1415 \times (0.0603 + 2.1 \times 0.04 + 0.0082) \times 100 = 47.91(m^2)$

②DN20 管道。

$S_2 = \pi \times (D_2 + 2.1\delta + 0.0082) \times L_2 = 3.1415 \times (0.0267 + 2.1 \times 0.04 + 0.0082) \times 100 = 37.35(m^2)$

(3) 保护层刷油工程量。

保护层刷油工程量同保护层安装工程量。

方法二(查表法):

(1) 保温层安装工程量。

①DN50 管道。查本项目附录知 DN50 管道保温层安装工程量为:1.32 m^3。

②DN20 管道。查本项目附录知 DN20 管道保温层安装工程量为:0.88 m^3。

(2) 保护层安装工程量。

①DN50 管道。查本项目附录知 DN50 管道保护层安装工程量为:45.33 m^2(取大不取小)。

②DN20 管道。查本项目附录知 DN20 管道保护层安装工程量为:34.58 m^2(取大不取小)。

(3) 保护层刷油工程量同保护层安装工程量。

定额工程量计算见表 7-21。

表 7-21　定额工程量计算表【案例 7-9】

定额编号	项目名称	计量单位	工程量
C12-754	DN50 管道泡沫玻璃瓦块保温,40 mm 厚	m^3	1.32
C12-754	DN20 管道泡沫玻璃瓦块保温,40 mm 厚	m^3	0.88
C12-1153	DN50 管道玻璃丝布保护层	10 m^2	4.791
C12-1153	DN20 管道玻璃丝布保护层	10 m^2	3.735
C12-66	DN50 管道玻璃丝布保护层外刷调和漆	10 m^2	4.791
C12-66	DN200 管道玻璃丝布保护层外刷调和漆	10 m^2	3.735

清单工程量计算见表 7-22。

表 7-22　清单工程量计算表【案例 7-9】

项目编码	项目名称	项目特征描述	计量单位	工程量
031208002001	管道绝热	1. DN50 管道;2. 泡沫玻璃瓦块保温;3. 40 mm 厚	m^3	1.32
031208002002	管道绝热	1. DN20 管道;2. 泡沫玻璃瓦块保温;3. 40 mm 厚	m^3	0.88
031208007001	防潮层、保护层	1. DN50 管道;2. 玻璃丝布保护层	m^2	47.91

续表

项目编码	项目名称	项目特征描述	计量单位	工程量
031208007002	防潮层、保护层	1. DN20 管道；2. 玻璃丝布保护层	m^2	37.35
031201006001	布面刷油	1. DN50 管道玻璃丝布保护层外表面；2. 调和漆一遍	m^2	47.91
031201006001	布面刷油	1. DN20 管道玻璃丝布保护层外表面；2. 调和漆一遍	m^2	37.35

任务十　管道补口补伤工程工程量计算

一、工程量计算原则

见本项目附件。

二、定额说明

(1) 本定额包括环氧煤沥青普通防腐、环氧煤沥青漆加强级防腐、环氧煤沥青漆特加强级防腐、氯磺化聚乙烯漆、聚氨酯漆、无机富锌漆等项目。

(2) 本定额适用于金属管道补口补伤的防腐工程。

(3) 本定额施工工序包括了补口补伤，不包括表面除锈工作内容。

(4) 本定额项目均采用手工操作。

(5) 管道补口每个口取定为：DN400 以下（含 DN400）管道每个口补口长度为 400 mm；DN400 以上管道每个口补口长度为 600 mm。

(6) 各类涂料涂层厚度如下。

①氯磺化聚乙烯漆为 0.3～0.4 mm 厚。

②聚氨酯漆为 0.3～0.4 mm 厚。

③环氧煤沥青漆涂层厚度：

普通级，0.3 mm 厚，包括底漆一遍、面漆两遍；

加强级，0.5 mm 厚，包括底漆一遍、面漆三遍及玻璃布一层；

特加强级，0.8 mm 厚，包括底漆一遍、面漆四遍及玻璃布二层。

三、实务案例

【案例 7-10】 某长输直线管道长 2 km，采用 Φ133×5 的无缝钢管，上有 180 个接口，现用环氧煤沥青漆加强防腐补口，试计算管道补口工程量。

【解】 (1) 定额工程量。

补口数量按实际数量确定:180 口。

定额工程量计算见表 7-23。

表 7-23　定额工程量计算表【案例 7-10】

定额编号	项目名称	计量单位	工程量
C12-2286	外径 133 无缝钢管补口,环氧煤沥青漆加强防腐	10 口	18

(2) 清单工程量。

清单工程量计算与定额工程量计算方法相同。

清单工程量计算见表 7-24。

表 7-24　清单工程量计算表【案例 7-10】

项目编码	项目名称	项目特征描述	计量单位	工程量
031209002001	防腐蚀	1. 外径 133 无缝钢管补口; 2. 环氧煤沥青漆加强防腐	口	180

任务十一　阴极保护及牺牲阳极工程量计算

一、工程量计算原则

见本项目附件。

二、定额说明

(1) 本定额包括强制电流阴极保护、牺牲阳极安装、排流保护、辅助安装等项目。

(2) 本定额适用于陆地上管路、埋地电缆、储罐、构筑物的阴极保护。

(3) 本定额包括以下工作内容:

①恒电位仪、整流器、工作台等设备开箱检查、清洁搬运、划线定位、安装固定、电气连接找正、固定、接地、密封、挂牌、记录整理;

②阳极填料筛选、铺设阳极埋设、同回流线连接、接头防腐绝缘;

③电气连接、补漆;

④焊压铜鼻子、接线、焊点防腐、检查片制作、探头埋设;

⑤TEG、CCVT、断电器:场内搬运、开箱检查、安装固定、连接进气管、电气接线、试车。

(4) 本定额不包括以下工作内容,发生时执行其他项目或规定:

①水上工程、港口、船只的阴极保护;

②挖填土工程、钻孔(井)、开挖路面工程；
③阴极保护工程中的土石方开挖、回填等；
④阳极线杆架设、保护管敷设等；
⑤绝缘法兰、绝缘接头、绝缘短管等电绝缘装置安装；
⑥测试桩安装等；
⑦与第三方设备通信。

三、实务案例

【案例7-11】 某城市管道，每250 m设置一个镁合金牺牲阳极，共设置125个，试计算牺牲阳极工程量。

【解】 (1) 定额工程量。

牺牲阳极数量按实际数量确定：125个。

定额工程量计算见表7-25。

表7-25　定额工程量计算表【案例7-11】

定额编号	项目名称	计量单位	工程量
C12-2452	镁合金牺牲阳极安装	个	125

(2) 清单工程量。

清单工程量计算与定额工程量计算方法相同。

清单工程量计算见表7-26。

表7-26　清单工程量计算表【案例7-11】

项目编码	项目名称	项目特征描述	计量单位	工程量
031210003001	牺牲阳极	镁合金牺牲阳极安装	个	125

练习题

附件一　工程量计算规则

一、除锈、刷油、防腐蚀工程

1. 计算公式

设备筒体、管道表面积计算公式：

$$S=\pi\times D\times L \qquad (1)$$

其中：π——圆周率；

D——设备或管道直径；

L——设备筒体高或管道延长米。

2. 计量规则

(1) 计算设备筒体、管道表面积时已包括各种管件、阀门、人孔、管口凹凸部分，不再另外计算。

(2) 管道、设备与矩形管道、大型型钢钢结构、铸铁管暖气片(散热面积为准)的除锈工程以“10 m^2”为计量单位。

(3) 一般钢结构、管廊钢结构的除锈工程以“100 kg”为计量单位。

(4) 灰面、玻璃布、白布面、麻布面、石棉布面、气柜、玛蹄脂面刷油工程以“10 m^2”为计量单位。

(5) 计算设备、管道内壁的防腐蚀工程量时，当壁厚大于等于 10 mm 时，按其内径计算，当壁厚小于 10 mm 时，按其外径计算。

二、绝热工程

(1) 设备筒体或管道绝热、防潮和保护层计算公式：

$$V=\pi\times(D+1.033\delta)\times1.033\delta\times L \quad (2)$$

$$S=\pi\times(D+2.1\delta+0.0082)\times L \quad (3)$$

其中：D——直径；

1.033、2.1——调整系数；

δ——绝热层厚度；

L——设备筒体或管道延长米。

(2) 伴热管道绝热工程量计算式：

①单管伴热或双管伴热(管径相同，夹角小于 90°时)

$$D'=D_1+D_2+(10\sim20\text{ mm}) \quad (4)$$

其中：D'——伴热管道综合值；

D_1——主管道直径；

D_2——伴热管道直径；

(10～20 mm)——主管道与伴热管道之间的间隙。

②双管伴热(管径相同，夹角大于 90°时)

$$D'=D_1+1.5D_2+(10\sim20\text{ mm}) \quad (5)$$

③双管伴热(管径不同，夹角小于 90°时)

$$D'=D_1+D_{伴大}+(10\sim20\text{ mm}) \quad (6)$$

其中：D'——伴热管道综合值；

D_1——主管道直径。

将上述 D' 计算结果分别代入公式(7)、公式(8)计算出伴热管道的绝热层、防潮层和保护层工程量。

(3) 设备封头绝热、防潮和保护层工程量计算式：

$$V=[(D+1.033\delta)/2]^2\times\pi\times1.033\delta\times1.5\times N \quad (7)$$

$$S=[(D+2.1\delta)/2]^2\times\pi\times1.5\times N \tag{8}$$

其中：D——直径；

1.5——调整系数；

N——封头个数；

δ——绝热层厚度。

(4) 拱顶罐封头绝热、防潮和保护层计算公式：

$$V=2\pi r\times(h+1.033\delta)\times1.033\delta \tag{9}$$

$$S=2\pi r\times(h+2.1\delta) \tag{10}$$

(5) 当绝热需分层施工时，工程量分层计算，执行设计要求相应厚度子目。分层计算工程量计算式为

$$\text{第一层}\quad V=\pi\times(D+1.033\delta)\times1.033\delta\times L \tag{11}$$

$$\text{第二层至第 }N\text{ 层}\quad D'=[D+2.1\delta\times(N-1)] \tag{12}$$

三、阴极保护工程

1. 强制电流阴极保护

(1) 恒电位仪、整流器、电位仪工作台、恒电位仪一体机柜安装，不分型号、规格，以“台”为计量单位，设备的电气连接材料不作调整。

(2) TEG、CCVT 阴极保护电源：不分型号、规格，按成套供应，以“台”为计量单位。

(3) 棒式阳极，包括石墨阳极、高硅铸铁阳极、磁性氧化铁阳极，按接线方式不同分为单接头和双接头两种，不分型号、规格，以“根”为计量单位。

(4) 钢铁阳极制安，不分阳极材料、规格，以“根”为计量单位，阳极材料可按管材或型材用量(损耗率为 3%计列)。

(5) 柔性阳极制安，按图示长度(包括同测试桩连接部分)，以“100 m”为计量单位。柔性阳极材料损耗率 1%，阳极弯接头、三通接头等配套材料按设计用量计列。

(6) 参比阳极安装：分别按长效 $CuSO_4$ 参比电极和锌参比电极划分，按参比电极个数，以“根”为计量单位。

(7) 深井阳极，按设计阳极井个数，以“根”为计量单位，深井中阳极支数可按设计用量计列。

(8) 通电点，按自恒电位仪引出的零位接阴电缆和阴极电缆同管线或金属结构的二点连接点的数量，以“处”为计量单位。

(9) 均压线连接，按两条管线或金属结构之间，同一管线间不同绝缘隔离段间的直接均压线连接数量，以“处”为计量单位。

2. 牺牲阳极阴极保护

(1) 块状牺牲阳极：不分品种、规格、埋设方式。按设计数量，以“10 支”为计量单位，阳极填料用量和配比可按设计要求换算。

(2) 带状牺牲阳极：

①同管沟敷设，按图纸阳极带标识长度，以“10 m”为计量单位。

②套管内敷设，按缠绕阳极带的螺旋线展开长度，以“10 m”为计量单位。

③等电位垫，按等电位垫铺设的个数，以“处”为计量单位，等电位垫阳极带材料按展开长度计算。

3. 排流保护

(1) 排流器：强制排流器和极性排流器不分型号、规格，以“台”为计量单位。

(2) 钢制接地极，以“支”为计量单位，接地极材料按设计要求计列，损耗率为3%。

(3) 接地电阻测试，以组成接地系统的接地极组为计量单位计列。

(4) 化学降阻处理，按设计要求需降阻处理的钢制接地极支数以“支”为计量单位。

(5) 降阻材料用量按设计要求另计。

4. 其他

(1) 测试桩接线，按接线数量，以“对”为计量单位，每支测试桩同管线或金属结构的接线为一对接线。

(2) 检查片制安，以“对”为计量单位，每对检查片包括一片同管线(或测试桩)相连的试片和一片自然腐蚀的试片。

(3) 测试探头安装，按设计数量，以“个”为计量单位。

(4) 电绝缘装置性能测试，以“处”为计量单位，每个绝缘法兰、绝缘接头为1处，穿越处的全部绝缘支撑、绝缘堵头为1处。

(5) 绝缘保护装置及装，按保护装置的个数，以“个”为计量单位。

(6) 阴极保护系统调试。

①线路：按阴极保护系统保护的管线里程，以“km”为计量单位，单独施工的穿(跨)越工程阴极保护工程量不足1 km时，按1 km计算。

②站内：强制电流阴极保护，按阴极保护站数量，以“站”为计量单位，牺牲阳极阴极保护，按牺牲阳极的阳极组数量，以“组”为计量单位。

附件二　钢管刷油、防腐蚀、绝热工程量计算表

体积(m^3)，面积(m^2)/100 m

公称直径/mm	管道外径/mm	绝热层厚度/mm											
		0		20		25		30		35		40	
		体积	面积	体积	面积	体积	面积	体积	面积	体积	面积	体积	面积
6	10.2	—	3.20	0.200	16.40	0.292	19.70	0.401	23.00	0.527	26.29	0.669	29.59
8	13.5	—	4.24	0.222	17.44	0.319	20.73	0.433	24.03	0.564	27.33	0.712	30.63
10	17.2	—	5.40	0.246	18.60	0.349	21.90	0.469	25.19	0.606	28.49	0.760	31.79
15	21.3	—	6.69	0.272	19.89	0.382	23.18	0.509	26.48	0.653	29.78	0.813	33.08
20	26.9	—	8.45	0.309	21.64	0.428	24.94	0.564	28.24	0.716	31.54	0.886	34.84
25	33.7	—	10.59	0.353	23.78	0.483	27.08	0.630	30.38	0.793	33.68	0.974	36.98
32	42.4	—	13.32	0.409	26.51	0.554	29.81	0.714	33.11	0.892	36.41	1.087	39.71

续表

公称直径/mm	管道外径/mm	绝热层厚度/mm											
		0		20		25		30		35		40	
		体积	面积	体积	面积	体积	面积	体积	面积	体积	面积	体积	面积
40	48.3	—	15.17	0.448	28.37	0.601	31.67	0.772	34.96	0.959	38.26	1.163	41.56
50	60.3	—	18.94	0.525	32.14	0.699	35.44	0.889	38.73	1.096	42.03	1.319	45.33
65	76.1	—	23.91	0.628	37.10	0.827	40.40	1.043	43.70	1.275	47.00	1.524	50.30
80	88.9	—	27.93	0.711	41.12	0.931	44.42	1.167	47.72	1.420	51.02	1.690	54.32
100	114.3	—	35.91	0.879	49.10	1.137	52.40	1.414	55.70	1.709	59.00	2.020	62.30
125	139.7	—	43.89	1.041	57.08	1.343	60.38	1.662	63.68	1.997	66.98	2.350	70.28
150	168.3	—	52.87	1.226	66.07	1.575	69.36	1.940	72.66	2.322	75.96	2.721	79.26
200	219.1	—	68.83	1.556	82.02	1.987	85.32	2.435	88.62	2.899	91.92	3.380	95.22
250	273	—	85.76	1.906	98.96	2.424	102.26	2.959	105.55	3.511	108.85	4.080	112.15
300	323.9	—	101.75	2.236	114.95	2.837	118.25	3.455	121.54	4.090	124.84	4.741	128.14
350	355.6	—	111.71	2.442	124.91	3.094	128.20	3.764	131.50	4.450	134.80	5.152	138.10
400	406.4	—	127.67	2.772	140.86	3.507	144.16	4.258	147.46	5.027	150.76	5.812	154.06
450	457	—	143.57	3.100	156.76	3.917	160.06	4.751	163.36	5.601	166.66	6.469	169.96
500	508	—	159.59	3.431	172.78	4.331	176.08	5.247	179.38	6.181	182.68	7.131	185.98
550	559	—	175.61	3.762	188.80	4.745	192.10	5.744	195.40	6.760	198.70	7.793	202.00
600	610	—	191.63	4.093	204.83	5.158	208.12	6.240	211.42	7.339	214.72	8.455	218.02
650	660	—	207.34	4.418	220.53	5.564	223.83	6.727	227.13	7.907	230.43	9.104	233.73
700	711	—	223.36	4.749	236.55	5.978	239.85	7.224	243.15	8.486	246.45	9.766	249.75
750	762	—	239.38	5.080	252.58	6.392	255.88	7.720	259.17	9.066	262.47	10.428	265.77
800	813	—	255.40	5.411	268.60	6.805	271.90	8.217	275.20	9.645	278.49	11.090	281.79
850	864	—	271.43	5.742	284.62	7.219	287.92	8.713	291.22	10.224	294.52	11.752	297.81
900	914	—	287.13	6.066	300.33	7.625	303.63	9.200	306.92	10.792	310.22	12.401	313.52
950	965	—	303.15	6.397	316.35	8.038	319.65	9.696	322.95	11.371	326.24	13.063	329.54
1000	1016	—	319.18	6.728	332.37	8.452	335.67	10.193	338.97	11.950	342.27	13.725	345.57

公称直径/mm	管道外径/mm	绝热层厚度/mm											
		45		50		55		60		65		70	
		体积	面积	体积	面积	体积	面积	体积	面积	体积	面积	体积	面积
6	10.2	0.828	32.89	1.004	36.19	1.196	39.49	1.405	42.79	1.631	46.09	1.874	49.38
8	13.5	0.876	33.93	1.057	37.23	1.255	40.53	1.470	43.82	1.701	47.12	1.949	50.42

续表

公称直径/mm	管道外径/mm	绝热层厚度/mm											
		45		50		55		60		65		70	
		体积	面积	体积	面积	体积	面积	体积	面积	体积	面积	体积	面积
10	17.2	0.930	35.09	1.117	38.39	1.321	41.69	1.542	44.99	1.779	48.28	2.033	51.52
15	21.3	0.990	36.38	1.184	39.68	1.394	42.98	1.622	46.27	1.866	49.57	2.126	52.87
20	26.9	1.072	38.14	1.275	41.44	1.494	44.73	1.731	48.03	1.984	51.33	2.254	54.63
25	33.7	1.171	40.27	1.385	43.57	1.616	46.87	1.863	50.17	2.127	53.47	2.408	56.77
32	42.4	1.298	43.01	1.526	46.31	1.771	49.60	2.032	52.90	2.311	56.20	2.606	59.50
40	48.3	1.384	44.86	1.622	48.16	1.876	51.46	2.147	54.76	2.435	58.05	2.740	61.35
50	60.3	1.559	48.63	1.816	51.93	2.090	55.23	2.381	58.53	2.688	61.82	3.012	65.12
65	76.1	1.790	53.59	2.073	56.89	2.372	60.19	2.689	63.49	3.022	66.79	3.371	70.09
80	88.9	1.977	57.62	2.281	60.91	2.601	64.21	2.938	67.51	3.292	70.81	3.662	74.11
100	114.3	2.348	65.59	2.693	68.89	3.054	72.19	3.432	75.49	3.827	78.79	4.239	82.09
125	139.7	2.719	73.57	3.105	76.87	3.507	80.17	3.927	83.47	4.363	86.77	4.816	90.07
150	168.3	3.137	82.56	3.569	85.86	4.018	89.16	4.484	92.45	4.966	95.75	5.466	99.05
200	219.1	3.878	98.52	4.393	101.82	4.925	105.11	5.473	108.41	6.038	111.71	6.620	115.01
250	273	4.666	115.45	5.268	118.75	5.887	122.05	6.522	125.35	7.175	128.64	7.844	131.94
300	323.9	5.409	131.44	6.094	134.74	6.795	138.04	7.513	141.34	8.249	144.63	9.000	147.93
350	355.6	5.872	141.40	6.608	144.70	7.361	148.00	8.131	151.29	8.917	154.59	9.720	157.89
400	406.4	6.614	157.36	7.432	160.66	8.268	163.95	9.120	167.25	9.989	170.55	10.874	173.85
450	457	7.353	173.25	8.253	176.55	9.171	179.85	10.105	183.15	11.056	186.45	12.024	189.75
500	508	8.097	189.28	9.081	192.57	10.081	195.87	11.098	199.17	12.132	202.47	13.182	205.77
550	559	8.842	205.30	9.908	208.60	10.991	211.89	12.091	215.19	13.208	218.49	14.341	221.79
600	610	9.587	221.32	10.736	224.62	11.902	227.92	13.084	231.21	14.283	234.51	15.499	237.81
650	660	10.317	237.03	11.547	240.32	12.794	243.62	14.058	246.92	15.338	250.22	16.635	253.52
700	711	11.062	253.05	12.375	256.35	13.704	259.64	15.051	262.94	16.414	266.24	17.794	269.54
750	762	11.807	269.07	13.202	272.37	14.615	275.67	16.044	278.97	17.490	282.26	18.952	285.56
800	813	12.551	285.09	14.030	288.39	15.525	291.69	17.037	294.99	18.565	298.29	20.111	301.58
850	864	13.296	301.11	14.857	304.41	16.435	307.71	18.030	311.01	19.641	314.31	21.269	317.61
900	914	14.026	316.82	15.668	320.12	17.328	323.42	19.003	326.72	20.696	330.01	22.405	333.31
950	965	14.771	332.84	16.496	336.14	18.238	339.44	19.996	342.74	21.772	346.04	23.564	349.33
1000	1016	15.516	348.86	17.324	352.16	19.148	355.46	20.989	358.76	22.847	362.06	24.722	365.36

续表

公称直径/mm	管道外径/mm	绝热层厚度/mm											
		75		80		85		90		95		100	
		体积	面积	体积	面积	体积	面积	体积	面积	体积	面积	体积	面积
6	10.2	2.134	52.68	2.410	55.98	2.703	59.28	3.013	62.58	3.340	65.8	3.683	69.18
8	13.5	2.214	53.72	2.496	57.02	2.794	60.32	3.110	63.62	3.442	66.91	3.790	70.21
10	17.2	2.304	54.88	2.592	58.18	2.896	61.48	3.218	64.78	3.556	68.08	3.910	71.37
15	21.3	2.404	56.17	2.698	59.47	3.010	62.77	3.337	66.07	33.682	69.36	4.043	72.66
20	26.9	2.540	57.93	2.844	61.23	3.164	64.53	3.501	67.82	3.855	71.12	4.225	74.42
25	33.7	2.706	60.07	3.020	63.36	3.352	66.66	3.700	69.96	4.064	73.26	4.446	76.56
32	42.4	2.918	62.80	3.246	66.10	3.592	69.40	3.954	72.69	4.333	75.99	4.728	79.29
40	48.3	3.061	64.65	3.399	67.95	3.754	71.25	4.126	74.55	4.514	77.85	4.920	81.14
50	60.3	3.353	68.42	3.711	71.72	4.085	75.02	4.476	78.32	4.884	81.62	5.309	84.91
65	76.1	3.738	73.39	4.121	76.68	4.521	79.98	4.938	83.28	5.372	86.58	5.822	89.88
80	88.9	4.049	77.41	4.453	80.71	4.874	84.00	5.312	87.30	5.766	90.60	6.237	93.90
100	114.3	4.668	85.39	5.113	88.68	5.575	91.98	6.054	95.28	6.549	98.58	7.061	101.88
125	139.7	5.286	93.37	5.772	96.66	6.275	99.96	6.795	103.26	7.332	106.56	7.886	109.86
150	168.3	5.982	102.35	6.515	105.65	7.064	108.95	7.631	112.25	8.214	115.54	8.814	118.84
200	219.1	7.218	118.31	7.834	121.61	8.466	124.91	9.114	128.20	9.780	131.50	10.462	134.80
250	273	8.530	135.24	9.233	138.54	9.952	141.84	10.689	145.14	11.442	148.44	12.212	151.73
300	323.9	9.769	151.23	10.554	154.53	11.356	157.83	12.175	161.13	13.011	164.43	13.863	167.72
350	355.6	10.541	161.19	11.377	164.49	12.231	167.79	13.101	171.09	13.988	174.38	14.892	177.68
400	406.4	11.777	177.15	12.696	180.45	13.632	183.75	14.585	187.04	15.554	190.34	16.541	193.64
450	457	13.008	193.05	14.010	196.34	15.028	199.64	16.063	202.94	17.114	206.24	18.183	209.54
500	508	14.250	209.07	15.334	212.37	16.435	215.66	17.552	218.96	18.687	222.26	19.838	225.56
550	559	15.491	225.09	16.658	228.39	17.841	231.69	19.042	234.98	20.259	238.28	21.493	241.58
600	610	16.732	241.11	17.982	244.41	19.248	247.71	20.531	251.01	21.831	254.30	23.148	257.60
650	660	17.949	256.82	19.280	260.12	20.627	263.41	21.992	266.71	23.373	270.01	24.770	273.31
700	711	19.191	272.84	20.604	276.14	22.034	279.44	23.481	282.74	24.945	286.03	26.425	289.33
750	762	20.432	288.86	21.928	292.16	23.441	295.46	24.971	298.76	26.517	302.06	28.080	305.35
800	813	21.673	304.88	23.252	308.18	24.848	311.48	26.460	314.78	28.089	318.08	29.735	321.38
850	864	22.914	320.90	24.576	324.20	26.255	327.50	27.950	330.80	29.662	334.10	31.391	337.40
900	914	24.131	336.61	285.874	339.91	27.634	343.21	29.410	346.51	31.203	349.81	33.013	353.10
950	965	25.373	352.63	27.198	355.93	29.041	359.23	30.900	362.53	32.776	365.83	34.668	369.13
1000	1016	26.614	368.66	28.522	371.95	30.447	375.25	32.389	378.55	34.348	381.85	36.323	385.15

续表

公称直径/mm	管道外径/mm	绝热层厚度/mm											
		0		20		25		30		35		40	
		体积	面积	体积	面积	体积	面积	体积	面积	体积	面积	体积	面积
6	10.0	—	3.14	0.199	16.34	0.291	19.63	0.399	22.93	0.524	26.23	0.666	29.53
8	14.0	—	4.40	0.225	17.59	0.323	20.89	0.438	24.19	0.570	27.49	0.718	30.79
10	17.0	—	5.34	0.244	18.53	0347	21.83	0.467	25.13	0.604	28.43	0.757	31.73
15	22.0	—	6.91	0.277	20.11	0.388	23.40	0.516	26.70	0.661	30.00	0.822	33.30
20	27.0	—	8.48	0.309	21.68	0.429	24.97	0.565	28.27	0.717	31.57	0.887	34.87
25	34.0	—	10.68	0.355	23.88	0.485	27.17	0.633	30.47	0.797	33.77	0.978	37.07
32	42.0	—	13.19	0.407	26.39	0.550	29.69	0.711	32.99	0.888	36.28	1.082	39.58
40	48.0	—	15.08	0.446	28.27	0.599	31.57	0.769	34.87	0.956	38.17	1.159	41.47
50	60.0	—	18.85	0.524	32.04	0.696	35.34	0.886	38.64	1.092	41.94	1.315	45.24
65	76.0	—	23.88	0.627	37.07	0.826	40.37	1.042	43.67	1.274	46.97	1.523	50.26
80	89.0	—	27.96	0.712	41.15	0.932	44.45	1.168	47.75	1.422	51.05	1.692	54.35
100	114.0	—	35.81	0.874	49.01	1.134	52.31	1.412	55.6	1.705	58.9	2.016	62.20
125	140.0	—	43.98	1.043	57.18	1.345	60.47	1.665	63.77	2.001	67.07	2354	70.37
150	168.0	—	52.78	1.224	65.97	1.572	69.27	1.937	72.57	2.319	75.87	2.717	79.17
200	219.0	—	68.8	1.555	81.99	1.986	85.29	2.434	88.59	2.898	91.89	3.379	95.19
250	273.0	—	85.76	1.906	98.96	2.424	102.26	2.959	105.55	3.511	108.85	4.080	112.15
300	325.0	—	102.10	2.243	115.29	2.846	118.59	3466	121.89	4.102	125.19	4.755	128.49
350	356.0	—	111.84	2.445	125.03	3.098	128.33	3.768	131.63	4.454	134.93	5.157	138.23
400	406.0	—	127.54	2.769	140.74	3.503	144.04	4.254	147.34	5.022	150.63	5.807	153.93
450	457.0	—	143.57	3.100	156.76	3.917	160.06	4.751	163.36	5.601	166.66	6.469	169.96
500	508.0	—	159.59	3.431	172.78	4.331	176.08	5.247	179.38	6.181	182.68	7.131	185.98
550	559.0	—	175.61	3.762	188.80	4.745	192.10	5.744	195.40	6.760	198.70	7.793	202.00
600	610.0	—	191.63	4.093	204.83	5.158	208.12	6.240	211.42	7.339	214.72	8.455	218.02

公称直径/mm	管道外径/mm	绝热层厚度/mm											
		45		50		55		60		65		70	
		体积	面积	体积	面积	体积	面积	体积	面积	体积	面积	体积	面积
6	10.0	0.825	32.83	1.000	36.13	1.193	39.43	1.402	42.72	1.627	46.02	1.870	49.32
8	14.0	0.883	34.09	1.065	37.38	1.264	40.68	1.479	43.98	1.712	47.28	1.961	50.58
10	17.0	0.927	35.03	1.114	38.33	1.317	41.62	1.538	44.92	1.775	48.22	2.029	51.52
15	22.0	1.000	36.60	1.195	39.90	1.407	43.20	1.635	46.49	1.880	49.79	2.142	53.09

续表

公称直径/mm	管道外径/mm	绝热层厚度/mm											
		45		50		55		60		65		70	
		体积	面积	体积	面积	体积	面积	体积	面积	体积	面积	体积	面积
20	27.0	1.073	38.17	1.276	41.47	1.496	44.77	1.733	48.06	1.986	51.36	2.256	54.66
25	34.0	1.175	40.37	1.390	43.67	1.621	46.97	1.869	50.26	2.134	53.56	2.415	56.86
32	42.0	1.292	42.88	1.520	46.18	1.764	49.48	2.025	52.78	2.302	56.08	2.597	59.37
40	48.0	1.380	44.77	1.617	48.06	1.871	51.36	2.141	54.66	2.429	57.96	2.733	61.26
50	60.0	1.555	48.54	1.812	51.83	2.085	55.13	2.375	58.43	2.682	61.73	3.006	65.03
65	76.0	1.789	53.56	2.071	56.86	2.371	60.16	2.687	63.46	3.019	66.76	3.369	70.06
80	89.0	1.979	57.65	2.282	60.95	2.603	64.24	2.940	67.54	3.294	70.84	3.664	74.14
100	114.0	2.344	65.50	2.688	68.80	3.049	72.10	3.427	75.40	3.821	78.69	4.232	81.99
125	140.0	2.723	73.67	3.110	76.97	3.513	80.27	3.933	83.56	4.369	86.86	4.823	90.16
150	168.0	3.132	82.46	3.564	85.76	4.013	89.06	4.478	92.36	4.960	95.66	5.459	98.96
200	219.0	3.877	98.49	4.392	101.78	4.923	105.08	5.471	108.38	6.036	111.68	6.617	114.98
250	273.0	4.666	115.45	5.268	118.75	5.887	122.05	6.522	125.35	7.175	128.64	7.844	131.94
300	325.0	5.425	131.79	6.111	135.08	6.815	138.38	7.535	141.68	8.272	144.98	9.025	148.28
350	356.0	5.878	141.52	6.614	144.82	7.368	148.12	8.138	151.42	8.926	154.72	9.730	158.02
400	406.0	6.608	157.23	7.426	160.53	8.261	163.83	9.112	167.13	9.980	170.43	10.865	173.72
450	457.0	7.353	173.25	8.253	176.55	9.171	179.85	10.105	183.15	11.056	186.45	12.024	189.75
500	508.0	8.097	189.28	9.081	192.57	10.081	195.87	11.098	199.17	12.132	202.47	13.182	205.77
550	559.0	8.842	20530	9.908	208.60	10.991	211.89	12.091	215.19	13.208	218.49	14.341	221.79
600	610.0	9.587	221.32	10.736	224.62	11.902	227.92	13.084	231.21	14.283	234.51	15.499	237.81

公称直径/mm	管道外径/mm	绝热层厚度/mm											
		75		80		85		90		95		100	
		体积	面积	体积	面积	体积	面积	体积	面积	体积	面积	体积	面积
6	10.0	2.129	52.62	2.405	55.92	2.698	59.22	3.007	62.52	3.334	66.81	3.677	69.11
8	14.0	2.226	53.88	2.509	57.18	2.808	60.47	3.124	63.77	3.457	67.07	3.807	70.37
10	17.0	2.299	54.82	2.587	58.12	2.891	61.42	3.212	64.71	3.550	68.01	3.904	71.31
15	22.0	2.421	56.39	2.717	59.69	3.029	62.99	3.358	66.29	3.704	69.58	4.066	72.88
20	27.0	2.543	57.96	2.846	61.26	3.167	64.56	3.504	67.86	3.858	71.15	4.228	74.45
25	34.0	2.713	60.16	3.028	63.46	3.360	66.76	3.708	70.06	4.074	73.35	4.456	76.65
32	42.0	2.908	62.67	3.236	65.97	3.581	69.27	3.942	72.57	4.320	75.87	4.715	79.17
40	48.0	3.054	64.56	3.392	67.86	3.746	71.15	4.117	74.45	4.505	77.75	4.910	81.05
50	60.0	3.346	68.33	3.703	71.63	4.077	74.92	4.468	78.22	4.875	81.52	5.299	84.82

续表

公称直径/mm	管道外径/mm	绝热层厚度/mm											
		75		80		85		90		95		100	
		体积	面积	体积	面积	体积	面积	体积	面积	体积	面积	体积	面积
65	76.0	3.735	73.35	4.119	76.65	4.518	79.95	4.935	83.25	5.368	86.55	5.819	89.85
80	89.0	4.052	77.44	4.456	80.74	4.877	84.04	5.315	87.33	5.769	90.63	6.240	93.93
100	114.0	4.660	85.29	5.105	88.59	5.567	91.89	6.045	95.19	6.540	98.49	7.052	101.78
125	140.0	5.293	93.46	5.780	96.76	6.284	100.06	6.804	103.36	7.341	106.65	7.895	109.95
150	168.0	5.975	102.26	6.507	105.55	7.056	108.85	7.622	112.15	8.205	115.45	8.804	118.75
200	219.0	7.216	118.28	7.831	121.58	8.463	124.87	9.112	128.17	9.777	131.47	10.459	134.77
250	273.0	8.530	135.24	9.233	138.54	9.952	141.84	10.689	145.14	11.442	148.44	12.212	151.73
300	325.0	9.796	151.58	10.583	154.88	11.387	158.17	12.207	161.47	13.045	164.77	13.899	168.07
350	356.0	10.550	161.32	11.388	164.61	12.242	167.91	13.113	171.21	14.001	174.51	14.905	177.81
400	406.0	11.767	177.02	12.686	180.32	13.621	183.62	14.573	186.92	15.542	190.22	16.528	193.52
450	457.0	13.008	193.05	14.010	196.34	15.028	199.64	16.063	202.94	17.114	206.24	18.183	209.54
500	508.0	14.250	209.07	15.334	212.37	16.435	215.66	17.552	218.96	18.687	222.26	19.838	225.56
550	559.0	15.491	225.09	16.658	228.39	17.841	231.69	19.042	234.98	20.259	238.28	21.493	241.58
600	610.0	16.732	241.11	17.982	244.41	19.248	247.71	20.531	251.01	21.831	254.3	23.148	257.60

公称直径/mm	管道外径/mm	绝热层厚度/mm											
		0		20		25		30		35		40	
		体积	面积	体积	面积	体积	面积	体积	面积	体积	面积	体积	面积
10	14.0	—	4.40	0.225	17.59	0.323	20.89	0.438	24.19	0.570	27.49	0.718	30.79
15	18.0	—	5.65	0.251	18.85	0.356	22.15	0.477	25.45	0.615	28.74	0.770	32.04
20	25.0	—	7.85	0.296	21.05	0.412	24.35	0.545	27.65	0.695	30.94	0.861	34.24
25	32.0	—	10.05	0.342	23.25	0.469	26.55	0.613	29.84	0.774	33.14	0.952	36.44
32	38.0	—	11.94	0.381	25.13	0.518	28.43	0.672	31.73	0.842	35.03	1.030	38.33
40	45.0	—	14.14	0.426	27.33	0.575	30.63	0.740	33.93	0.922	37.23	1.120	40.53
50	57.0	—	17.91	0.504	31.10	0.672	34.40	0.857	37.70	1.058	41.00	1.276	44.30
65	76.0	—	23.88	0.627	37.07	0.826	40.37	1.042	43.67	1.274	46.97	1.523	50.26
80	89.0	—	27.96	0.712	41.15	0.932	44.45	1.168	47.75	1.422	51.05	1.692	54.35
100	108.0	—	33.93	0.835	47.12	1.086	5042	1.353	53.72	1.637	57.02	1.938	60.32
125	133.0	—	41.78	0.997	54.98	1.289	58.27	1.597	61.57	1.921	64.87	2.263	68.17

续表

公称直径/mm	管道外径/mm	绝热层厚度/mm											
		0		20		25		30		35		40	
		体积	面积	体积	面积	体积	面积	体积	面积	体积	面积	体积	面积
150	159.0	—	49.95	1.166	63.14	1.499	66.44	1.850	69.74	2.217	73.04	2.600	76.34
200	219.0	—	68.80	1.555	81.99	1.986	85.29	2.434	88.59	2.898	91.89	3.379	95.19
250	273.0	—	85.76	1.906	98.96	2.424	102.26	2.959	105.55	3.511	108.85	4.080	112.15
300	325.0	—	102.10	2.243	115.29	2.846	118.59	3.466	121.89	4.102	125.19	4.755	128.49
350	377.0	—	118.43	2.581	131.63	3.268	134.93	3.972	138.23	4.693	141.52	5.430	144.82
400	426.0	—	133.83	2.899	147.02	3.666	150.32	4.449	153.62	5.249	156.92	6.066	160.22
450	480.0	—	150.79	3.249	163.99	4.104	167.28	4.975	170.58	5.863	173.88	6.767	177.18
500	530.0	—	166.50	3.574	179.69	4.509	182.99	5.462	186.29	6.430	189.59	7.416	192.89
600	630.0	—	197.91	4.223	211.11	5.321	214.41	6.435	217.71	7.566	221.00	8.714	224.30
700	720.0	—	226.19	4.807	239.38	6.051	242.68	7.311	245.98	8.588	249.28	9.882	252.58
800	820.0	—	257.60	5.456	270.80	6.862	274.10	8.285	277.39	9.724	280.69	11.181	283.99
900	920.0	—	289.02	6.105	302.21	7.673	305.51	9.258	308.81	10.860	312.11	12.479	315.41
1000	1020.0	—	320.43	6.754	333.63	8.485	336.93	10.232	340.22	11.996	343.52	13.777	346.82

公称直径/mm	管道外径/mm	绝热层厚度/mm											
		45		50		55		60		65		70	
		体积	面积	体积	面积	体积	面积	体积	面积	体积	面积	体积	面积
10	14.0	0.883	34.09	1.065	37.38	1.264	40.68	1.479	43.98	1.712	47.28	1.961	50.58
15	18.0	0.942	35.34	1.130	38.64	1.335	41.94	1.557	45.24	1.796	48.54	2.051	51.83
20	25.0	1.044	37.54	1.244	40.84	1.460	44.14	1.694	47.44	1.944	50.74	2.211	54.03
25	32.0	1.146	39.74	1.357	43.04	1.585	46.34	1.830	49.64	2.091	52.93	2.370	56.23
32	38.0	1.234	41.62	1.455	44.92	1.692	48.22	1.947	51.52	2.218	54.82	2.506	58.12
40	45.0	1.336	43.82	1.568	47.12	1.817	50.42	2.083	53.72	2.366	57.02	2.665	60.32
50	57.0	1.511	47.59	1.763	50.89	2.031	54.19	2.317	57.49	2.619	60.79	2.937	64.09
65	76.0	1.789	53.56	2.071	56.86	2.371	60.16	2.687	63.46	3.019	66.76	3.369	70.06
80	89.0	1.979	57.65	2.282	60.95	2.603	64.24	2.940	67.54	3.294	70.84	3.664	74.14
100	108.0	2.256	63.62	2.590	66.91	2.942	70.21	3.310	73.51	3.694	76.81	4.096	80.11
125	133.0	2.621	71.47	2.996	74.77	3.388	78.07	3.796	81.36	4.222	84.66	4.664	87.96
150	159.0	3.001	79.64	3.418	82.94	3.852	86.23	4.303	89.53	4.770	92.83	5.254	96.13
200	219.0	3.877	98.49	4.392	101.78	4.923	105.08	5.471	108.38	6.036	111.68	6.617	114.98

续表

公称直径/mm	管道外径/mm	绝热层厚度/mm											
		45		50		55		60		65		70	
		体积	面积	体积	面积	体积	面积	体积	面积	体积	面积	体积	面积
250	273.0	4.666	115.45	5.268	118.75	5.887	122.05	6.522	125.35	7.175	128.64	7.844	131.94
300	325.0	5.425	131.79	6.111	135.08	6.815	138.38	7.535	141.68	8.272	144.98	9.025	148.28
350	377.0	6.184	148.12	6.955	151.42	7.743	154.72	8.547	158.02	9.369	161.32	10.207	164.61
400	426.0	6.900	163.52	7.750	166.81	8.617	170.11	9.501	173.41	10.402	176.71	11.320	180.01
450	480.0	7.688	180.48	8.626	183.78	9.581	187.08	10.553	190.37	11.541	193.67	12.546	196.97
500	530.0	8.419	196.19	9.438	199.49	10.474	202.78	11.526	206.08	12.596	209.38	13.682	212.68
600	630.0	9.879	227.6	11.060	230.9	12.259	234.2	13.474	237.5	14.705	240.8	15.954	244.09
700	720.0	11.193	255.88	12.521	259.17	13.865	262.47	15.226	265.77	16.604	269.07	17.998	272.37
800	820.0	12.654	287.29	14.143	290.59	15.650	293.89	17.173	297.19	18.713	300.48	20.270	303.78
900	920.0	14.114	318.71	15.766	322.00	17.435	325.30	19.120	328.60	20.822	331.90	22.541	335.20
1000	1020.0	15.574	350.12	17.388	353.42	19.219	356.72	21.067	360.02	22.932	363.31	24.813	366.61

公称直径/mm	管道外径/mm	绝热层厚度/mm											
		75		80		85		90		95		100	
		体积	面积	体积	面积	体积	面积	体积	面积	体积	面积	体积	面积
10	14.0	2.226	53.88	2.509	57.18	2.808	60.47	3.124	63.77	3.457	67.07	3.807	70.37
15	18.0	2.324	55.13	2.613	58.43	2.919	61.73	3.241	65.03	3.580	68.33	3.936	71.63
20	25.0	2.494	57.33	2.794	60.63	3.112	63.93	3.445	67.23	3.796	70.53	4.164	73.83
25	32.0	2.664	59.53	2.976	62.83	3.305	66.13	3.650	69.43	4.012	72.73	4.391	76.02
32	38.0	2.811	61.42	3.132	64.71	3.470	68.01	3.825	71.31	4.197	74.61	4.585	77.91
40	450	2.981	63.62	3.314	66.91	3.663	70.21	4.030	73.51	4.413	76.81	4.813	80.11
50	57.0	3.273	67.39	3.625	70.68	3.994	73.98	4.380	77.28	4.783	80.58	5.202	83.88
65	76.0	3.735	73.35	4.119	76.65	4.518	79.95	4.935	83.25	5.368	86.55	5.819	89.85
80	89.0	4.052	77.44	4.456	80.74	4.877	84.04	5.315	87.33	5.769	90.63	6.240	93.93
100	108.0	4.514	83.41	4.949	86.71	5.401	90.00	5.870	93.30	6.355	96.60	6.857	99.90
125	133.0	5.123	91.26	5.598	94.56	6.091	97.86	6.600	101.16	7.126	104.45	7.668	107.75
150	159.0	5.756	99.43	6.273	102.73	6.808	106.03	7.359	109.32	7.927	112.62	8.512	115.92
200	219.0	7.216	118.28	7.831	121.58	8.463	124.87	9.112	128.17	9.777	131.47	10.459	134.77
250	273.0	8.530	135.24	9.233	138.54	9.952	141.84	10.689	145.14	11.442	148.44	12.212	151.73

续表

公称直径/mm	管道外径/mm	绝热层厚度/mm											
		75		80		85		90		95		100	
		体积	面积	体积	面积	体积	面积	体积	面积	体积	面积	体积	面积
300	325.0	9.796	151.58	10.583	154.88	11.387	158.17	12.207	161.47	13.045	164.77	13.899	168.07
350	377.0	11.061	167.91	11.933	171.21	12.821	174.51	13.726	177.81	14.648	181.11	15.587	184.41
400	426.0	12.254	183.31	13.205	186.61	14.173	189.90	15.157	193.20	16.159	196.50	17.177	199.80
450	480.0	13.568	200.27	14.607	203.57	15.662	206.87	16.734	210.17	17.823	213.46	18.929	216.76
500	530.0	14.785	215.98	15.905	219.28	17.041	222.58	18.195	225.87	19.365	229.17	20.552	232.47
600	630.0	17.219	247.39	18.501	250.69	19.800	253.99	21.115	257.29	22.448	260.59	23.797	263.89
700	720.0	19.410	275.67	20.838	278.97	22.282	282.26	23.744	285.56	25.222	288.86	26.717	292.16
800	820.0	21.843	307.08	23.434	310.38	25.041	313.68	26.665	316.98	28.305	320.28	29.963	323.57
900	920.0	24.277	338.50	26.030	341.80	27.799	345.09	29.585	348.39	31.388	351.69	33.208	354.99
1000	1020.0	26.711	369.91	28.626	373.21	30.558	376.51	32.506	379.81	34.471	383.11	36.453	386.40

（1）此表按下列公式计算：

$$体积=3.1415\times(D+1.033\delta)\times1.033\delta\times L$$

$$面积=3.1415\times(D+2.1\delta)\times L$$

其中：D——管道外径；

δ——保温层厚度；

L——管道延长米；

1.033、2.1——调整系数。

（2）本表中数据是按无伴管状态考虑的，如有伴管，则应将管外径加上伴管直径及主管与伴管之间的缝隙。

①若为单伴，则 $D'=D_1+D_2+(10\sim20\ \text{mm})$。

②若双管伴热（管径相同，夹角大于 90°时），则 $D'=D_1+1.5D_2+(10\sim20\ \text{mm})$。

③若双管伴热（管径不同，夹角小于 90°时），则 $D'=D_1+D_{伴大}+(10\sim20\ \text{mm})$。

其中：D'——伴热管道综合值；

D_1——主管直径；

D_2、$D_{伴大}$——伴管直径；

(10～20 mm)——主管与伴管之间的缝隙。

④若伴热管道外增加铁丝网及铝箔，则应在管道综合值外增加双倍铁丝网及铝箔的厚度。

⑤若此表中没有考虑保冷时防滑剂的厚度、防潮层粘接剂的厚度，可按设计要求的厚度考虑增加。

（3）本表内管道外径按《化工配管用无缝及焊接钢管尺寸选用系列》HG/T 20553—2011 选用。

附件三　法兰、阀门保温盒保护层和绝热层工程量计算表

公称直径	法兰		阀门		公称直径	法兰		阀门	
	保护层	绝热层	保护层	绝热层		保护层	绝热层	保护层	绝热层
	(m^2/副)	(m^3/副)	(m^2/个)	(m^3/个)		(m^2/副)	(m^3/副)	(m^2/个)	(m^3/个)
DN15	0.181	0.009	0.167	0.0083	DN150	0.297	0.0238	0.609	0.0487
DN20	0.187	0.0093	0.192	0.0096	DN200	0.331	0.0298	0.763	0.0687
DN25	0.193	0.0096	0.208	0.0104	DN250	0.556	0.05	0.95	0.0855
DN32	0.208	0.0104	0.246	0.0123	DN300	0.606	0.0606	1.14	0.114
DN40	0.214	0.0107	0.275	0.0137	DN350	0.661	0.0661	1.356	0.1356
DN50	0.223	0.0112	0.344	0.0172	DN400	0.716	0.0716	1.592	0.1592
DN65	0.236	0.0118	0.381	0.019	DN450	0.771	0.0771	1.978	0.1978
DN80	0.245	0.0122	0.414	0.0207	DN500	0.84	0.084	2.442	0.2442
DN100	0.257	0.0206	0.462	0.0369	DN600	0.955	0.0955	2.776	0.2776
DN125	0.276	0.022	0.53	0.0424	DN700	1.102	0.1102	3.203	0.3203

注：1. 人孔保护层按 1.958 m^2/个，绝热层按 0.167 m^3/个计算工程量，设备上的手孔按法兰和接管进行计算；
2. 阀门的保护层和绝热层工程量中，不包括一副法兰的保护层和绝热层工程量。

附件四　安装工程主要材料损耗率表

序号	名称	损耗率/(%)
1	硬质瓦块(管道、立、卧、球形设备)	6
2	泡沫玻璃瓦块(管道、立、卧、球形设备)	6
3	岩棉管壳(管道、立、卧式设备)	3
4	岩棉板(矩形管道、球形设备)	5
5	泡沫塑料瓦块(管道、立、卧式设备)	3
6	泡沫塑料瓦块(矩形管道、球形设备)	6
7	毡类制品(管道、立、卧、球形设备)	3
8	棉席被类制品(立、卧、球形设备)	3
9	棉席被类制品(阀门)	5
10	棉席被类制品(法兰)	3
11	纤维类散装材料(管道、阀门、法兰,立、卧、球形设备)	3
12	可发性聚氨酯泡沫塑料(组合液)	20

续表

序号	名称	损耗率/(%)
13	带铝箔离心玻璃棉管壳(管道、立、卧设备)	3
14	带铝箔离心玻璃棉管壳(球形设备)	5
15	带铝箔离心玻璃棉板(风管)	3
16	橡胶管壳、橡塑板(管道)	3
17	橡塑板(阀门、法兰、风管)	8
18	保温膏(管道、设备)	4
19	聚苯乙烯泡沫板(风管)	8
20	复合硅酸铝绳	6

项目八　金属结构安装工程量计算

任务一　钢柱工程量计算

一、工程量计算原则

(1) 构件制作。

①金属结构制作型钢材料按图示钢材尺寸以质量(吨)计算,不扣除孔眼、切边的质量。焊条、铆钉、螺栓等质量不另计算。在计算不规则或多边形钢板质量时,均以其最大外围尺寸,以矩形面积计算。

②实腹钢柱、空腹钢柱按设计图示尺寸以质量计算。不扣除孔眼的质量,焊条、铆钉、螺栓等不另增加质量,依附在钢柱上的牛腿及悬臂梁等并入钢柱工程量内。

③钢管柱按设计图示尺寸以质量计算。不扣除孔眼的质量,焊条、铆钉、螺栓等不另增加质量,钢管柱上的节点板、加强环、内衬管、牛腿等并入钢管柱工程量内。

(2) 构件安装。

①按制作的工程量计算。

②化学螺栓、高强螺栓及栓钉安装,以套计算。

二、定额说明

(1) 钢结构制作,不分现场制作或企业附属加工厂制作,均执行本定额。金属结构制作,均按焊接编制;如设计为铆接,可参照国家有关专业定额计算。

(2) 构件制作。

①构件制作工作内容。

a. 制作,包括分段制作和整体预装配的人工、材料(如预装配用及锚固杆件用的螺栓)及机械台班用量。

b. 运输,包括现场内(工厂内)的材料运输、号料、加工、组装及成品堆放等全部工序,不包括构件加工点至安装点的运输。如发生构件运输,应另按相应项目执行。

c. 探伤,构件制作、安装均未包括焊缝无损伤探伤费用。

②地脚螺栓制作、安装按小型构件子目执行。

③劲性钢柱、梁制作、安装不包括栓钉,发生时另行计算。

④钢管柱不论是无缝钢管还是焊接钢管均执行相应项目，但其主材价格可以换算。

⑤钢筋混凝土组合屋架钢拉杆制作，按钢支撑项目执行。

⑥本定额的型材规格及比例与设计不同时，可以按设计调整，人工和机械不变。

⑦单面弧形构件，按相应项目人工、机械乘以系数1.20；双曲面弧形构件按相应项目人工、机械乘以系数1.80。

⑧彩板墙面、楼面、屋面按面积或长度计算的项目，其金属面材厚度与消耗量标准不同时，可调整材料价格，其余不变。

⑨本定额中钢筋桁架楼板已包含钢筋桁架，钢筋桁架不另计算。

(3) 构件运输。

①本定额适用于构件加工厂至施工现场的金属构件运输。

②金属构件类别按表8-1确定。

表8-1　金属构件类别

类别	项目
1	钢柱、屋架、托架梁、防风桁架
2	吊车梁、制动梁、型钢檩条、钢支架、上下挡、钢拉杆、网架、栏杆、盖板、垃圾出灰门、倒灰门、篦子、爬梯、零星构件、平台、操作台、走道休息台、扶梯、烟囱紧固箍、彩板构件
3	墙架、挡风架、天窗架、组合檩条、轻型屋架

③本定额考虑了现场运输道路等各种不利因素，不得因道路条件不同而进行调整。本定额仅限于市内运输。

(4) 构件安装。

①构件安装是按单机作业编制的，如采用双机抬吊安装构件，人工、机械乘以系数1.2。

②一般项目构件安装是按汽车式起重机编制的。其吊装高度是按吊装室外地面至檐口高度20 m以内考虑，若构件吊装室外地面至檐口高度超过20 m，按其相应项目人工、机械乘以系数1.10。

③构件安装项目，不包括为安装所搭设的支架，发生时另行计算。

④门式刚架轻型房屋钢结构柱梁安装，按钢柱、钢梁相应项目执行。

⑤单层厂房屋盖系统在跨外安装时，构件安装按相应项目人工、机械乘以系数1.18。

⑥钢屋架单榀质量在1 t以下者，按轻型屋架相应项目执行。

(5) 钢结构防腐、防火，按本定额相应项目执行。本定额缺项的，按"油漆、涂料、裱糊工程"相应项目执行。

三、实务案例

【案例8-1】 计算条件见图8-1～图8-3，计算GJ-1柱部分工程量。

材料表									
构件编号	零件编号	规格	长度(mm)	数量		重量(kg)			注
				正	反	单重	共重	总重	
GJ-1	1	-200×8	6163	2		77.4	154.8	3029.2	
	2	-200×8	5418	2		68.0	136.1		
	3	-466×6	6187	2		118.6	237.3		
	4	-200×8	6473	2		81.3	152.6		
	5	-284×6	6473	1		86.6	86.6		
	6	-200×8	4479	2		56.3	112.5		
	7	-200×8	4511	2		56.7	113.3		
	8	-575×6	4509	2		106.7	213.5		
	9	-200×8	9958	4		125.1	500.3		
	10	-434×6	9958	2		203.6	407.1		
	11	-200×8	5006	2		62.9	125.8		
	12	-200×8	4808	2		60.4	120.8		
	13	-682×6	5006	2		131.2	262.5		
	14	-160×6	120	28		1.5	42.2		
	15	-200×18	870	2		24.6	49.2		
	16	-200×18	770	2		21.8	43.5		
	17	-200×8	474	2		6.0	11.9		
	18	-200×18	635	2		17.9	35.9		
	19	-200×18	630	6		17.8	105.8		
	20	-200×8	340	2		4.3	8.5		
	21	-246×20	390	2		15.1	30.1		
	22	-246×20	340	1		13.1	13.1		
	23	-97×8	466	4		2.8	11.3		
	24	-85×10	110	6		0.7	4.4		
	25	-90×10	100	16		0.7	11.3		
	26	-97×8	676	4		4.1	16.5		
	27	-120×8	250	6		1.9	11.3		

图 8-1　某钢结构工程材料表

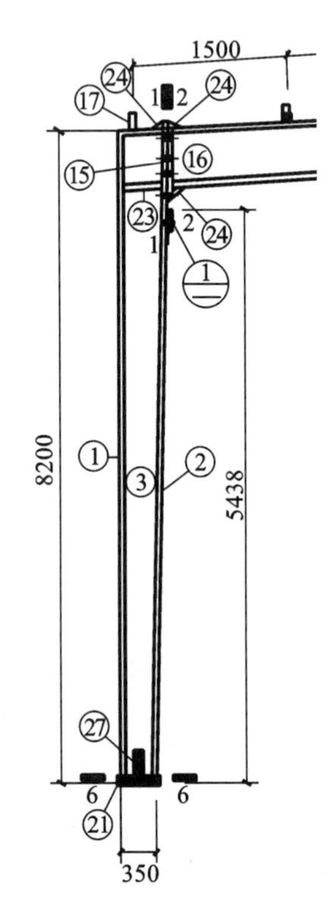

图 8-2　某钢结构工程 GJ-1 柱部分立面图

【解】 计算过程见表 8-2。

表 8-2　计算过程表

构件名称	组成部分	计算过程
GJ-1 柱部分	柱：①、②、③、⑰各 1 件，㉓2 件。 柱下端节点板：㉑1 件，㉗2 件。 柱上端节点板：⑮1 件，㉔2 件	柱：77.4＋68.0＋118.6＋6.0＋2.8×2＝275.6(kg) 柱下端节点板：15.1＋1.9×2＝18.9(kg) 柱上端节点板：24.6＋0.7×2＝26(kg) 总重：275.6＋18.9＋26＝320.5(kg)

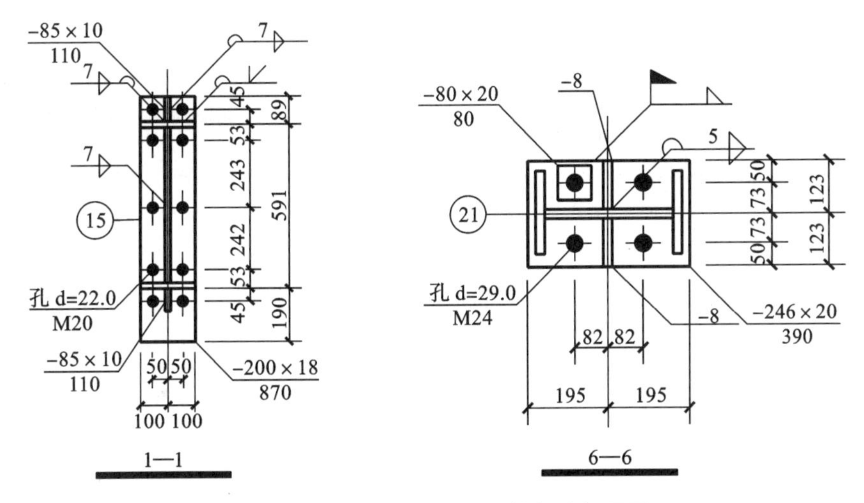

图 8-3　某钢结构工程 GJ-1 柱部分剖面图

任务二　钢梁工程量计算

一、工程量计算原则

(1) 构件制作。

①金属结构制作型钢材料按图示钢材尺寸以质量(吨)计算,不扣除孔眼、切边的质量。焊条、铆钉、螺栓等质量不另计算。在计算不规则或多边形钢板质量时,均以其最大外围尺寸,以矩形面积计算。

②钢梁、钢吊车梁按设计图示尺寸以质量计算。不扣除孔眼的质量,焊条、铆钉、螺栓等不另增加质量,制动梁、制动板、制动桁架、车挡并入钢吊车梁工程量内。

(2) 构件安装。

①按制作的工程量计算。

②化学螺栓、高强螺栓及栓钉安装,以套计算。

二、定额说明

本定额说明在本项目任务一中已有阐述,请参照执行。

三、实务案例

【案例 8-2】　计算参数见图 8-1、图 8-4、图 8-5。计算 GJ-1 梁部分工程量(本例只计算梁左边第一段部分)。

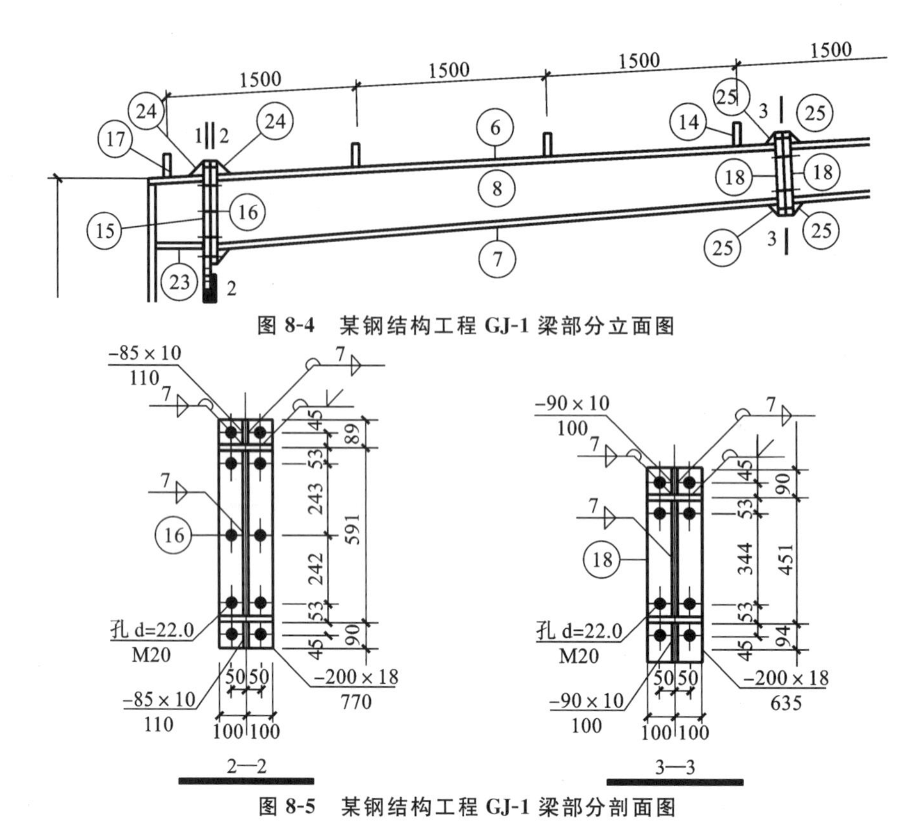

图 8-4　某钢结构工程 GJ-1 梁部分立面图

图 8-5　某钢结构工程 GJ-1 梁部分剖面图

【解】 计算过程见表 8-3。

表 8-3　计算过程表

构件名称	组成部分	计算过程
GJ-1 梁部分（左边第一段）	钢梁：⑥、⑦、⑧各 1 件。 左端节点板：⑯1 件，㉔2 件。 右端节点板：⑱1 件，㉕2 件。 梁上檩托板：⑭3 件	钢梁：56.3＋56.7＋106.7＝219.7(kg) 左端节点板：21.8＋0.7×2＝23.2(kg) 右端节点板：17.9＋0.7×2＝19.3(kg) 梁上檩托板：1.5×3＝4.5(kg) 总重：219.7＋23.2＋19.3＋4.5＝266.7(kg)

任务三　钢楼板、墙板工程量计算

一、工程量计算原则

（1）钢楼板按设计图示尺寸以铺设水平投影面积计算。不扣除单个面积≤0.3 m^2 的柱、垛及孔洞所占面积。

（2）钢墙板按设计图示尺寸以铺挂展开面积计算。不扣除单个面积≤0.3 m^2 的梁、孔洞所占面积，包角、包边、窗台泛水等不另加面积。

二、定额说明

本定额说明在本项目任务一中已有阐述，请参照执行。

三、实务案例

【案例 8-3】 如图 8-6 所示，本钢结构厂房屋面为蓝色压型钢板，坡度为 1/10（双面找坡），厚度为 0.6 mm，试计算屋面板工程量。

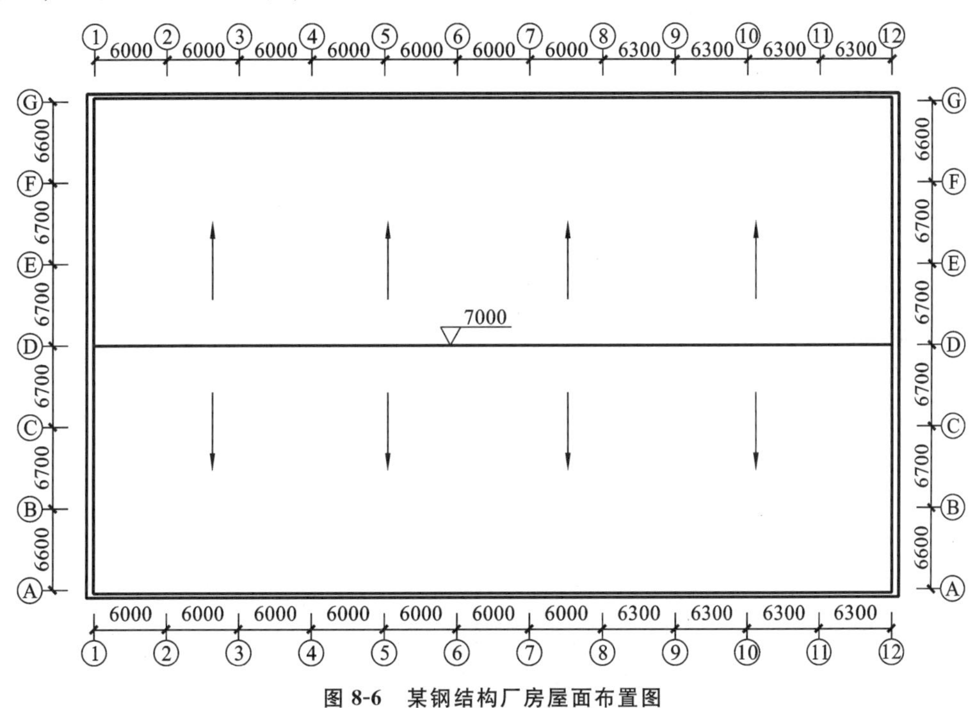

图 8-6 某钢结构厂房屋面布置图

【解】 计算过程见表 8-4。

表 8-4 计算过程表

构件名称	项目特征	计算过程
屋面板	蓝色压型钢板，坡度为 1/10（双面找坡），厚度为 0.6 mm	$S=(6\times7+6.3\times3+0.37\times2)\times(6\times2+6.7\times4+0.37\times2)=2437.2456(m^2)$

任务四 钢构件工程量计算

一、工程量计算原则

（1）钢支撑、钢拉条、钢擦条、钢天窗架、钢挡风架、钢墙架、钢平台、钢走道、钢梯、钢护栏按设计图示尺寸以质量计算，不扣除孔眼的质量，焊条、铆钉、螺栓等不另增加质量。

(2) 钢漏斗、钢板天沟按设计图示尺寸以质量计算，不扣除孔眼的质量，焊条、铆钉、螺栓等不另增加质量，依附漏斗或天沟的型钢并入漏斗或天沟工程量内。

(3) 钢支架、零星钢构件按设计图示尺寸以质量计算，不扣除孔眼的质量，焊条、铆钉、螺栓等不另增加质量。

二、定额说明

本定额说明在本项目任务一中已有阐述，请参照执行。

三、实务案例

【案例 8-4】 如图 8-7、图 8-8 所示，计算构件 ZC-2 安装工程量。

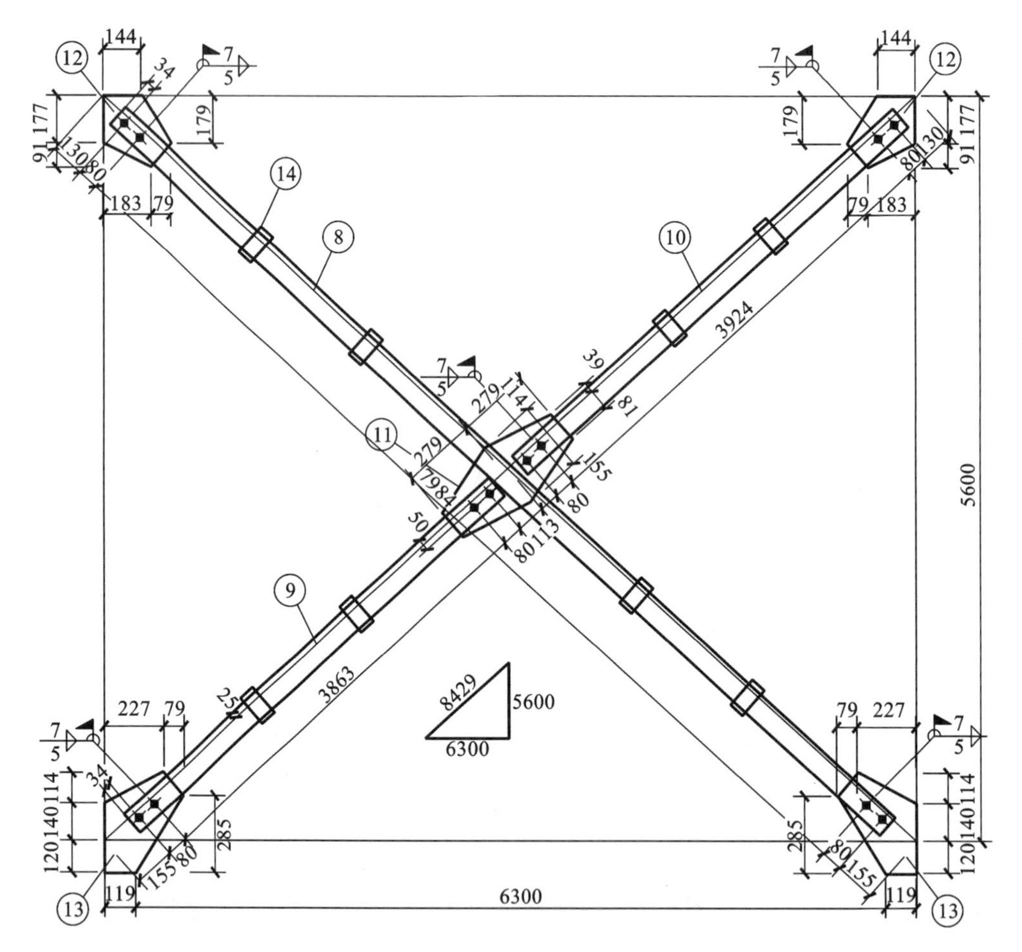

图 8-7 ZC-2 构件详图

材料表									
构件编号	零件号	截面	长度/mm	数量		重量/kg			备注
				正	反	单重	总重	合计	
ZC1	1	L90×6	7990	1	1	66.7	133.4	303.4	
	2	L90×6	3910	1	1	32.6	65.3		
	3	L90×6	3964	1	1	33.1	66.2		
	4	−268×10	552	1		11.6	11.6		
	5	−217×10	330	2		5.6	11.3		
	6	−239×10	435	2		5.5	11.1		
	7	−60×10	120	8		0.6	4.5		
ZC2	8	L90×6	8212	1	1	68.6	137.1	310.9	
	9	L90×6	4015	1	1	33.5	67.1		
	10	L90×6	4076	1	1	34.0	68.1		
	11	−269×10	558	1		11.8	11.8		
	12	−223×10	315	2		5.5	11.1		
	13	−243×10	438	2		5.6	11.3		
	14	−60×10	120	8		0.6	4.5		

图 8-8　ZC-2 构件材料表

【解】 计算过程见表 8-5。

表 8-5　计算过程表

构件名称	组成部分	计算过程
ZC-2	连接杆：⑧、⑨、⑩各 2 件。 节点板：⑪1 件，⑫、⑬各 2 件。 连接板：⑭8 件	总重： 137.1＋67.1＋68.1＋11.8＋11.1＋11.3＋4.5＝310.9(kg)

练习题

项目九　清单计价文件编制

【知识目标】

掌握安装工程计价的规则，掌握安装工程计价的基本程序和步骤。

【能力目标】

能够熟练地根据工程量编制安装工程计价文件。

湖南省湘建价〔2020〕56号文规定，根据《建筑工程施工发包与承包计价管理办法》（住建部令第16号）、《中华人民共和国环境保护税法》、《住房城乡建设部财政部关于印发〈建筑安装工程费用项目组成〉的通知》（建标〔2013〕44号）、《住房和城乡建设部关于印发〈建设工程定额管理办法〉的通知》（建标〔2015〕230号）等有关法律法规，结合本省实际情况，组织制定了《湖南省建设工程计价办法》。

本章根据56号文的《湖南省建设工程计价办法》、《通用安装工程工程量计算规范》（2013）、《湖南省安装工程消耗量标准》（2020）进行编写，其他各省可查阅当地定额，参照当地标准编写。

由于清单文件编制表类较多，工作比较烦琐，为了方便大家学习和理解，本章通过一个实际案例来说明组表的程序和做法。

【案例9-1】 某项目给排水工程，分部分项工程的工程量及主要材料单价表如表9-1、表9-2所示，试编制清单文件。

表9-1　分部分项工程工程量一览表

序号	分部分项工程名称	单位	工程量
1	PP-R塑料给水管（热熔连接）公称外径25 mm	m	26.5
2	塑料阀门　公称直径25 mm	个	3
3	PVC-U塑料排水管（胶粘连接）公称外径50 mm	m	4
4	普通单水嘴台式洗脸盆	组	2

表9-2　主要材料单价表

序号	主材名称	单位	价格/元
1	公称外径25 mm PP-R塑料给水管	m	4
2	公称外径25 mm PP-R塑料给水管件	个	10
3	PVC-U塑料排水管	m	3

续表

序号	主材名称	单位	价格/元
4	PVC-U 塑料排水管件	个	3
5	公称直径 25 mm 塑料阀门	个	10
6	普通单水嘴台式洗脸盆	组	340
7	DN15 立式水嘴	个	10

任务一　分部分项工程和措施项目计价表填写

一、综合单价分析表的填写

根据【案例 9-1】以分部分项工程“PP-R 塑料给水管　公称外径 25 mm”为例说明该表的填写。其他分部分项工程只列出综合单价分析表，以便后续的组表。其步骤如下。

(1) 根据工程的分部分项工程，查阅清单编码及清单项目名称，将清单编码、项目名称、计量单位和工程量分别填入表中。

根据规范，工程量清单的项目编码应采用十二位阿拉伯数字来表示，前九位按附录的规定设置，十至十二位根据工程量清单的项目名称和特征设置，同一工程中不得有重复的编码。

例如：根据分部分项工程名称查阅《通用安装工程工程量计算规范》附录 K“给排水、采暖、燃气工程”，可知塑料管的项目编码的前九位为 031001006，后三位根据工程量清单的项目名称和特征设置，在与其他项目重复的情况下设为 001，此工程的项目编码为 031001006001。

(2) 查阅《湖南省安装工程消耗量标准》(2020)第十册定额编号 8-39，将定额编号、项目名称、单位、工程量分别填入相应栏目中。

(3) 根据所查定额，将主要材料的单位、数量填入表下部的材料费明细表一栏中，并根据单价计算合价，填入合价栏。

例如：公称直径为 25 mm 的 PP-R 塑料给水管定额数量为 10.16，市场单价为 4 元/米，其合价为：10.16×4=40.64(元)。

注：在《湖南省安装工程消耗量标准》中的主材没有数量，即认为该项定额中没有这个主材，不予计算。

(4) 根据定额查阅其他材料费的单位、数量，填入表下部其他材料费一栏中，合价的计算方法同上。

注：在实际工程中，其他材料费应根据市场价格进行调整，本例中其他材料费的市场

价格取定额价，不再调整。

(5) 计算材料费合计，填入材料费合计一栏中。本例计算如下：

$$40.64+152.00+0.07+0.05+0.04+0.00=192.80(\text{元})$$

(6) 计算单价栏目中的人工费、材料费、机械费与合计，并填入下表。计算如下：

人工费及机械费依据定额进行确定。

材料费：取材料费合计的金额，为 192.80 元

合计：140.88+192.80+7.71=341.39(元)

(7) 计算管理费和利润，填入下表。

在实际工程中应按计价办法中的计费基础乘以费率得出管理费和利润，计费基础及费率标准应按表 9-3 选取。

表 9-3　计费基础及费率标准

<table>
<tr><th rowspan="2">序号</th><th rowspan="2" colspan="2">项目名称</th><th rowspan="2">计费基础</th><th colspan="2">费率标准/(%)</th></tr>
<tr><th>企业管理费</th><th>利润</th></tr>
<tr><td>1</td><td colspan="2">建筑工程</td><td rowspan="2">直接费</td><td>9.65</td><td rowspan="2">6</td></tr>
<tr><td>2</td><td colspan="2">装饰工程</td><td>6.8</td></tr>
<tr><td>3</td><td colspan="2">安装工程</td><td>人工费</td><td>32.16</td><td>20</td></tr>
<tr><td>4</td><td colspan="2">园林绿化工程</td><td rowspan="6">直接费</td><td>8</td><td rowspan="6">6</td></tr>
<tr><td>5</td><td colspan="2">仿古建筑工程</td><td>9.65</td></tr>
<tr><td>6</td><td rowspan="2">市政工程</td><td>道路、管网、市政排水设施维护、综合管廊、水处理工程</td><td>6.8</td></tr>
<tr><td>7</td><td>桥涵、隧道、生活垃圾处理工程</td><td>9.65</td></tr>
<tr><td>8</td><td colspan="2">机械土石方(强夯地基)工程</td><td>9.65</td></tr>
<tr><td>9</td><td colspan="2">桩基工程、地基处理、基坑支护工程</td><td>9.65</td></tr>
<tr><td>10</td><td colspan="2">其他管理费</td><td>设备费/其他</td><td>2</td><td>—</td></tr>
</table>

安装工程不计算其他管理费。计算如下：

管理费：140.88×2.65×32.16%=120.06(元)

利润：140.88×2.65×20%=74.67(元)

(8) 计算合价，并填入下表中。

$$341.39\times2.65+120.06+74.67=1099.41(\text{元})$$

(9) 将各定额项目单价、管理费、利润及合价累加，填入下面的累计栏目中。

(10) 计算综合单价并填入下表。

应将累计栏目中合价除以清单数量得综合单价。

$$1099.41\div26.5=41.49(\text{元})$$

综合单价分析表见表 9-4～表 9-7。

表 9-4　综合单价分析表 1

工程名称：××项目给排水工程　　　　标段：　　　　第 1 页　共 4 页

清单编码	031001006001	项目名称	塑料管	计量单位	m	数量	26.5	综合单价/元		41.49
消耗量标准编号	项目名称	单位	数量	单价/元				管理费	其他管理费	利润	合价/元
				合计（直接费）	人工费	材料费	机械费	32.16%		20%	
C10-265	塑料给水管安装（热熔连接）公称外径 25 mm	10 m	2.65	341.39	140.88	192.80	7.71	120.06		74.67	1099.41
累计（元）				341.39	140.88	192.80	7.71	120.06		74.67	1099.41

	材料、名称、规格、型号	单位	数量	单价	合价	暂估单价	暂估合价
材料费明细表	PP-R 塑料给水管	m	10.16	4.00	40.64		
	PP-R 塑料给水管件	个	15.2	10.00	152.00		
	锯条	根	0.12	0.58	0.07		
	铁砂布	张	0.053	0.97	0.05		
	水	t	0.008	4.39	0.04		
	其他材料费	元	0.003	1.00	0.00		
	材料费合计				192.80		

注：1. 本表用于编制招投标综合单价时，招标文件提供了暂估单价的材料，应按暂估的单价填入表内“暂估单价”栏及“暂估合价”栏。

2. 本表用于编制工程竣工结算时，其材料单价应按双方约定的（结算单价）填写。

3. 其他管理费的计算按相关规定计取。

表 9-5　综合单价分析表 2

工程名称：××项目给排水工程　　　　标段：　　　　第 2 页　共 4 页

清单编码	031001005001	项目名称	塑料阀门	计量单位	个	数量	3	综合单价/元		19.70
消耗量标准编号	项目名称	单位	数量	单价/元				管理费	其他管理费	利润	合价/元
				合计（直接费）	人工费	材料费	机械费	32.16%		20%	
C10-1005	塑料阀门安装（热熔连接）公称外径 25 mm	个	3	16.44	6.25	10.19		6.03		3.75	59.10
累计/元				16.44	6.25	10.19		6.03		3.75	59.10

续表

	材料、名称、规格、型号	单位	数量	单价	合价	暂估单价	暂估合价
材料费明细表	塑料阀门 公称外径 25 mm	个	1.01	10.00	10.10		
	电	kW·h	0.086	0.80	0.07		
	锯条	根	0.015	0.58	0.01		
	铁砂布	张	0.007	0.97	0.01		
	其他材料费	元	0.006	1.00	0.01		
	材料费合计				10.19		

注：1. 本表用于编制招投标综合单价时，招标文件提供了暂估单价的材料，应按暂估的单价填入表内“暂估单价”栏及“暂估合价”栏。

2. 本表用于编制工程竣工结算时，其材料单价应按双方约定的（结算单价）填写。

3. 其他管理费的计算按相关规定计取。

表 9-6　综合单价分析表 3

工程名称：××项目给排水工程　　标段：　　第 3 页　共 4 页

清单编码	031001006003	项目名称		塑料管	计量单位	m	数量	4	综合单价/元		38.34
消耗量标准编号	项目名称	单位	数量	单价/元				管理费	其他管理费	利润	合价/元
				合计（直接费）	人工费	材料费	机械费	32.16%		20%	
C10-496	塑料排水管安装（热熔连接）公称外径 75 mm	10 m	0.40	271.30	215.00	56.30		27.66		17.20	153.38
累计/元				271.30	215.00	56.30		27.66		17.20	153.38

	材料、名称、规格、型号	单位	数量	单价	合价	暂估单价	暂估合价
材料费明细表	PVC-U 塑料排水管	m	10.12	3.00	30.36		
	PVC-U 塑料给水管件	个	6.9	3.00	20.70		
	透气帽（铅丝球）DN75	个	0.048	7.37	0.35		
	塑料管卡 75	个	3.3	0.32	1.06		
	粘接剂	kg	0.194	14.06	2.73		
	丙酮	kg	0.024	6.60	0.16		
	铁砂布	张	0.208	0.97	0.20		
	锯条	根	0.863	0.58	0.50		
	水	t	0.033	4.39	0.14		

续表

材料费明细表	材料、名称、规格、型号	单位	数量	单价	合价	暂估单价	暂估合价
	其他材料费	元	0.097	1.00	0.10		
	材料费合计				56.30		

注：1. 本表用于编制招投标综合单价时，招标文件提供了暂估单价的材料，应按暂估的单价填入表内“暂估单价”栏及“暂估合价”栏。

2. 本表用于编制工程竣工结算时，其材料单价应按双方约定的(结算单价)填写。

3. 其他管理费的计算按相关规定计取。

表 9-7　综合单价分析表 4

工程名称：××项目给排水工程　　　　标段：　　　　第 4 页　共 4 页

清单编码	031004003001	项目名称		洗脸盆	计量单位	组	数量	2	综合单价/元		476.57
消耗量标准编号	项目名称	单位	数量	单价/元				管理费	其他管理费	利润	合价/元
				合计(直接费)	人工费	材料费	机械费	32.16%		20%	
C10-1451	台式单水嘴洗脸盆	10 组	0.20	4501.65	506.25	3995.40		32.56		20.25	953.14
累计/元				4501.65	506.25	3995.40		32.56		20.25	953.14

材料费明细表	材料、名称、规格、型号	单位	数量	单价	合价	暂估单价	暂估合价
	洗脸盆	个	10.1	340.00	3434.00		
	立式水嘴	个	10.1	10.00	101.00		
	角阀	个	10.1	31.58	318.96		
	金属软管 DN15(L=500 mm)	根	10.1	2.33	23.53		
	塑料嵌铜螺纹管件 DN15	个	10.1	5.20	52.52		
	橡胶板(1～3 mm)	kg	3.6	6.60	23.76		
	聚四氟乙烯生料带 宽 20 mm	m	31.2	0.44	13.73		
	防水密封胶	支	2	7.05	14.10		
	锯条	根	0.4	0.58	0.23		
	水	t	0.2	4.39	0.88		
	其他材料费	元	12.733	1.00	12.73		
	材料费合计				3995.44		

注：1 . 本表用于编制招投标综合单价时，招标文件提供了暂估单价的材料，应按暂估的单价填入表内“暂估单价”栏及“暂估合价”栏。

2. 本表用于编制工程竣工结算时，其材料单价应按双方约定的(结算单价)填写。

3. 其他管理费的计算按相关规定计取。

二、分部分项工程项目清单与措施项目清单计价表的填写

本表的填写应注意以下几点：

(1) 本表的工程量清单项目综合的消耗量标准应与综合单价分析表的内容相同；

(2) 此表用于竣工结算时无暂估价栏；

(3) 应计算本页小计及合计；

(4) 填写时注意表中编号应与综合单价分析表的页码一一对应。

根据【案例 9-1】和综合单价分析表，该表填写如下(表 9-8)。

表 9-8　分部分项工程项目清单与措施项目清单计价表

工程名称：××项目给排水工程　　　　标段：　　　　第 1 页　共 1 页

序号	项目编码	项目名称	项目特征描述	计量单位	工程量	金额/元		
						综合单价	合价	其中：暂估价
		整个项目						
1	031001006001	塑料管	1. 室内给水管安装； 2. 热熔连接； 3. PP-R 管公称外径 25 mm	m	26.5	41.94	1099.41	
2	031001005001	塑料阀门	1. 塑料阀门； 2. 公称外径 DN25； 3. 热熔连接	个	3	19.7	59.1	
3	031001006003	塑料管	1. 室内排水管道； 2. 公称直径 DN110； 3. 胶粘连接	m	4	38.34	153.38	
4	031004003001	洗脸盆	1. 瓷式洗脸盆； 2. 塑料存水 PVC50； 3. DN15 角阀	组	2	476.57	953.14	
		单价措施费					2265.03	
本页小计							2265.03	
合　计							2265.03	

注：1. 本表工程量清单项目综合的消耗量标准与综合单价分析表综合的内容应相同；

2. 此表用于竣工结算时无暂估价栏。

三、总价措施项目清单计费表的填写

总价措施项目清单计费表依据施工方案和计价办法中规定的“计算基础”和“费率”进

行计算填写，如按施工方案计算措施费，若无“计算基础”和“费率”的数值，也可只填写“金额”数值，但应在备注栏中说明施工方案出处或计算方法。

本例只列举冬雨季施工增加费的计算方法，供读者参考(表 9-9)。计价办法规定冬雨季施工增加费按分部分项工程费及和单价措施项目费的 0.16％计取，计算如下。

分部分项工程费及和单价措施项目费总和：

1099.41＋59.10＋153.38＋953.14＝2265.03(元)

冬雨季施工增加费：　　2265.03×0.16％＝3.62(元)

其中：0.16％——冬雨季施工增加费费率。

表 9-9　总价措施项目清单计费表

工程名称：××项目给排水工程　　标段：　　第 1 页　共 1 页

序号	项目编号	项目名称	计算基础	费率/(％)	金额/元	备注
1	011707002001	夜间施工增加费	按招标文件规定或合同约定			
2	01B001	压缩工期措施增加费(招投标)	按相关规定	0		
3	011707005001	冬雨季施工增加费	按相关规定	0.16	3.62	
4	011707007001	已完工程及设备保护费	按招标文件规定或合同约定			
5	01B002	工程定位复测费	按招标文件规定或合同约定			
6	01B003	专业工程中的有关措施项目费	按各专业工程中的相关规定及招标文件规定或合同约定			
合　计					3.62	

注：按施工方案计算的措施费，若无“计算基础”和“费率”的数值，也可只填“金额”数值，但应在备注栏说明施工方案出处或计算方法。

四、绿色施工安全防护措施项目费计价表的填写

绿色施工安全防护措施项目费的计算基础和费率应按表 9-10 选取。

表 9-10　绿色施工安全防护措施项目费(总费率)标准

序号	工程	取费基数	绿色施工安全防护措施项目费总费率/(％)	其中安全生产费费率/(％)
1	建筑工程	直接费	6.25	3.29
2	装饰工程	直接费	3.59	3.29
3	安装工程	人工费	11.5	10
4	园林绿化工程	直接费	2.93	2.63

续表

序号	工程	取费基数	绿色施工安全防护措施项目费总费率/(%)	其中安全生产费费率/(%)
5	仿古建筑工程	直接费	6.25	3.29
6	道路、管网、市政排水设施维护、综合管廊、水处理工程	直接费	3.37	2.63
7	桥涵、隧道工程、生活垃圾处理工程	直接费	4.13	2.63
8	机械土石方(强夯地基)工程	直接费	5.25	3.29
9	桩基工程、地基处理、基坑支护工程	直接费	4.52	3.29

注:招投标时,绿色施工安全防护措施项目费及安全生产费按本表费率计算。

绿色施工安全防护措施项目费计价表见表9-11,计算方法如下。

计算人工费总额:

140.88×2.65+6.25×3+215.00×0.4+506.25×0.2=579.33(元)

计算绿色施工安全防护措施项目费:579.33×11.5%=66.62(元)

其中安全生产费为:579.33×10%=57.93(元)

表9-11　绿色施工安全防护措施项目费计价表

工程名称:××项目给排水工程　　　　标段:　　　　第1页　共1页

序号	工程内容	计算基数	费率/(%)	金额/元	备注
1	绿色施工安全防护措施项目费(整个项目)	人工费	11.5	66.62	

注:安装工程取费基数按人工费计算,其他工程取费基数按直接费计算(不含其他管理费的计费基数)。

任务二　计价汇总表填写

计价汇总表包括建设项目招标控制价汇总表、单位工程竣工结算汇总表、单位工程投标报价汇总表等。应根据实际工程和要求选取相应的表格进行编制,本任务以【案例9-1】为背景,详细讲述单位工程投标报价汇总表的编制与填写方法。

一、填写表中分部分项工程费

(1) 根据综合单价表计算汇总人工费。

计算方法是将综合单价表中单价一栏中的人工费累计值乘以定额数量并求和。

140.88×2.65+6.25×3+215.00×0.4+506.25×0.2=579.33(元)

(2) 根据综合单价表计算汇总材料费。

计算方法是将综合单价表中单价一栏中的材料费累计值乘以定额数量并求和。

$$192.80\times2.65+10.19\times3+56.30\times0.4+3995.40\times0.2=1363.09(\text{元})$$

(3) 根据综合单价表计算汇总机械费。

计算方法是将综合单价表中单价一栏中的机械费累计值乘以定额数量并求和。

$$7.71\times2.65+0+0+0=20.43(\text{元})$$

(4) 计算汇总直接费。

人工费＋材料费＋机械费＝直接费＝579.33＋1363.09＋20.43＝1962.85(元)

(5) 计算管理费。

按计算基础及费率进行计算。计算基础及费率按表 8-3 选取。

$$579.33\times32.16\%=186.31(\text{元})$$

(6) 计算利润。

按计算基础及费率进行计算。计算基础及费率按表 8-3 选取。

$$579.33\times20\%=115.87(\text{元})$$

(7) 计算分部分项工程费。

分部分项工程费＝直接费＋管理费＋其他管理费＋利润

＝1962.85＋186.31＋115.87

＝2265.03(元)

本例为安装工程,根据计价办法的规定不计其他管理费。

二、填写表中措施项目费

措施项目费包括单价措施项目费、总价措施项目费、绿色施工安全防护措施项目费,单价措施项目费应根据项目实际情况列项计算,填写综合单价分析表并汇总,其方法与分部分项工程相同。

总价措施项目费应将表总价措施项目清单计费表中合计一栏中金额汇总至本表。

绿色施工安全防护措施项目费应将绿色施工安全防护措施项目费计价表中金额汇总至本表。

三、填写其他项目费

其他项目费包括暂列金额、暂估价、材料暂估价、专业工程暂估价、分部分项工程暂估价、计日工、总承包服务费、优质工程增加费、安全责任险、环境保护税、提前竣工措施增加费、索赔签证等项目,此处只列举安全责任险、环境保护税计算情况。其计算基础及费率应按表 9-12 选取。

表 9-12　安全责任险、环境保护税标准

序号	工程	取费基数	费率/(%)
1	建筑工程	分部分项工程费＋措施项目费	1
2	装饰工程		

续表

序号	工程	取费基数	费率/(%)
3	安装工程	分部分项工程费+措施项目费	1
4	园林绿化工程		
5	仿古建筑工程		
6	道路、管网、市政排水设施维护、综合管廊、水处理工程		
7	桥涵、隧道工程、生活垃圾处理工程		
8	机械土石方(强夯地基)工程		
9	桩基工程、地基处理、基坑支护工程		

注:安全责任险、环境保护税合并取费,招投标时按取费表计算,实际缴纳与取定不同时,可按实调整。

四、计算建安造价

(1) 计算税前造价。

税前造价=分部分项工程费+措施项目费+其他项目费

=2265.03+70.24+23.35=2358.62(元)

(2) 计算销项税额。

销项税额=税前造价×费率=2358.62×9%=212.28(元)

其计算基础及费率应按表9-13选取。

表9-13 增值税标准

项目名称	计费基础	费率/(%)
销项税额(一般计税法)	税前造价	9
应纳税额(简易计税法)	税前造价	3

(3) 计算建安造价。

建安造价=税前造价+销项税额=2358.62+212.28=2570.90(元)

单位工程投标报价汇总表见表9-14。

表9-14 单位工程投标报价汇总表

工程名称:单位工程　　标段:　　第1页　共1页

序号	工程内容	计费基础说明	费率/(%)	金额	其中:暂估价/元
一	分部分项工程费	分部分项费用合计		2265.03	
1	直接费			1962.85	
1.1	人工费			579.33	
1.2	材料费			1363.09	
1.2.1	其中:工程设备费/其他	(依据相关规定计算)			

续表

序号	工程内容	计费基础说明	费率/(%)	金额	其中：暂估价/元
1.3	机械费			20.43	
2	管理费		32.16	186.31	
3	其他管理费	(依据相关规定计算)			
4	利润		20	115.87	
二	措施项目费	1+2+3		70.24	
1	单价措施项目费	单价措施项目费合计			
1.1	直接费				
1.1.1	人工费				
1.1.2	材料费				
1.1.3	机械费				
1.2	管理费		32.16		
1.3	利润		20		
2	总价措施项目费	(按总价措施项目计价表计算)		3.62	
3	绿色施工安全防护措施项目费	(按绿色施工安全防护措施费计价表计算)	11.5	66.62	
3.1	其中安全生产费	(按绿色施工安全防护措施费计价表计算)	10	57.93	
三	其他项目费	(按其他项目计价汇总表计算)		23.35	
四	税前造价	一+二+三		2358.62	
五	销项税额	四	9	212.28	
单位工程建安造价		四+五		2570.90	

任务三　人工、材料、机械汇总表的填写

本表应根据工程实际情况和综合单价分析表，查阅消耗量标准填写，此处以【案例9-1】为背景，填写人工、材料、机械汇总表(表9-15)，供读者参考。

表9-15　人工、材料、机械汇总表

工程名称：××项目给排水工程　　　　标段：　　　　第1页　共1页

序号	编码	名称(材料、机械规格型号)	单位	数量	单价/元	合价/元	备注
1		PP-R塑料给水管	m	26.92	4.00	107.70	
2		PP-R塑料给水管件	个	40.28	10.00	402.80	
3		洗脸盆	个	2.02	340.00	686.80	

续表

序号	编码	名称(材料、机械规格型号)	单位	数量	单价/元	合价/元	备注
4		立式水嘴	个	2.02	10.00	20.20	
5		塑料阀门 公称外径 25 mm	个	3.03	10.00	30.30	
6		PVC-U 塑料排水管	m	4.05	3.00	12.14	
7		PVC-U 塑料给水管件	个	2.76	3.00	8.28	
8		热熔对接焊机 160 mm	台班	0.49	41.34	20.38	
9		试压泵 30 MPa	台班	0.003	24.54	0.07	
	本页小计		元			1288.66	
	合计		元			1288.66	

注:招标控制价、投标报价、竣工结算通用表。

任务四　工程计价总说明填写

工程计价总说明(表 9-16)应包含如下内容。

(1) 工程概况:建设规模、工程特征、计划工期、合同工期、实际工期、施工现场及变化情况、施工组织设计特点、自然地理条件、环境保护要求等。

(2) 编制依据。

(3) 其他需要说明的问题。

(4) 工程总造价。

表 9-16　工程计价总说明

总　说　明

工程名称:××项目给排水工程　　　　第 1 页　共 1 页

一、工程概况

本工程为××设计院设计的××楼的给排水工程工程,该工程包括给水工程及排水工程。该工程规模较小。

二、编制依据

(1) 本工程采用的施工图为××设计院设计的××楼的给排水工程。

(2) 本投标文件的编制依据《湖南省建设工程计价办法》(2020)、《通用安装工程工程量计算规范》(GB 50856—2013)的有关规定,以及《湖南省安装工程消耗量标准》(2020)。

(3) 本文件的市场价格按湘潭市 2019 年第四季度市场材料价格。

三、需要说明的问题

(1) 本工程计价范围为原设计图纸的施工工程量,由业主方要求按原设计图纸施工后发生的工程变更不在此预算范围内。

(2) 本工程不包括室外接入部分。

四、总预算金额

本次预算总造价为人民币 2570.90 元。

任务五　工程计价文件扉页填写

工程计价文件扉页应按规定的内容填写、签字、盖章，除承包人自行编制的投标报价和竣工结算外，受委托编制的招标控制价、投标报价、竣工结算，由造价员编制的应有负责审核的造价工程师签字、盖章以及工程造价咨询人盖章。以下为范例，供读者参考。

投　标　总　价

招　　标　　人：________________________

工　程　名　称：××项目给排水工程

投　标　总　价(小写)：2570.90 元

（大写）：贰仟伍佰柒拾元玖角零分

投　　标　　人：________________________

（单位盖章）

法定代表人

或其授权人：________________________

（签字或盖章）

编　　制　　人：________________________

（造价人员签字盖专用章）

2020 年 1 月 20 日

任务六　工程计价文件封面填写

投标总价文件封面的填写，应有发包人、承包人、招标人、投标人以及造价咨询师的签名、单位盖章，写清工程名称及编制时间。以下为范例，供读者参考。

______××项目给排水工程______工程

投标总价

投标人：______________________

（单位盖章）

2020 年 1 月 20 日

练习题

参考文献

[1] 中华人民共和国住房和城乡建设部,中华人民共和国国家质量监督检验检疫总局.建设工程工程量清单计价规范:GB 50500—2013[S].北京:中国计划出版社,2013.

[2] 中华人民共和国住房和城乡建设部,中华人民共和国国家质量监督检验检疫总局.通用安装工程工程量计算规范:GB 50856—2013[S].北京:中国计划出版社,2013.

[3] 中华人民共和国住房和城乡建设部.建筑工程施工质量验收统一标准:GB 50300—2013[S].北京:中国计划出版社,2013.

[4] 尹贻林.建筑工程技术与计量(安装工程部分)[M].北京:中国计划出版社,2011.

[5] 刘庆山,刘屹立,刘翌杰.建筑安装工程工程量清单计价手册[M].北京:中国电力出版社,2009.

[6] 孙巍,邓京闻.建筑水电设备安装与识图[M].武汉:武汉大学出版社,2015.

[7] 孙巍,谭勇,杨意志,等.安装工程计量与计价[M].武汉:武汉大学出版社,2019.

[8] 温艳芳.安装工程计量与计价实务[M].2版.北京:化学工业出版社,2017.

[9] 吴心伦.安装工程计量与计价[M].2版.重庆:重庆大学出版社,2014.